作　者　简　介

梅兴国，湖北咸宁人，医学博士，中国人民解放军军事医学科学院教授（文职一级）。湖北科技学院特聘教授。1973～1977年，曾在军队医训队学习，后在咸宁县浮山卫生院从事医疗和中草药制剂工作；1982年1月获上海医科大学学士学位（77级），后分别在上海医药工业研究院和华中科技大学获硕士和博士学位。曾在澳大利亚麦考瑞大学和美国匹兹堡大学从事生物技术药物研究工作3年。先后担任华中理工大学生物工程系主任，华中科技大学生命科学院副院长，军事医学科学院药剂学教研室主任、六所制剂室主任。曾兼任中国创新制剂产业联盟理事长、中国中医药研究促进会中药制剂专业委员会副主任委员、世界中医药学会联合会给药系统专业委员会副会长；《中国药学杂志》《军事医学》《国际药学研究》《解放军药学学报》等杂志编委；湖北省发展战略咨询委员会委员、中国科学院生化工程国家重点实验室学术委员会委员、复旦大学智能化递药教育部及全军重点实验室学术委员会委员、扬子江创新制剂国家重点实验室学术委员会委员；先后担任北京医药集团创新制剂中心首席科学家、北京振东药物研究院院长、湖北真奥医药研究院院长。

长期从事生物医学工程与新型药物递送系统研究，在新型给药系统研发方面积累了丰富经验。在纳米脂质体、靶向长循环脂质体、长效缓释微球、口服缓释制剂、渗透泵控释制剂、自动注射给药系统、黏膜给药系统和经皮给药系统等方面开展了系统的基础研究及应用开发，解决了一系列的关键技术问题，建立了靶向微载体药物递送系统、口服缓控释制剂、自助给药、黏膜及经皮给药等一系列独具特色的药物递送新技术、新剂型的研发平台。

致力于新药研发合作与产品转化，与国内外多家企业建立了良好的合作关系，多项创新制剂技术实现应用转化，其中3种热敏靶向脂质体技术转让给美国Celsion公司，实现了创新制剂实验室研究与产业化终端的无缝对接，形成创新制剂成果应用高效"转化平台"。

主要研究方向：①创新制剂研究，包括微粒载体递送系统（微球、微囊、纳米粒、脂质体、微乳及靶向递送载体）；口服定时、定位、控释制剂；干粉吸入（DPI）制剂。②分子药剂学与生物药剂学研究。

出版专著6部，发表论文400余篇，申报专利60余项。主持和参加国家"八五""九五""十五""十一五""十二五"重点攻关项目及国家"重大新药创制"科技重大专项平台项目多项。指导博士后、博士与硕士研究生150余名。

纳米毒理学原理与方法

梅兴国 著

科学出版社

北京

内 容 简 介

本书基于生物学、化学与物理学原理及大量实验研究数据资料,对纳米毒性的特点进行了剖析,并从新的视角审视了纳米毒性产生的机制,揭示了当前纳米毒理学研究所面临的主要困惑与误区;同时就生物体的结构组成与功能、纳米粒在体内基于物理粒子特征与生物系统的相互作用,以及纳米材料与生物体相互作用导致的物理损伤进行了系统的分析、论证,提出"纳米材料生物毒性是源于纳米材料与生物体相互作用导致的物理损伤"新理论,并就安全纳米载体的设计与安全性评估提出了方法和指导性建议。

本书可供从事纳米技术转化医学研究开发的相关人员阅读参考。

图书在版编目(CIP)数据

纳米毒理学原理与方法 / 梅兴国著. —北京:科学出版社,2019.1
ISBN 978-7-03-059456-3

Ⅰ.①纳… Ⅱ.①梅… Ⅲ.①纳米材料－毒理学－研究 Ⅳ.①TB383

中国版本图书馆CIP数据核字(2018)第255648号

责任编辑:马晓伟 / 责任校对:张小霞
责任印制:徐晓晨 / 封面设计:龙 岩

科 学 出 版 社 出版
北京东黄城根北街 16 号
邮政编码:100717
http://www.sciencep.com

北京厚诚则铭印刷科技有限公司 印刷

科学出版社发行 各地新华书店经销

*

2019 年 1 月第 一 版 开本:787×1092 1/16
2020 年 5 月第三次印刷 印张:13 1/2 彩插:1
字数:330 000

定价:98.00 元
(如有印装质量问题,我社负责调换)

前　言

在纳米科学与技术蓬勃发展的今天，纳米材料被越来越广泛地应用于生物医药领域。大量研究关注于不同理化性质的纳米材料对生物体的影响，并聚焦于纳米材料应用于生物体器官、组织及细胞的毒性作用研究。然而，在有关纳米材料的毒性作用及其在生物体内最终命运的大量研究论文中结论常相互矛盾。在不同研究工作中，即使是性质相同的纳米粒，其毒理学效应也不一致。正是因为这些不确定性，使我们无法通过识别和控制相关参数来评估纳米载体在体内和体外的安全毒性。

虽然学者们针对纳米毒性已经进行了大量的研究分析，但是纳米材料产生毒性的本质仍未被揭示。本书基于生物学、化学与物理学原理以及大量实验研究数据资料，对纳米毒性的特点进行剖析，并从新的视角审视纳米毒性产生的机制。首先，提出纳米毒理学目前面临的主要困惑：①纳米毒性评价缺乏明确的剂量与毒性的相关性，对同一种纳米粒的毒性评价难以重现；②尺寸效应导致毒性的观点证据不足；③由不同材料制成的、不同尺度的纳米粒会产生相同的基于氧化应激反应的毒性效应。同时，本书从生物体的结构与功能特点出发，阐述了生物体是由各种大大小小的生物分子构成的分子建筑，是自然界中一类特殊的物质结构形式。生物体内的所有物质交换、能量传递及新陈代谢过程都是基于溶解在水介质中的分子的相互作用和转化来实现的。而另一方面，不可生物降解的纳米粒属于非法进入生物体的外源物，不能参与生物过程的代谢与转化，在生物系统内也无合理存在的空间与转运途径。因此，纳米粒在体内基于物理粒子的特征与生物系统发生相互作用，或聚集堵塞微循环，或破坏性穿越细胞膜及嵌入生物膜通道或生物大分子空穴等引起生物结构破坏，进而引发急慢性炎症和功能异常。书中介绍了由纳米粒引起的三类物理损伤：黏附、膜损坏及大分子卡嵌，并揭示了纳米粒的成分、形状及大小等因素对毒性作用影响的相关规律。在系统观察、分析纳米材料与生物体相互作用的特点与规律后，本书提出"纳米材料生物毒性是源于纳米材料与生物体相互作用导致的物理损伤"这一新理论，即非生物降解纳米材料通过与生物大分子、亚细胞器、细胞间的物理相互作用，造成生物体微结构的改变或破坏。纳米材料对生物体的直接作用是物理损伤，其毒性反应是由物理损伤诱发的一系列生化反应的后效应。此外，本书还就安全纳米载体的设计与评估提出了方法与指导性建议。

纳米技术在生物医药领域的应用具有巨大潜力，大量的基础研究成果预示其在药物递送、生物成像和生物传感器等方面存在巨大优势。研究纳米毒性的本质对纳米载体的安全设计与毒性防护具有重要意义；在分子水平对纳米材料进行评价和质量控制是实现产业化的必由之路。切不可由于纳米材料生物毒性的误区而导致纳米技术在生物医药领域的应用停滞不前。期望本书能为从事纳米技术转化医学研究开发的同行们提供有益的参考，起到抛砖引玉的作用。

作者实验室的博士龚伟、李志平、杨阳、高春生、杨美燕、李迎、杜丽娜、张慧、喻芳邻、杨艳芳等先后参与了本书相关的研究工作，为本项研究做出了重要贡献；作者实验室的硕士杨臻博、李明媛、高广宇、谢向阳、陈美玲、余继梅、周杰兆等参加了本书中相关的研究工作，以及本书文献资料收集、整理编辑等工作，为本书的撰写付出了辛勤劳动与卓越贡献；硕士刘承、胡小琴、马丝雨、高越、张越、陈志江、雷炜、唐雪梅、彭龙、陶敏、王琦等协助进行了书稿的文献查阅与校对工作；杨霄、张少博、刘燕等协助了本书书稿的校对工作，他们均为本书的出版付出了辛勤劳动，在此表示诚挚的感谢！

囿于作者在纳米毒理学方面的研究积累和水平有限，本书内容难免有不妥之处，诚望各位读者批评指正。

2018 年 8 月 16 日

目　录

第 1 章
生物医药纳米技术的困境、
挑战与发展趋势

　　自 20 世纪 70 年代纳米技术诞生以来，纳米材料因其卓越的理化性能和生物活性吸引了众多关注。纳米材料科学发展迅猛，目前已深入渗透到社会生产的各个领域，如生物技术、信息工程、结构材料、化工、电子、国防、环保、医药等，并取得了许多世人瞩目的重大进展。纳米技术正以惊人的速度发展并改变着社会生产和人类的生活方式。

　　由于纳米技术所带来的巨大的社会效益和经济效益，世界各国无不予以高度重视，并斥巨资加大对于这一领域的研发力度。截至 2016 年，在 Web of Knowledge 平台上可查到的纳米领域相关文献总数已经超过 1 500 000 篇（注：关键词 Nano*），其中生物医药领域纳米相关文献超过 380 000 篇（注：关键词 Nano*& bio*）。2005 ～ 2014 年文献发表情况如图 1-1 所示。

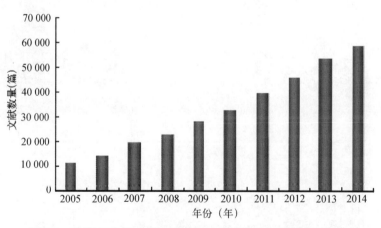

图 1-1　十年间生物医药领域纳米相关文献的发表数量增长情况

　　尽管世界各国在纳米生物医药领域投入巨大，但是纳米技术并非如预期般真正广泛进入实际的应用领域。纳米材料在电、光、磁等方面优异的物理性质和特殊的生物效应，似乎显示了其广阔而诱人的生物医药应用前景，但医药纳米材料广泛存在的安全性问题及自身技术的不完善，严重影响了其在体内应用过程中的可靠性。如何使医药纳米材料在生物体内发挥功效的同时避免毒性的产生，将是纳米生物医药领域未来亟待解决的重大难题。

纳米技术是 21 世纪科技产业革命的重要内容之一，生物医药领域纳米技术研究方兴未艾。抓住这一机遇突破生物医药纳米材料安全性瓶颈，发展真正适合体内应用的生物医药纳米材料和技术，最终为治愈长期困扰人类的疾病、更好地维护人类健康寻找新途径、新手段，仍然任重而道远。

第1节　纳米材料和纳米技术

1960 年，理查德·费曼提出"纳米"一词，并预言纳米技术发展时代的到来。1990 年，世界上最小的字母在国际商业机器公司（IBM）阿尔马登研究中心诞生。该研究中心的科学家通过对单个原子进行重排，在一小片镍晶体上用 35 个氙原子拼出了"IBM"三个字母，标志着纳米技术的正式诞生。

1 纳米（nm）为十亿分之一米（m），纳米技术通常研究 1 ～ 100nm 的物质，随着研究的不断进展，其研究范围不断拓宽，既有较大粒径的纳米粒子，也有如富勒烯（其粒径仅约为 0.7nm）般粒径较小的纳米粒子，这些材料都是现代纳米科学关注的对象（图 1-2）。纳米材料是指材料在三维空间中至少一个维度的尺寸在纳米尺度范围，在该尺度范围下肉眼是无法辨识这些材料的，只能通过电子显微技术等进行观察。由纳米颗粒组成的材料具有许多特异性能。因此，科学界又把它们称为"超微粒"材料和"21 世纪新材料"。纳米材料是人类对微观世界改造的经典案例。由于宏观物质是自下而上地组合与堆砌的，因此改变微观结构对于宏观物质的性质和作用将产生巨大的影响。

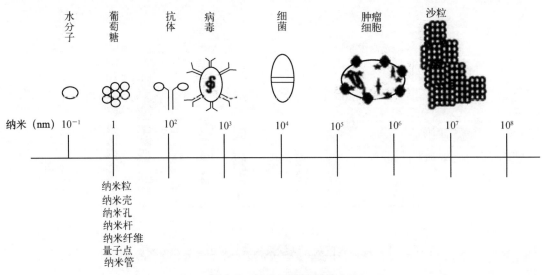

图 1-2　纳米尺度物质的大小

纳米技术是指制备纳米级尺度的材料或改造纳米尺度下的微观结构，并在这些材料上发展的技术和应用。纳米技术目前主要包括"Top down"和"Bottom up"两种制备策略。Top down 是指大于纳米级尺寸的原材料经处理变为纳米级，Bottom up 是指纳米材料经由更小的材料、分子或元素组合成为纳米级尺寸的物质。有的材料虽然本身尺寸很大，但其功能主要由纳米结构决定，因而也被囊括进纳米技术研究的行列当中。

第 2 节　纳米的"前生今世"——纳米技术的发展

纳米材料和纳米技术对于现代社会来说并不陌生。很多纳米技术的概念和利用其开发的产品正在不断争夺着人们的视线，对纳米技术的投入也是各国政府的首要关注点之一，纳米技术不仅成为新的技术高地，还承载了人们巨大的希望。然而，纳米材料和纳米技术其实并不完全是现代和人为的产物，纳米材料也并非完全是近现代才出现的。例如，烟雾和墨就是超细颗粒的代表，其特殊的性质也早在古代就为人类所发现。同时，自然界也会产生自然的纳米颗粒，但针对纳米颗粒真正大范围的观察和研究从 20 世纪 80 年代才逐步展开，随着观测技术的进步，人类开始对微观世界进行观察和改造。微观世界的改造和结构效应的积累是物质宏观性质的基础，自然界很多材料都是因为其在微观结构上的不同而导致宏观性质的差异。例如，蝴蝶的翅膀之所以能够借光产生衍射而显示出多种颜色，正是由于其翅膀上存在纳米尺度的微细结构；贝壳中的层状纳米结构导致其最终的坚硬性质。因此，对传统材料的改造需求，以及新的纳米材料在光、电、磁、表面性质和微小体积上展现的全新特性，使得人类又一次向操控微观世界迈步。

1959 年，诺贝尔奖得主、物理学家理查德·费曼发表了题为 "There's plenty of room at the bottom" 的演讲，他预言人类对于微观世界的改造将引领下一个科技时代的到来，微机械、纳米机器人将是带动人类进步的重要工具。在当时的条件下，这是非常激进的想法。如今，经过近几十年的基础研究，纳米技术已经开始逐步进入商业应用，其领域主要包括电子、化妆品、汽车、运动产品和医疗等行业，而主要原材料多为银、碳、锌、硅、钛和金等。纳米技术在生物医药领域的应用也被较早地提出，如 1965 年首次提出脂质体的概念；1994 年提出长循环脂质体载药体系的概念；1998 年又提出利用量子点偶联技术指示肿瘤存在部位的概念。这些技术的运用和发展拓展了传统技术所不能达到的新高度。2015 年，纳米技术相关的产品对世界经济的贡献超过 10 000 亿美元，超过 200 万工人受雇于纳米工业，另外有 600 万工人从事纳米技术相关的支持性工作。2004 年世界工程纳米材料的产量在 2000 吨左右，预计在 2020 年会增加到 58 000 吨。

纳米技术伴随着人类对于微观世界的可知性和观测工具的不断发展而受到广泛的关注，同促进人类进步的其他事物一样，这一新兴领域最初以神秘而令人兴奋的面孔出现在我们面前。科学家设想在微观世界中，可以制造微米或纳米级别的"机器"来服务人类和帮助人类社会进步。在经济社会发达的今天，这一概念和技术产品已经成为全球热点并被迅速商品化、经济化，仅仅十几年的发展，纳米商品就遍布人们生活的各个角落。

纳米材料的特殊性质之一就是其极小的尺寸，这种尺寸使得其与细胞相比仍具有较小的体积。这种体积优势使得利用纳米材料制备针对组织、细胞和细胞器的装置成为可能。进入 21 世纪以来，纳米医药在肿瘤、心血管病、传染病等重大疾病的诊治方面展现出广阔的应用前景，短短几年就成为各国政府的"宠儿"。各国相继加大了对纳米医药研究的资助力度，美国、德国、瑞士、日本等发达国家都已将纳米生物技术和纳米医药作为本国纳米发展战略的主要内容之一。2009 年，我国科技部发文批准组建"国家纳米药物工程技术研究中心"，根据《国家中长期科学和技术发展规划纲要（2006—2020 年）》，纳米研究已被列入"重大科学研究计划"，成为我国未来15年引领发展、实现重点跨越的4个领域之一。国家"863"计划、国家自然科学基金委员会、中国科学院都从不同层面部署了一批与纳米医药相关的重大项目。

作为全新的材料，纳米材料的另一主要应用在于，未来微电子器件会使现有的电脑、电视、卫星、机器人等所需的制造体积变得越来越小。例如，北京大学利用单壁碳纳米管做成了世界上最细、性能最好的扫描探针，获得了精美的热解石墨的原子形貌；利用单壁短管作为场电子显微镜（PEM）的电子发射源，拍摄到了过去认为不可能获得的超微原子像。复旦大学已经研制出50nm的新材料，居国际领先地位，这些材料将用于制造电子器件中的极板、存储器和导线。1999年，美国乔治亚理工学院电子显微镜实验室主任王中林等发明了电子秤。电子秤的发明打开了纳米科学与技术新的研究领域，对生物学和医学研究来说，它可以测量单个病毒或生物大分子的质量，从而提供了通过质量判别病毒种类的新方法，以及寻找可用作细胞内温度测量探针的纳米材料的新途径。

第3节　生物医药领域的纳米技术

人类最关心的问题莫过于自身的健康，因此利用纳米技术服务于医药卫生领域就自然而然地成为纳米技术运用的重点方向。纳米颗粒（nanoparticles）是一种处在原子簇（几个到几百个原子或尺寸小于1nm的粒子）和宏观物体交接过渡区域的颗粒。这种介于微观系统和宏观系统之间的系统，是一种典型的介观系统，它具有表面效应、小尺寸效应和宏观量子隧道效应。由于纳米材料的尺寸已接近电子波长的相干长度，强相干所带来的自组织使纳米材料的性质发生了很大的变化。接近于光波长的尺寸加上大的表面积效应也使纳米材料所表现出的特性如熔点、磁性、导热、光学、导电等不同于该物质在整体状态时所表现的性质。这些特性不仅为操控微结构提供了宏观的手段，也为观察纳米材料同机体互动提供了信号媒介。纳米材料可制备成与细胞相比具有极小体积的结构单元，同时有的备选材料具有如腔－壳结构的优良性质，是理想的微载体。纳米材料的这些特性与效应，使得人们可以在不改变其化学成分的前提下，通过控制材料的基本性质，按照自己的需求设计、合成出具有特殊性能的新材料。这使得纳米材料在生物医药领域具有非常广阔的应用前景，如药物和基因传递、医学成像、光能疗法、组织工程学等。所以，在医药领域应用的纳米材料也是纳米技术研发的主流方向之一。

（一）纳米材料的生物成像及探针系统

量子点（quantum dot，QD）是一种由Ⅱ～Ⅵ族或Ⅲ～Ⅴ族元素组成的纳米晶粒，其晶粒大小为1～100nm，且具有类似晶体的规整原子排列。按照其元素组成，量子点可以分为Ⅱ～Ⅵ族量子点（如CdTe、CdSe等）、Ⅳ～Ⅵ族量子点（如PbSe等）及Ⅲ～Ⅴ族量子点（如InP、GaN等）等。按照其结构组成，量子点可以分为核/壳结构量子点（如CdSe/ZnS、CdTe/CdSe等）、合金量子点（如CdSeTe、CdHgTe等）及掺杂量子点（如Mn:ZnS等）。根据核材料和壳层材料能级排列的不同，核/壳结构量子点又可以分为三种类型：Type Ⅰ、反转 Type Ⅰ 及 Type Ⅱ，如图 1-3 所示。合金量子点也有着非常有趣的性质，如 CdSeTe 合金量子点结合了 CdSe 和 CdTe 两种量子点的性质，其发射波长也在 CdSe 和 CdTe 量子点的发射波长范围内可调。掺杂可以有效改善量子点的特性，通过引入杂质，可以更好地控制量子点的能隙，提高量子产率。

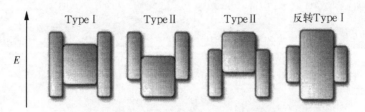

图 1-3　不同类型的核 / 壳结构量子点的能级排列示意图
图中矩形的上边缘和下边缘分别代表的是核材料（中间的矩形）和壳层材料（两边的矩形）
的导带和价带的位置

　　量子点的光学及电学性质与其晶粒尺寸大小密切相关，与传统的有机荧光染料相比，量子点具有以下特点。①具有较宽的激发波长范围（从紫外区到远红外区）和较窄的发射波长范围，因此可以用同一波长的光激发不同大小的量子点，使其发射出不同波长的荧光。相比之下，荧光染料的激发光波长范围较窄，需要多种波长的激发光来激发不同种类荧光染料，大大限制了荧光染料在实际工作中的应用。另外，量子点的发射峰窄且对称、重叠小、易识别，而荧光染料发射峰过宽、不对称、拖尾和重叠严重，容易互相干扰，给分析检测带来困难。②量子点的发射波长可通过控制量子点的大小和组成来调整，因此根据所需波长能够任意合成晶粒大小不同的、均匀的量子点，且谱峰为对称高斯分布。③量子点的荧光强度及稳定性是普通荧光染料的 100 倍左右，不像有机荧光染料那样容易发生荧光淬灭，其可以经受反复多次激发，因此可用于研究细胞中生物分子之间长期的相互作用。④量子点可通过各种化学修饰获得较好的水溶性和生物相容性，且其表面具有特异性连接位点，可进行生物活体标记和检测，如 Alfredo 等采用聚乙二醇（PEG）修饰的杆状 CdSe/CdS 量子点为生物探针，跟踪监测了海葵 *N. Vectensis* 的生长过程（图 1-4）。基于上述诸多优点，量子点已经成为研究热点，目前其在合成制备、修饰及应用研究方面都取得了突破性进展。

　　Wu 等观察到，利用量子点标记肿瘤标志物 Her2 所获取的免疫荧光信号比常规荧光染料标记靶细胞表面受体、细胞骨架、核抗原和其他细胞器所收集的荧光信号更加稳定可靠。他们还发现生物结合的胶体量子点在细胞标记、细胞示踪、DNA 检测和体内成像方面也很有价值（图 1-5）。Gao 等进行了体内量子点成像和肿瘤定位的动物研究，他们观察到量子点在肝、脾、脑、心、肾和肺中的吸收、滞留和分布有逐渐减少的规律，在裸鼠前列腺癌异种移植瘤模型的研究中，量子点在瘤组织内特异性蓄积且呈现出亮橙红色。

　　韩明勇等实现了利用量子点合成荧光编码探针，从理论上来说，使用 6 种不同的发光颜色及 10 种不同的发光强度，就可以设计出将近 100 万种不同的荧光编码。在研究中他们将多种不同发光颜色的量子点按照一定的比例包埋入聚苯乙烯微球中，在聚苯乙烯微球

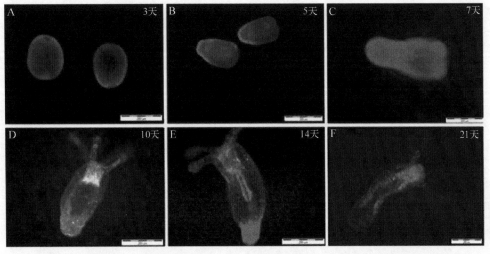

图1-4　采用PEG包被的杆状量子点生物探针跟踪 *N. Vectensis* 的生长过程

扫一扫见
彩图1-4

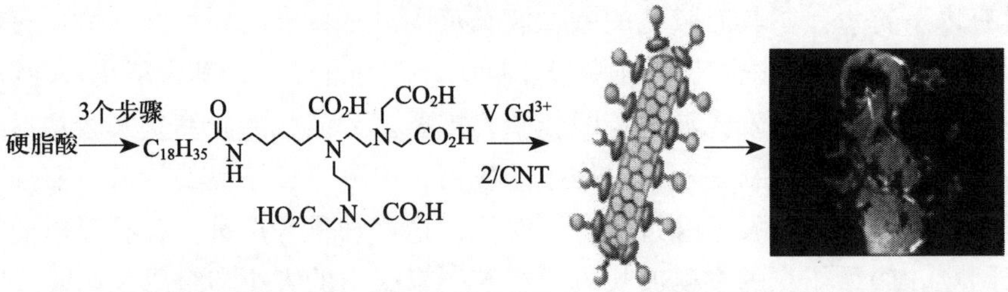

图1-5　多壁碳纳米管嵌入钆作为磁共振成像（MRI）的造影剂在小鼠腿部肌肉成像

资料来源：Alfredo A, Valentina M, Veronica M, et al, 2014. Nanotoxicology using the sea anemone Nematostella vectensis: from developmental toxicity to genotoxicology. Nanotoxicology, 8(5):508-520

上连接DNA单链构成一种可以识别目标DNA链的荧光编码探针。此后，量子点荧光编码探针得到了深入的研究和发展，在细胞检测、免疫分析、药物筛选等许多与生命科学相关的领域和方向都得到了应用，如Pang等利用三种发不同颜色光的CdSe/ZnS量子点和Fe_2O_3纳米粒子设计了一种可以同时检测乙型肝炎病毒（HBV）、丙型肝炎病毒（HCV）和艾滋病病毒（HIV）三种病毒DNA的量子点荧光编码探针。

　　免疫分析是临床医学上鉴别某些生物标志物的重要生物技术手段。人类的健康与葡萄糖、尿酸、胆固醇和某些酶等重要的生理物质息息相关。因此，生物分子的分析方法需要具有敏感性好、成本低、能进行多组分同时检测等特点。量子点的激发波长范围宽，单一波长光源就可以激发不同大小的量子点，是实现多个组分同时检测的理想标记探针。尺寸可调的量子点用于荧光免疫分析，使其在生物临床诊断技术检测方面取得了进一步的发展。Pan等用叶酸修饰可生物降解的聚丙交酯－维生素E琥珀酸酯（PLA-TPGS）纳米粒子并将量子点包裹于其中，制备出一种新型荧光探针，该荧光探针具有靶向作用和降低细胞毒性等优点，且其荧光强度较强，还可用于叶酸受体高表达的乳腺癌细胞MCF-7的成像。

以超顺磁性粒子（SPIO）为载体的微粒靶向递送系统已经成为比较热门的研究方向。其一般由两部分组成，即磁性核心（一般为 Fe_3O_4、Fe_2O_3、$\gamma\text{-}Fe_2O_3$）和具有生物相容性的聚合物或多孔生物聚合物涂层，且该涂层可以被功能化羧基、生物素、抗生物素蛋白、碳二亚胺和其他分子修饰。通过对纳米微粒的磁性导航，使其移向病变部位，从而起到抗原 - 抗体偶联及靶向作用。此外，聚合物涂层还可以通过共价结合、吸附或包埋目标物实现联合投递。超顺磁氧化铁纳米微粒还可以用于干细胞的分离。干细胞分离被认为是成功应用于观察和治疗疾病的初始步骤，而近些年纳米技术在干细胞分离和生物影像研究领域的巨大发展引人瞩目，SPIO 成为干细胞分离和非侵袭性细胞追踪的理想探针，其与抗 CD-34 抗体相结合，成功从人体外周血液中浓缩外周血祖细胞；SPIO 可以直接标记 CD-34 干细胞，然后通过磁性筛选按顺序分离；SPIO 已经被成功用于监测神经干细胞移植到大鼠脑内 7 周的结果，能让研究人员更好地了解干细胞移植到神经系统的过程。SPIO 还可以与其他技术相结合用于医学诊断和治疗，例如，细胞免疫疗法的有效性很大程度上取决于是否能成功将树突细胞（DC）导向引流淋巴结（DLN），以及与抗原特异性 T 细胞 $CD4^+$ 的相互影响。利用 SPIO 和近红外荧光（NIRF）染料组成双模态荧光磁性纳米探针，该新型探针能够追踪体内 DC 导向 DLN 的迁移过程，其具有磁性和光学对比的特点及良好的生物相容性，在标记和追踪 DC 的同时不会对细胞的活性、增殖和迁移能力产生影响，在临床评价肿瘤免疫疗法的效果方面极具应用前景。

（二）生物工程

纳米材料在生物工程领域的应用也十分广泛，具有很好的发展前景。

1. 人造羟基磷灰石　羟基磷灰石（HAP）与骨质无机成分有化学结构相似性，并且展现出对宿主坚硬组织的强烈亲和性，最显著的特点是有较好的生物相容性和在体内降解缓慢，所以较多地应用于骨修复，也可以用于金属植入物的包裹层或者作为骨或牙齿的填充物。但是，由于 HAP 较低的机械强度，导致其只能局限应用于低承重的环境。纳米羟基磷灰石材料很好地改善了这一情况，同时很多研究者研发了生物可降解膜如胶原和合成类生物可降解膜。近年来，因胶原有极好的细胞亲和性和生物相容性，并可促进组织再生，通过纳米矿化作用将胶原制作成膜，可广泛用于牙周缺陷修复。然而纳米矿化胶原膜强度低难以制作，而且吸收速率难以与组织修复进程相匹配，因此一种包含三层物质的膜逐渐发展起来，这三层物质分别是二氧化碳纳米羟基磷灰石、胶原和聚乳酸羟基乙酸共聚物（PLGA），它们具有不同的生物降解速率，而且强度大，易于制作。

2. 纳米基因载体　以纳米颗粒作为基因载体，将 DNA、RNA、肽核苷酸（PNA）、双链 RNA（dsRNA）等基因治疗分子包裹在纳米颗粒中或吸附在其表面，通过与细胞相互作用进入细胞内，释放基因治疗因子并发挥基因治疗效能。此类载体克服了传统病毒载体制备复杂、有免疫原性、不能体内反复应用、存在安全性隐患及非导向性等缺点。因此，纳米颗粒作为基因载体已引起越来越多的关注。

3. 人造红细胞　众所周知，脑细胞缺氧 6 ~ 10min 即出现坏死，内脏器官缺氧后也会呈现衰竭。设想如果有一种由超小型纳米泵构建的人造红细胞（respirocyte），其携氧量是天然红细胞的 200 倍以上，那么当心脏因意外突然停止搏动时，医生可以立刻将大量的人造红细胞注入人体，及时提供生命赖以生存的氧，以维持整个机体的正常生理活动。美国的纳米技术专家 Robert Freitas 提出的人造红细胞的设计，已成为纳米技术的标志性成果。这个细胞是 1μm 大小的金刚石的氧气容器，内部有 1000 个大气压，泵浦动力来自血清葡萄糖。在维持生物碳活性的同时，它输送氧的能力是同等体积天然红细胞的 236 倍，可用于贫血症的局部治疗、人工呼吸、肺功能丧失和体育运动需要的额外耗氧等。它的基本设计、结构功能，以及与生物体的相容性等已有专著详细论述。

4. 生物芯片　是不同于半导体电子芯片的另一类芯片。半导体电子芯片是集成具有特定电子学功能的微单元所形成的电子集成电路；而生物芯片则是在很小几何尺度的表面积上，装配一种或集成多种生物活性分子，仅用微量生理或生物采样，即可同时检测和研究不同的生物细胞、生物分子和 DNA 的特性，以及它们之间的相互作用，获得生命微观活动的规律。生物芯片可以粗略地分为细胞芯片、蛋白质芯片（生物分子芯片）和基因芯片（DNA 芯片）等，具有集成、同步和快速检测的优点，已成为 21 世纪生物医学工程的前沿科技。

5. 分子马达　是由生物大分子构成，利用化学能进行机械做功的纳米系统。天然的分子马达，如驱动蛋白、RNA 聚合酶、肌球蛋白等，在生物体内参与胞质运输、DNA 复制、细胞分裂、肌肉收缩等一系列重要的生命活动。美国康纳尔大学科学家利用 ATP 酶作为分子马达，研制出了一种可以进入人体细胞的纳米机电设备——"纳米直升机"。该设备共三个组件：两个金属推进器和一个附属于与金属推进器相连的金属杆的生物分子组件。其中的生物分子组件将人体的生物"燃料"——ATP 转化为机械能量，使得金属推进器的运转速率达到每秒 8 圈。但这种技术仍处于研制初期，对设备的控制和如何应用仍是未知数。将来该设备有可能承担在人体细胞内发放药物等医疗任务。

6. 纳米探针　是一支直径 50nm、外面包银的光纤，能传导一束氦 - 镉激光。它的尖部贴有可识别和结合 BPT[benzo (a) pyrene tetrol] 的单克隆抗体。抗体与 BPT 结合后，所形成的分子复合体能够被 325nm 波长的激光激发产生荧光。此荧光进入探针光纤后，由光探测器接收。此高选择性和高灵敏度的纳米传感器，可以用于探测很多细胞化学物质，可以监控活细胞的蛋白质和其他所感兴趣的生物化学物质，还可以探测基因表达和靶细胞的蛋白生成，筛选微量药物，以确定哪种药物能够最有效地阻止细胞内致病蛋白质的活动。

例如，一种探测单个活细胞的纳米传感器，其探头尺寸为纳米量级，当它插入活细胞时，可探知细胞内是否存在可导致肿瘤的早期 DNA 损伤。苯并芘是城市空气中普遍存在的致癌物质，在一般暴露的情况下，细胞摄取苯并芘并将其代谢。苯并芘和细胞中 DNA 反应形成一种可水解的 DNA 加合物 BPT，可采用上述纳米传感器检测细胞内 BPT 的含量，评估 DNA 的损伤情况。

随着纳米技术的进步，纳米探针将最终达到评定单个细胞健康状况的目的。

（三）口腔医学领域

纳米口腔医学是一种利用纳米材料维护口腔健康的新兴科学，包括组织工程学等，并以口腔纳米机器人为终极发展目标。相比其他科学技术，纳米技术对于口腔医学及其他健康护理领域具有更深刻的意义，可改善治疗效果、实现新的生物学功能，最大程度降低医疗成本。纳米技术和纳米材料在口腔医学中的应用主要包括以下几个方面（图 1-6）。

1. 纳米微粒　晶粒小，表面曲率和比表面积大，所以存在于晶粒表面无序排列的原子百分数远大于晶态材料中表面原子所占的百分数，并且在同一纳米态晶粒内还常存在各种缺陷（如孪晶界、层错、位错），甚至还有不同的亚稳相共存。纳米微粒的这种特殊结构导致了它具有传统固体不具有的许多特殊性质和应用前景。目前，纳米微粒在口腔医学领域的应用主要是纳米羟基磷灰石（nano-hydroxyapatite，nHA）。nHA 微晶在形态、晶体结构、合成和晶度上与生物骨、牙组织的磷灰石相似，具有更好的生物活性。nHA 的植入物会无创伤地沉积在创伤组织内修复组织，与正常骨结合紧密，不会干扰细胞环境和机体功能。因此，国内外许多学者对 nHA 微晶颇为关注，并对其物理、化学、生物学特征进行了大量的研究。Fukuchi 等的细胞实验结果显示，巨噬细胞大量地吞噬 nHA 微晶后可将其消化并排出细胞外，细胞的增殖率未受到影响。

2. 无机-有机纳米复合材料　正逐渐成为口腔医学中一个新兴的极富生命力的研究领域，吸引了众多研究者。这种材料是由无机相和有机相在纳米至亚微米范围内结合形成，两相界面间存在着较强或较弱的化学键（范德华力、氢键）。其中，有机相包括塑料、尼龙、有机玻璃、橡胶等，无机相包括金属、氧化物、陶瓷、半导体等，两相复合后将会获得集无机、有机、纳米粒子的诸多特性于一身的具有许多特异性质的新材料。无机相赋予材料高强度、高模量、高耐划痕、耐腐蚀等特性，有机相赋予材料低密度、良好的柔韧性等特性。因此，通过改变参与反应的有机、无机组分含量，可以方便地实现材料的性能裁剪，从而制得所需性能的材料。

3. 纳米陶瓷　纳米陶瓷复合材料是指在陶瓷基体中加入纳米级第二相颗粒，从而提高其性能的材料。晶粒尺寸在 50nm 以下的纳米陶瓷，具有高硬度、高韧性、低温超塑性、易加工等传统陶瓷无可比拟的优点。因此，其优良的室温和高温力学性能、抗弯强度、断裂韧性，将大大提高口腔陶瓷修复体的强度和韧性，成为新型的口腔陶瓷修复材料。纳米陶瓷因其优异的表面特性既能促进新骨在种植体表面的快速沉积又能使周围支持骨稳定的原位获得修复，最大限度地减少由于松动对周围组织造成的损害。因此，包括复合型生物陶瓷和含骨生长因子复合陶瓷在内的纳米生物陶瓷材料具有良好的韧性，与人体组织相容，并能促进组织生长，可使细胞在材料表面生长，恢复病变组织的组织功能，包括免疫识别能力和生物催化活性等，展现了纳米生物陶瓷材料在口腔种植中的应用前景。

4. 口腔复合树脂材料　新型的聚合物单体主要是光化聚合丙烯酸酯或异丁烯酸酯基的向列液晶单体，其中能加入高比例的金属氧化物和二氧化硅纳米颗粒，并能在充入窝洞时保持良好的流动性，固化时形成高分子量的聚合物，聚合时不收缩或很少收缩。这种材料显示了很强的黏结性和较低的体积收缩性。二氧化锆用于牙科具有高 X 射线阻射、高强度和高硬度的特性，胶质的纳米二氧化锆具有高度的光学透明性，是理想的牙科复合树脂增强材料。Chan 等将纳米氧化钽颗粒加入树脂中形成纳米复合树脂充填材料，既实现了放射阻射，又增强了材料的物理强度，并推断纳米颗粒加入玻璃离子黏固剂中有望改善其强度和易于溶解的缺陷。聚合物在加入纳米颗粒后比一般的复合树脂具有更好的耐磨性。Luo 等将纳米多孔二氧化硅凝胶加入树脂中形成独特的纳米结构材料，提高了树脂的耐磨性。与传统复合树脂不同的是，这种材料通过纳米机械结合而提高了耐磨性。对于口腔常用的光固化黏结剂来说，加入一定量的纳米材料能够提高其黏结力，并可作为牙本质过敏治疗的封闭材料。运用纳米高分子复合材料还可制备生物相容性好且有一定强度和柔韧性的根充尖，配合亲水渗透性好、可固化和收缩性小的纳米高分子复合材料根充剂，在根管治疗中充分封闭侧副根管，达到极佳的充填效果，同时在充填材料中的纳米颗粒可以携带抗菌药物缓慢释放而达到治疗尖周病变的目的。

5. 口腔骨替代材料 大量的国内外研究表明，聚合物基生物陶瓷复合材料是骨组织工程细胞外基质替代材料的最佳选择，利用纳米生物陶瓷材料优良的强度及骨诱导作用，可研制纳米级复合材料并为口腔骨组织工程提供理想的支架材料（图 1-6）。Du 等制备出 nHA/ 胶原复合物，经观察发现植入骨髓腔后其与组织有着良好的生物相容性，并发现将其作为载体与体外成骨细胞结合，有骨引导及骨诱导作用，可作为骨组织工程的支架材料。Liu 等将多种可降解聚合分子成功地偶联到 nHA 表面，旨在寻找可作为生长因子载体的 nHA 表面修饰，以更好地发挥骨引导和骨诱导作用。

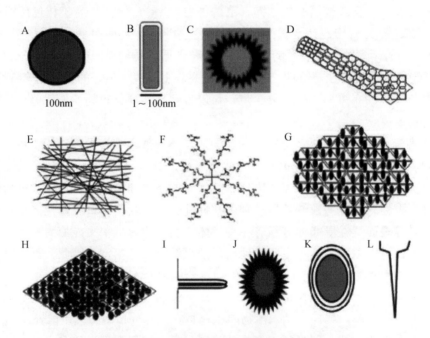

图 1-6 用于口腔医学的纳米材料结构

A. 纳米粒；B. 纳米杆；C. 纳米球；D. 纳米管；E. 纳米纤维；F. 树状大分子；G. 量子点；

H. 纳米孔；I. 纳米支架；J. 纳米壳；K. 脂质体；L. 纳米针

6. 纳米级载银无机抗菌剂 是在纳米材料基础上，由无机离子交换体与具有较强杀菌能力的银离子化合制得的新型抗菌剂。与传统有机抗菌剂相比，其抗菌谱广、作用持久、耐热性、生物安全性良好，即使低浓度应用亦可达到较好的效果。近年来国外有学者开始尝试将此类抗菌剂添加在口腔材料中抑制继发龋。普通金属银的抑菌效果颇为微弱，但是将金属银加工成纳米银后，其具备超强抗菌能力，可以杀灭细菌、真菌、支原体、衣原体等致病微生物。研究发现，12nm 的纳米银可杀灭大肠杆菌（*Escherichia coli*），图 1-7 为扫描式电子显微镜（SEM）分析显示的纳米银杀菌活性。

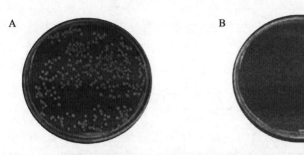

图 1-7　24h 后银颗粒组（对照组）（A）和纳米银颗粒组（B）的抗菌活
性比较（*Escherichia coli*）

人们认为，纳米口腔医学具有利用纳米材料、生物技术（包括组织工程学和基因理论）、口腔机器人等维护口腔完全健康的潜力。在未来，纳米技术有望发展成为口腔医学的核心技术。

（四）药物递送系统

药物递送系统（drug delivery system，DDS）是采用多学科的手段将药物有效地递送到靶部位，从而调节药物的代谢动力学、药效、毒性、免疫原性、生物识别等系统。20世纪 70 年代，随着现代科学和仪器设备的广泛应用，纳米材料和纳米技术引起人们的广泛关注，并逐步应用于药学领域，产生了纳米药物递送系统（nano-drug delivery system，NDDS）。NDDS 是指药物与药用材料一起形成的粒径在 1 ~ 1000nm 的纳米级药物递送系统，标志着药物研发进入了制剂创新时代。NDDS 已走在药物创新的最前沿，成为市场的主导，成为全球医药产业发展的重要推动力。

NDDS 可应用于癌症治疗、疫苗辅剂、细胞内靶向给药、定向显影等，而通常情况下，其主要包含两个方面的内容。一是作为靶向制剂，能使药物富集定位于病变组织、器官、细胞或细胞内结构，发挥药物的最大疗效，而将对正常组织细胞的伤害降到最低限度。例如，将磁性纳米颗粒（Fe_3O_4）与药物结合后注入人体，在外磁场作用下，定向移动于病变部位，从而达到定向治疗的目的。另外，利用纳米载药颗粒作为异物可被巨噬细胞吞噬，并在网状内皮系统聚集的特性达到靶向治疗的目的。此法应用于肿瘤治疗，其靶向性非常高，可对癌细胞产生更直接、强大的杀伤力。二是控制药物释放速度，使血药浓度控制在安全有效的范围内，从而减少给药剂量，减轻或避免毒副作用，即把药物粉末或溶液包埋在直径为纳米级的颗粒中，使药物在预定的时间内，按某一速度从纳米颗粒中恒速释放于靶器官，使药物浓度较长时间维持在有效浓度。载药碳纳米管可以改变膜转运机制，消除生物屏障对药物作用的阻碍，增加药物对生物膜的通透性，有利于药物在细胞内发挥作用，在保证药物作用的前提下减少给药剂量，降低药物带来的不良反应。虽然目前对于碳纳米管的了解还不够深入，然而它的出现为进一步研究、改造生物分子结构和进行医学治疗提供了新的手段和思维方式，使纳米药物载体技术在医药领域的发展前景更为广阔，并且可能在人类重大疾病的诊断、治疗、预防等方面发挥重大的作用。

研究发现，药物包载或黏附在纳米尺度的载体上后，其在体内的吸收、分布、代谢和释放方式可以发生特定的改变。经过表面修饰后的纳米药物载体可实现特定组织及细胞的专一性摄取，药物在靶组织（病变、炎症、癌变等特定组织）细胞中特异蓄积或释放，可在增加药物治疗效果的同时减少因全身性用药而带来的毒副作用。此外，纳米药物载体还可以增强药物的稳定性，提高药物的溶解度。纳米药物载体的这些特性为更好地发挥药物的疗效提供了一条新的有效途径。纳米药物可以口服、局部给药，或经非胃肠道途径等多种方式给药，适合作为抗肿瘤药物的载体用于癌症的化疗，传递抗生素治疗细胞内感染，以及传递肽类和蛋白类药物，或者作为疫苗传递的佐剂等。目前，纳米药物递送系统包括纳米粒药物递送系统、纳米脂质体药物递送系统、纳米胶束药物递送系统、纳米混悬剂药物递送系统、纳米囊药物递送系统、纳米乳药物递送系统及纳米晶药物递送系统等。

靶向给药系统主要分为主动靶向和被动靶向，被动靶向主要是利用纳米材料的 EPR 效应（enhanced permeability and retention effect）。而主动靶向则是利用对纳米材料表面的修饰，将纳米药物载体制备成为生物导弹，将药物定向运送到靶位置浓集而发挥效用。

对纳米载体进行表面修饰的方法主要有以下几种。

（1）PEG 修饰：可以减少巨噬细胞对载药纳米粒的吞噬，延长纳米粒在体内的循环时间，还可以减少载药纳米粒对蛋白质及酶的吸附，减少降解，并且能够提高蛋白质类药物在胃肠道中的稳定性及蛋白质对肠道和鼻腔黏膜的通透性。

（2）多糖修饰：可以减少巨噬细胞对载药纳米粒的吞噬，延长纳米粒在血液中的滞留时间，还可以提高药物的黏膜吸附性及渗透性。利用表面活性剂对纳米粒进行修饰可以改变纳米粒的静电荷及黏附性，从而改变纳米粒的药学性质。

（3）物理化学靶向：物理化学靶向给药系统是指利用某些物理化学方法在特定部位发挥药效，如 pH 敏感、热敏感、体积栓塞等。Gao 等制备的 pH 敏感纳米微囊 PM 及其 YPSMA-1 衍生物 PM-Y，可特异性识别前列腺膜受体（PSMA），能够靶向递送抗肿瘤药物紫杉醇（paclitaxel，PTX），并能在前列腺肿瘤细胞内的酸性 pH 条件下特异性地释放药物。动物实验表明其抗肿瘤效果大大优于游离紫杉醇（图 1-8～图 1-10）。

靶向给药系统要求药物选择性到达特定的靶向部位（如组织、器官、细胞、亚细胞结构等）后，释放包载药物，使药物在目标位置保持一定的浓度和时间。在完成载体任务后，载体本身不应具有较明显的毒性或遗留不良反应。成功的靶向给药系统应具备定位浓集、控制释放及无毒（生物可降解）三个要素。将纳米载药体系进行表面修饰可以改善纳米粒的理化性质和药学性质，对药物的体内、体外行为等产生显著影响。

（1）纳米脂质体：一般指粒径在 20～80nm 的单室脂质体（single unilamellar vesicles，SUV），其通常是由磷脂与胆固醇构成。通过调节不同种类磷脂的组成和比例可以制备出具有不同温度和 pH 敏感特性的脂质体。脂质体是目前最能体现药物递送系统优势的载体

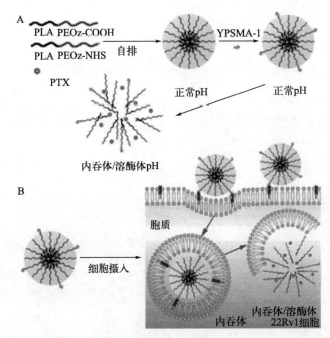

图 1-8　YPSMA-1 修饰多聚体微囊（PTX/PM-Y）及 PTX/PM-Y 的细
胞摄入与药物释放

A. YPSMA-1 修饰的 PTX/PM-Y 的制备和酸性 pH 条件下的药物释放；B. PTX/
PM-Y 的细胞摄入过程和肿瘤细胞内的药物释放

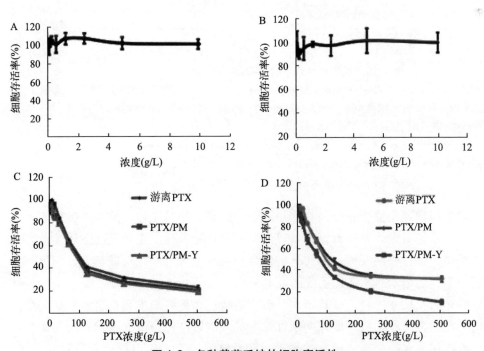

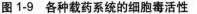

图 1-9　各种载药系统的细胞毒活性

A. 空白微囊的 PC-3 细胞毒活性；B. 22Rv1 细胞毒活性；C. 各种 PTX 载药微囊的 PC-3 细胞毒活性；
D. 22Rv1 细胞毒活性

扫一扫见
彩图 1-9

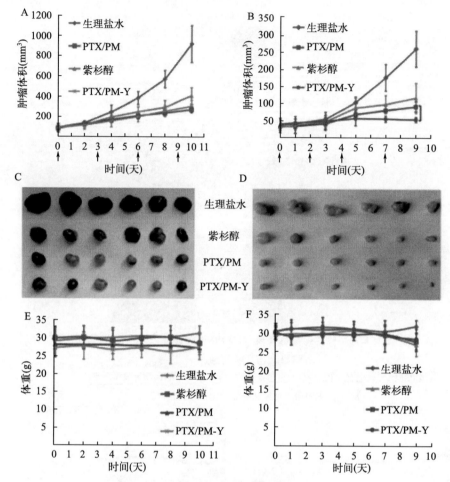

图 1-10　整体动物水平肿瘤抑制

生理盐水、PTX/PM、紫杉醇和 PTX/PM-Y 静脉注射后的 PC 3（A）和 22Rv1（B）肿瘤体积变化，箭头指示注射时间点；给药第 12 天时 PC-3（C）肿瘤大小和给药第 10 天时 22Rv1（D）肿瘤大小；给药后 PC-3 荷瘤小鼠（E）和 22Rv1 荷瘤小鼠（F）的体重变化（*n*=6）；***P < 0.001

图 1-8 ～图 1-10 资料来源：Gao Y, Li Y F, Li Y S, et al, 2015. PSMA-mediated endosome escape-accelerating polymeric micelles for targeted therapy of prostate cancer and the real time tracing of their intracellular tracking. Nanoscale, 7:597-612

扫一扫见
彩图 1-10

之一，其具有增强药物靶向性、延长药物作用时效、提高药物稳定性、降低不良反应及提高患者顺应性等特性。对其外壳进行修饰可以制备长循环脂质体、主动靶向脂质体及其他特殊的脂质体类型。经过长期发展，脂质体的制备和载药技术已经相对成熟，目前已有多种上市和在研产品，是纳米药物递送系统的经典模型代表。

　　目前，脂质体因其尺寸优势，兼具亲水、疏水的特性和良好的生物相容性而受到广泛关注，其是由天然或合成的类脂形成的两亲性单层或多层膜结构构成的纳米药物递送系统（NDDS）。类脂具有亲水性头部和疏水性尾部，脂质体通过疏水作用形成脂质双分子层，能同时包载亲水性和疏水性分子。迄今为止，脂质体仍然是研究和应用最成熟的 NDDS，而且因其具有制备简单、高载药量、高靶向性、无免疫原性、无毒和可修饰等诸多优点受到持续关注。脂质体作为 NDDS 应用十分广泛，新型的纳米脂质体是人们设计的较为理想的脂质体 NDDS。纳米脂质体药物递送系统是一类粒径小于 100nm 的单室脂质体。纳米脂质体所具有的优点包括：由磷脂双分子层包覆水相囊泡构成，生物相容性好；对所载药物有广泛的适应性，水溶性药物载入内水相，脂溶性药物溶于脂膜内，两亲性药物可插于脂膜上，而且同一个脂质体中可以同时包载亲水性和疏水性药物；磷脂本身是细胞膜成分，纳米脂质体注入体内无毒，生物利用度高，不引起免疫反应；保护所载药物，防止体液对药物的稀释和体内酶的分解破坏；使药物在人体内的传输更为方便；对脂质体表面进行修饰，如将对特定细胞具有选择性或亲和性的各种配体组装于脂质体表面，可达到寻靶目的。Dai 等将 Octreoted [Oct，一种十肽，为内源性促生长素抑制剂的类似物，对于促生长素抑制剂受体（somatostatin receptor，SSTR）具有很强的亲和力，特别是对于亚型 2（SSTR2），该受体在许多肿瘤细胞中过表达，如人小肺癌细胞株 NCI-H446 等] 连接在阴离子脂质体表面，脂质体内装载考布他汀 A-4(CA-4) 和阿霉素 (doxorubicin, DOX)，制备成新型靶向脂质体 [Oct-L(CD)]，可显著抑制人小肺癌细胞株 NCI-H446 的生长，与未连接 Oct 的载药脂质体 L（CD）相比，IC_{50} 显著降低，前者为（1.47 ± 0.12）μmol/L 而后者为（5.17 ± 0.41）μmol/L，抗肿瘤细胞生长活性显著增强。国内外已将多种蛋白质药物制成纳米脂质体，如胰岛素、白介素 -2（IL-2）、干扰素（IFN）、天冬酰胺酶、葡糖氧化酶、超氧化物歧化酶等。

脂质体具有很高的亲脂性，能够通过多种途径将其包载的内容物通过血脑屏障转运至脑实质，如被动扩散、与脑血管内皮细胞膜发生膜融合或者通过内吞途径。根据大小和磷脂双分子层的数量，脂质体分为小单室脂质体、大单室脂质体和多室脂质体。目前，脂质体已被研究应用于疫苗、类毒素、基因、抗癌剂和抗 HIV 药的递送。通过表面修饰，脂质体的血液循环时间可以增加。人们最早研究的是较大粒径的脂质体（$0.2 \sim 1.0$μm），大粒径的脂质体在体内可快速被肝和脾等组织的网状内皮系统吞噬而无法到达靶部位，而粒径相对较小的小单室脂质体（SUV，其粒径范围为 $0.025 \sim 0.1$μm）可明显降低药物在血液中的清除速率，因此关于脑靶向脂质体的研究主要集中于小单室脂质体。脂质体经全身给药后，即使是小单室脂质体也无法避免其在体内被肝和脾等组织的网状内皮系统吞噬，因此，将脂质体表面进行必要的修饰可降低网状内皮系统的吞噬，从而增加其脑靶向性。但是脂质体目前仍有应用上的限制，在制备过程中需要严格控制以达到可重复的制备工艺，如大小和包封率的一致性。

（2）固体脂质纳米粒（solid lipid nanoparticles，SLN）：该纳米粒子一般是利用固态的天然脂质或合成的类脂为载体制备的纳米药物递送系统。这一类载体的优势在于其材料均为内源性或类内源性，具有较高的生物相容性、较低的毒性，结合现有的工业条件可以大量制备。其具有保护药物、改善药物稳定性、缓控释及靶向作用，对于脂溶性好的药物具有较高的载药量。

固体脂质纳米粒是一个相对稳定的纳米载药系统，具有良好生物相容性的脂质材料融化并分散在亲水表面活性剂的表面，通过高压匀浆或微乳化的过程，将溶解的药物包裹或吸附于纳米粒表面，制成固体脂质纳米粒载药系统，现已广泛应用于基因药物、抗肿瘤药物、蛋白质和多肽药物等。粒径在 $10 \sim 1000$nm 的固体胶体颗粒以常温下为固态的天然或合成类脂为载体将药物包裹或夹嵌于类脂核中，通常是固体疏水核包裹着被分散或溶解了的药物，是一种新型的固体胶粒给药系统。固体脂质纳米粒展示出了某种聚合物纳米粒潜在的优势，它因脂质载体生物可降解的性质而可以安全地被大脑吸收。固体脂质纳米粒具有可以控制药物释放、避免药物降解或泄漏及良好的靶向性等优点。小尺寸的固体脂质纳米粒可穿透血脑屏障，逃避网状内皮系统的拦截且可以绕过肝。固体脂质纳米粒作为经皮给药系统的载体，可以明显增加皮肤对包载药物的吸收。Vineet 等利用固体脂质纳米粒定向对癌症进行了药物治疗，并证实了固体脂质纳米粒作为癌症治疗工具的有效性。

（3）树状大分子：是一类三维且高度有序的新型载体。由于组装分子可调节，因此其大小、形状、结构及表面的功能基团都可以进行设计。其主要是用来进行核酸类药物的递送。

树枝状高分子材料是一种球状大分子，分为核心、支链单元和表面基团三个部分。采用优选的合成方法，可以合成出用于治疗或诊断的新类别的树枝状分子。在早期的研究中，以树枝状分子为基础的递药系统致力于如何包载药物。然而，树枝状分子包载药物后很难控制其释放。近年来，随着聚合物和树枝状分子化学的发展，产生了一类名叫树枝状聚合物的新分子，该聚合物是线性聚合物，它们在每个重复单元上都具有树突，但性能却不同于普通线性聚合物，它们因能延长体内循环时间而具有药物递送优势。树枝状聚合物的大小会影响药物通过血管内皮进入间质组织最后到达靶点的渗出速度。当树枝状聚合物从 1.5nm 增加到 4.5nm 时，穿过血管网络内皮的渗出时间呈指数增加。

树枝状高分子材料是由聚合物分子高度接枝而成，其粒径与聚合物胶束的粒径大小相仿。药物可以通过疏水作用进入树枝状高分子材料的内腔，在生理条件下随着树枝状结构逐渐降解，药物不断释放出来。树枝状高分子材料表面可以接枝亲水的或疏水的聚合物嵌段，从而形成具有更长体内循环时间的稳定系统。作为脑靶向药物的载体，Wu 等将树枝状高分子材料与抗肿瘤药物结合后用于治疗脑部肿瘤，Huang 等将 PAMAM 纳米粒表面修饰转铁蛋白用于递送基因入脑。树枝状聚合物目前已应用于吲哚美辛、氟尿嘧啶、反义寡核苷酸类等药物的递送，其也有应用上的限制，树枝状高分子表面的正电荷可能导致脂质膜形成穿孔，造成毒性和免疫原性。

（4）微乳 / 纳米乳 / 自乳化：微乳是由水、油、表面活性剂和助表面活性剂在一定比例下组合而成的体系，其一般粒径分布在 10 ～ 100nm。这一体系分散在另一种液体中形成了热力学稳定的胶体分散体系。微乳作为载药体系，可以增加脂溶性药物的溶解度，增强水溶性药物的稳定性，提高生物利用度，同时也可使药物具有缓释和靶向效果。从质点大小看，纳米乳是胶团和乳状液之间的过渡物，兼有胶团和乳状液的性质，又存在本质差异。从结构看，纳米乳可分为水包油型（O/W）、油包水型（W/O）及双连续型。其制备工艺简单，易于工业化。其本身特有的高扩散性和皮肤通透性，使其在透皮给药吸收和口服制剂方面极具发展前景。自乳化是由油相、表面活性剂、助表面活性剂组成的固体或液体给药系统，可增强难溶性药物的溶解能力，提高药物的吸收速度和程度，从而提高生物利用度，是一种极具潜力的新型亲脂性药物载体。

（5）聚合物纳米粒：是以人工合成或天然可生物降解高分子聚合物为基质，粒径介于 10 ～ 1000nm 的固态胶体颗粒，是一种高效、低毒的靶向药物载体。良好的纳米载体材料必须满足一定的条件，如良好的生物相容性、可吸收性、性质稳定、无毒、无刺激性、无蓄积性和无副作用等。聚合物纳米粒可以制成纳米球使药物均匀地分散在骨架材料中，也可制成纳米囊将药物包裹于囊壳中心，所用聚合物一般具有生物可降解性以避免重复用药时聚合物在体内积累。聚合物纳米粒是肿瘤化疗中最有效的纳米载体之一，通过对这些纳米粒的表面进行功能性修饰，可以达到特异性靶向肿瘤细胞的目的，并且能够延长体循环半衰期以增强药物的治疗效果。这些纳米粒表面通常具有空间稳定性，这是通过接枝、共价结合或在其表面吸附亲水性聚合物(如PEG)达到的。聚合物纳米粒易于按配方制造成亲水性或疏水性小分子药物的递送载体，不仅如此，聚合物系统也已发展成为大分子的递送载体，如蛋白质和核酸等。

（6）纳米胶束（nano micelle）：是两亲性分子通过自组装作用形成的具有核壳结构的药物载体。胶束的疏水性内核可以包载疏水性或难溶性药物，提高药物的稳定性，并且胶束的亲水性片段有利于减少网状内皮系统的吞噬作用。

（7）纳米混悬剂：是由 Muller 等于 1995 年开发的一种利用表面活性剂或高分子聚合物的稳定作用，将纯药物纳米粒分散于液体中形成的亚微米胶态分散体系。它适合于各种难溶性药物，尤其是高分子质量、高熔点、低溶解度的药物，即"砖灰型"药物。该制剂可以作为最终产品，也可以作为一种中间体，进一步加工成各种口服制剂或注射剂，以及适合其他给药途径的最终制剂。与普通的微米混悬制剂相比，纳米混悬剂的最大特点就是粒径均小于1μm，一般在 200～800nm。纳米混悬剂的组成通常为分散介质（通常为水）、药物和稳定剂，有时也加入一些缓冲剂、盐类和糖。

Bottom up 法中的纳米沉积法的基本原理是将药物从良溶剂中沉积出来，即将药物的良溶剂加入到可混溶的不良溶剂中，药物过饱和析出，通过控制晶核形成和生长的速度可得到纳米尺寸的药物晶体。乳化法系将药物溶解于有机溶剂，如二氯甲烷、氯仿或乙酸乙酯，然后将此有机溶剂滴加到水相中乳化形成 O/W 型乳剂，所用表面活性剂或乳化剂有明胶、聚乙烯醇、吐温 80 和泊洛沙姆 188 等，形成稳定乳剂后通过升温、减压或连续搅拌等方式挥发有机溶剂后得到药物的纳米粒子。

（8）纳米微晶：纳米微晶材料（nanocrystalline material 或 ultrafine-grained material）是纳米量级晶粒所构成的多晶物质，其纳米微晶是由尺度为 1～100nm 的超微粒构成的。以结构有序性为特征，纳米微晶通常有两类基本的固体结构，即长程有序的晶态和仅短程有序的非晶态（玻璃或其他非晶态固体）。纳米微晶晶界区域中存在既不同于长程有序晶态也不同于短程有序非晶态结构的"气体状"（gas-like）结构，因此有可能构成第三种固态结构。

Zhang 等研究了喜树碱纳米微晶静脉注射对小鼠肺癌转移的抑制作用，发现其抗癌功效显著优于喜树碱溶液，能达到更高的靶位点药物浓度，并提高了小鼠存活率。

（9）人造骨骼（artificial bone）：人工纳米骨具有与骨骼类似的多孔结构，有利于自身血管及部分骨母细胞的侵入，促进新骨的形成。因其既无生物活性，又无免疫活性，人体对其无明显排异反应，可作为骨骼修复和口腔科的填充材料（图 1-11）。纳米羟基磷灰石就是国内外已经开发的此类材料。也有研究用纳米骨骼作为人造牙齿的材料。碳纳米管具有相当高的强度和韧性，以及优异的电学、磁学、吸波等性能，将其与羟基磷灰石复合，能够在保持其生物相容性的同时，较大幅度地提高其力学性能，使其产生磁性或吸波性，

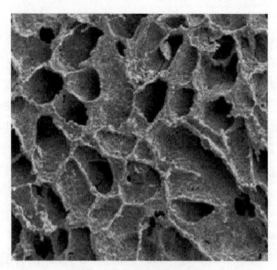

图 1-11　纳米骨超微外观

从而制成一种功能活性生物材料。

　　Price 等和 Elias 等的研究表明碳纳米纤维能促进成骨细胞的分裂和增殖，将碳纳米纤维用于牙种植体表面的修饰，可以提高其组织相容性。Zanello 等的研究也发现碳纳米管对成骨细胞的增殖分化及骨组织的生成具有较明显的促进作用。其机制可能是碳纳米管运送的中性电荷促进了成骨细胞的分化和骨组织的再生。骨肉瘤细胞在用化学方法修饰的多壁碳纳米管（MWCNT）材料上培养之后，细胞形态发生了变化。另外，基于碳纳米管优越的表面、体积比，Viceconti 等尝试用 MWCNT 与聚甲基丙烯酸甲酯（骨水泥）复合成生物复合骨修复材料。实验证明，应用 MWCNT 与聚甲基丙烯酸甲酯制备的碳纳米管复合材料，能增强原有材料的静态和动态机械性能，而且随着 MWCNT 浓度的增高，复合材料的机械抗疲劳及抗拉力参数总体呈上升趋势。

（五）消毒杀菌

　　二氧化钛是一种光催化剂，在紫外光照射的条件下有催化作用，当二氧化钛的尺寸达到几十纳米时，在可见光的照射条件下，具有极强的催化作用。二氧化钛表面通过光催化产生自由基，能够破坏细菌细胞中的蛋白质，从而把细菌杀死。例如，用纳米二氧化钛处理过的毛巾，具有抗菌除臭的功能。

第 4 节　用于生物医药领域的纳米材料

（一）磁性纳米颗粒

　　纳米磁性材料的特性不同于常规的磁性材料，其与磁性相关联的特征物理长度恰好处于纳米量级，如磁单畴尺寸、超顺磁性临界尺寸、交换作用长度及电子平均自由路程等均处于 1 ~ 100nm 量级。当磁性体的尺寸与这些特征物理长度相当时，就会呈现反常的磁学性质。四氧化三铁作为一种常用的磁性纳米颗粒，具有制备简单、比表面积效应和磁效应等特点。该纳米颗粒表面可吸附大量 DNA，且它的晶体对细胞无毒。因此，磁性四氧化三铁纳米颗粒可成为良好基因载体。研究表明，外包葡萄糖的磁性四氧化三铁生物纳米颗粒（detran coated ironoxide nanoparticle，DCIONP）具有保护 DNA 免遭核酸酶（DNase）降解的能力，同时体外基因转染证实了 DCIONP 具有作为基因载体的可行性。

（二）壳聚糖纳米颗粒

壳聚糖（CS）是天然甲壳素的脱乙酰产物，是无生物毒性的碱性多糖，具有优良的生物相容性和生物可降解性且无免疫原性，能与 DNA 形成聚电解质复合物，其复合物可保护质粒 DNA 免遭核酸酶酶解，通过控制复合物粒径和表面性质可控制其生理行为（图 1-12）。

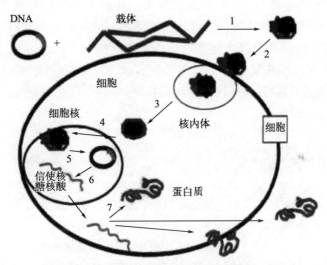

图 1-12　壳聚糖作为基因载体进行基因治疗

（三）硅纳米颗粒

在基因治疗中增加 DNA 的转化率是一个重要问题。Danluo 等将硅纳米颗粒物混合并与 DNA 一起转染细胞，其转染效率比单纯用脂质体高 8 倍，Carsten 等修饰硅纳米颗粒表面后发现其能与 DNA 结合，并且颗粒上的 DNA 能抵抗核酸酶的作用。作为基因转染的载体除了能将 DNA 带入细胞外还要求载体浓度在一定范围内对细胞活性无影响。Weissleder 利用明胶制成纳米颗粒，与 DNA 结合转染 HEK293 细胞，转染效率达 50%。在一定比例的硅纳米颗粒与 DNA 条件下，以硅纳米颗粒作为基因载体可使 DNA 的转染效率达到 70%，用 NaCl 替代 NaI 修饰 DNA 纳米颗粒复合体，对小白鼠进行急性毒性实验的结果表明硅纳米颗粒对机体无毒。

（四）聚乳酸羟基乙酸共聚物

Ido 等在实验研究中构建了含 AFP 启动子、TK 基因和 EGFP 的真核表达载体重组的质粒，并将其包埋入高分子载体材料 PLGA 中，制成了载自杀基因的纳米粒子。制备过程中采用 W/O/W 双乳化溶剂法制备纳米粒子，其平均粒径为 68nm（其中 90% 的质粒粒径 < 128nm），呈球形且大小均匀。质粒 DNA 用 PLGA 包裹制成纳米粒子后，仍能够保持结构的完整性，且能抵抗核酸酶的降解，其生物活性显著优于裸 DNA。研究采用高速搅拌溶剂挥发法制备了载反义单核细胞趋化蛋白 -1（反义 MCP-1）的 PLGA 纳米粒子，采用激光散射实验测定纳米粒子的粒径及分布，粒度集中分布在 252 ～ 357nm，平均粒度为 299.7nm，粒子大小均匀且包封完好，包封率达到 70%，提高了 DNA 对核酸酶的耐受性，并延长了其在体内的有效释放时间。

（五）聚乙烯亚胺

聚合物聚乙烯亚胺（PEI）是目前研究的热点，其能够在内含体酸性环境中质子化，使正电荷增加，从而增强对 DNA 的保护作用，并且有利于质粒逃离内含体（图 1-13）。聚阳离子载体表面偶联亲水性聚合物可减少载体和血液成分如血浆白蛋白之间的相互作用而提高稳定性。Tseng 等在 PEI 上连接右旋糖酐（dextran, dex）形成线性聚合物或接枝聚合物，再与 DNA 连接形成复合物，研究结果显示，右旋糖酐和 PEI 形成接枝聚合物时能够有效提高复合物的稳定性（图 1-13）。

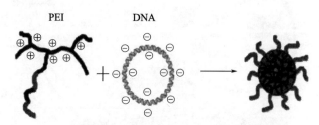

图 1-13　PEI 与 DNA 结合形成纳米颗粒

资料来源：Tseng WC, Jong CM, 2003. Improved stability of polycationic vector by dextran-grafted branched polyethylenimine. Biomacromolecules, 4(5).1277-1284

（六）富勒烯

20 世纪 80 年代，碳的又一种同素异形体——富勒烯家族的发现是世界科技发展史上的一个里程碑。富勒烯（fullerene）是笼状碳原子簇的总称，包括 C_{60}/C_{70}（buckminsterfullerene）分子、碳纳米管（elongated giant fullerene）、洋葱状（onion-like）富勒烯、富勒烯内包金属微粒等，它们的不同形态结构如图 1-14 所示。近年来，富勒烯在超导、医药、催化剂及纳米复合材料等诸多领域显示出十分诱人的潜在应用前景，因而受到了世界范围的广泛关注。

（七）碳纳米管

碳纳米管（carbon nano tube，CNT）可看成是由石墨片层绕中心轴按一定的螺旋度卷曲而成的管状物，管子两端一般也是由五边形的半球面网格封口。碳纳米管中每个碳原子和相邻的 3 个碳原子相连，形成六角形网格结构。碳纳米管一般由单层或多层组成，相应地称为单壁碳纳米管（SWCNT）和多壁碳纳米管（MWCNT）（图 1-15）。SWCNT 的直

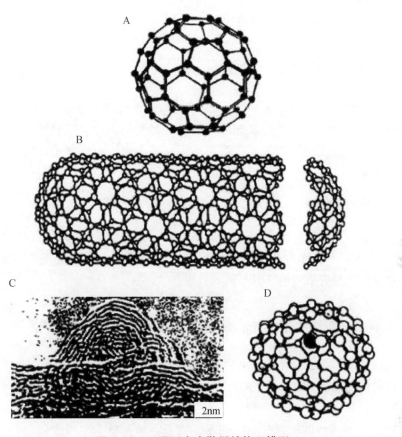

图 1-14　不同形态富勒烯结构及模型
A. C$_{60}$；B. 碳纳米管；C. 洋葱状富勒烯；D. 富勒烯内包金属微粒

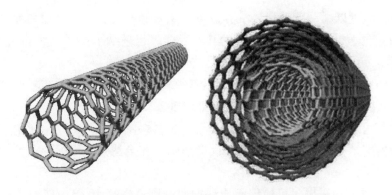

图 1-15　单壁碳纳米管（左图）和多壁碳纳米管（右图）

径在零点几纳米到几纳米，长度可达几十微米，MWCNT 直径在几纳米到几十纳米，长度却可达几毫米，且层与层之间保持固定的间距，与石墨的层间距相当，约为 0.34nm。MWCNT 由多个同轴 SWCNT 组成，比表面略低。与 SWCNT 不同，MWCNT 管壁上具有较高的化学活性。实际上合成的 MWCNT 管壁上常常带有羧基，因此 MWCNT 凝聚能力低于 SWCNT。自 1991 年日本科学家 Sumio Iijima 发现碳纳米管以来，碳纳米管以其优异的热学、力学特性及光电特性受到了化学、物理、生物、医学、材料等多个领域研究者的广泛关注。

（八）量子点

量子点（quantum dot，QD）是一种半导体纳米晶体材料，直径在 10μm 以下，比普通细胞的体积小数千倍。由于量子点发光效率较低且易发生光化学降解和聚集，因此可以建立核壳量子点并对其表面进行修饰，使量子点因获得亲水性而具有较好的分散特性，以便应用于生物学研究。

（九）PAMAM 纳米粒

Starburst PAMAM 树状大分子是一类新型高分子聚合物，由美国密西根化学研究所的 Boudreaux 等于 1985 年首先合成。其结构规整，具有呈辐射状对称的刚性球。树状大分子在安全剂量范围内能有效介导 DNA 转染。

第 5 节　纳米技术应用仍有巨大上升空间

在充满生机的 21 世纪，信息、生物技术、能源、环境、先进制造技术和国防的高速发展必然对材料提出新的需求。元件的小型化、智能化、高集成、高密度存储和超快传输等对于材料的尺寸要求越来越小。航空航天、新型军事装备及先进制造技术等对于材料的性能要求越来越高。新材料和新产品的创新，以及在此基础上出现发展的新技术，是未来 10 年对社会发展、经济振兴和国力增强最具影响力的战略研究领域，纳米材料将是起重要作用的关键材料之一。

纳米材料自问世以来一直受到科学界追捧，纳米材料根据不同尺寸和性质，在电子行业、生物医药、光学等领域都有着巨大的开发潜能。目前纳米技术已成功用于许多领域，包括医学、药学、化学、生物检测、制造业、光学及国防等。

1.衣　在纺织和化纤制品中添加纳米颗粒，可以除味杀菌。化纤布虽然结实，但却有静电现象，加入少量金属纳米颗粒就可消除静电现象。

2.食　冰箱可利用纳米材料进行抗菌。用纳米材料做的无菌餐具、无菌食品包装用品已经面世。利用纳米粉末，可以使废水彻底变清水，完全达到饮用标准。纳米食品色香味俱全，还有益健康。

3.住　纳米技术的运用，可使墙面涂料的耐洗刷性提高 10 倍。玻璃和瓷砖表面涂上纳米薄层，可以制成自洁玻璃和自洁瓷砖，无须擦洗。含有纳米颗粒的建筑材料，还可以吸收对人体有害的紫外线。

4.行　纳米材料可以改进和提高交通工具的性能指标。纳米陶瓷能大大提高发动机效率、工作寿命和可靠性，有望成为汽车、轮船、飞机等发动机部件的理想材料。纳米卫星可以随时向驾驶人员提供交通信息，帮助其安全驾驶。

5.医　利用纳米技术制成的微型药物输送器，可携带一定剂量的药物，在体外电磁信号的引导下准确到达病灶部位，起到有效的治疗作用，并减轻药物的不良反应。用纳米技术制造的微型机器人，其体积小于红细胞，通过向患者血管中注射，能疏通脑血管的血栓，清除心脏动脉的脂肪和沉积物，还可"嚼碎"泌尿系统的结石等。纳米技术将成为健康生活的好帮手。

纳米技术应用前景广阔，经济效益十分巨大，据美国权威机构预测，纳米技术未来的应用将远远超过计算机工业。纳米复合塑胶、橡胶和纤维的改性，纳米功能涂层材料的设计和应用，将给传统生产和产品注入新的高科技含量。专家指出，纺织、建材、化工、石油、汽车、军事装备、通信设备等领域，将免不了一场因纳米而引发的"材料革命"。现在我国以纳米材料和纳米技术注册的公司有近 100 个，建立了 10 多条纳米材料和纳米技术的生产线。纳米布料、服装已批量生产，如电脑工作装、无静电服、防紫外线服等纳米服装都已问世。采用纳米技术制备的新型油漆，不仅耐洗刷的性能提高了十几倍，而且无毒无害无异味。纳米技术正在改善并提高着人们的生活质量。

虽然纳米材料发展至今已有几十年的历史，但仍处于初级阶段，其很多方面并不成熟。因此纳米技术上升的空间巨大，在体内应用的道路还很长远。真正了解纳米材料和纳米技术却不如其字面那样直白。纳米材料的开发和运用在悄然走入人们生活的每一个角落之时也逐步暴露出很多潜藏的问题。像其他技术一样，纳米技术带来了对环境和人类自身健康的潜在危害。虽然整个学术界对于纳米技术的未来十分乐观，但纳米技术的发展正如带给人类巨大科技进步和利益的其他技术一样正悄然露出令人担忧的一面，只是这些不足和问题正说明纳米技术仍处于"年幼"期而有待开发和提升。尤其是在医药应用领域，纳米材料自身的制备工艺和与人体系统的配合作用需要更优越的设计思路和知识储备。

目前，不少国家纷纷制定相关计划，投入巨资抢占纳米技术的战略高地。每一种新科技的出现，似乎都包含着无限可能，纳米技术的发展对人类的生活产生了巨大影响，纳米技术的应用也呈现出了广阔的上升空间和光明前景。正如我国著名科学家钱学森所说，"纳米左右和纳米以下的结构将是下一阶段科技发展的一个重点，会是一次技术革命，从而将引起 21 世纪又一次产业革命。"

第 6 节　纳米技术和纳米材料的工艺特性

纳米技术重点在于"雕琢"精细的纳米结构，从而使纳米结构的性质延伸放大至宏观水平。但就纳米技术目前的制造水平来看，针对微观结构的改造和产品的稳定性仍未达到所期望的理想水平，其主要体现在纳米材料的结构均一性和个体之间的差异性。如何将纳米粒子从各个物理性质参数上做到稳定单一，即每一个结构单元都高度一致，仍是纳米技术发展的主要方向。因为任何一个参数的改变都会影响纳米粒子的作用和行为。文献报道，纳米粒子表面亲水基和疏水基的排布规律性会影响其透过脂质膜的效率，难以实现规律排布 > 混乱排布。通过这些现象可以推测虽然粒子本身会积累宏观的效应，而个体间极其微小的差异都将导致同一体系中的各个粒子产生不同的行为和结果。对于纳米材料的精细控制和成倍地制造相同的纳米材料之间存在着很多矛盾。要想制备结构均一、个体差异小的纳米材料势必会增加巨大的能源与成本投入，这将无疑影响纳米技术最终的走向。

很多纳米粒子的性质和评价其实主要是一个集合概念，如粒径分布、形态、表面性质等。这些参数主要是评价粒子集中体现的一种分布和趋势。然而从微观的角度看，独立的纳米粒子在这个集合体中可能表现出不同的形态和参数。例如，将一种材料研磨制备成纳米颗粒，其粒径参数和性质可以通过某一数值表现，但其独立的粒子之间不可能完全相同，从而每一次制备的各种纳米产品可能都存在极大的不同。如纳米材料中的"明星产品"——碳纳米管的生产制备中仍存在批次与批次之间的巨大差异，甚至是同一种方法和厂家制备的产品之间仍会有极大区别。除去可能引入的催化剂等其他因素，其本身的稳定性和结构完整性都有待提高。实际中碳纳米管产品的长度、完整度不一致，残留载体杂质非常多，并非每个产品都是标准化性质。

第7节　生物医药纳米材料的问题

纳米材料，尤其是纳米粒子在生物医药体系的应用中也存在诸多问题。第一，安全问题，很多纳米材料都被制备成为药物或抗体载体，但材料本身具有不明确的毒性，或仍未被系统研究，因此不能进入应用。第二，很多体内应用的纳米材料缺乏稳定的工艺和大量生产的能力。第三，多数纳米材料体内应用的研究重复性不高。第四，目前纳米材料本身载药量过少（< 10%）。这些问题都影响着纳米药物在医药领域的发展。如纳米晶体药物技术提出已有十几年的时间，但是上市产品中应用到纳米晶体技术的却寥寥无几，究其原因是当今纳米晶体药物还不适用于工业化批量生产，纳米晶体药物的应用仍然受到设备能耗高、易磨损等因素制约。此外，生产厂商的保守态度也在一定程度上造成了纳米晶体药物上市产品偏少的状况。

纳米材料在物理、化学上展现的光、电、磁等特殊性质是可观的，纳米材料在机械设计和工业制造领域的应用前景是乐观的，但纳米材料在人体的应用却是另一种境况。工业应用中的设计与人体应用的设计完全不同，人体应用是适应性设计，即纳米材料需要符合人体这一体系的运转规律，这也是众多学者在不断寻找纳米材料与人体毒性和作用机制的原因。人体"机械"运行的精密程度远超于想象，在体内创造出适合体外模拟或单纯性借用其理化性质的纳米材料并不容易。而纳米材料在体内如何与系统结合并发挥设计目的、适应机体的运行模式和规律，并实现与人体系统的结合尤为考验研究者对医药纳米材料认知的基础。这些材料在体内既要发挥诊断、预防、治疗的功能，又要遵循安全、无毒、可控的原则，这些硬性要求更加限制了纳米技术的发挥空间。

第8节　纳米技术转化医学面临的问题与困难

如上文所述，纳米材料和纳米技术在生物医药领域的应用丰富，前景令人神往，但如果要大量投入生产并最终应用于人体，还面临着一些亟待解决的问题。

国际上普遍认为，纳米技术的未来发展取决于两大主要瓶颈能否取得突破：一是纳米安全性知识体系与评价方法；二是纳米尺度上的可控加工与大规模生产技术。纳米生物效应与安全性是纳米科学中既具有基础科学意义，又事关纳米科技应用前景的关键问题，是纳米技术转化医学的核心。欧洲各国和美国都提出了"没有安全数据，就没有市场"（No Data，No Market）的原则。为了保障科技和市场的优先权，"科技要领先，产品要安全"已成为发达国家的国家战略。为此，在短短数年内已经形成"纳米毒理学"这个新兴学科，以阐明在纳米尺度下物质的毒理学效应。而纳米技术的产业化更是纳米技术从实验室走向临床应用的重要内容。纳米技术要广泛地走向实际应用，不依赖于实验室的小量制备，必须要实现规模化、产业化，但由于风险控制、企业投入、技术壁垒和政策扶持等种种问题，纳米技术的产业化也遇到了难以破解的困境。

（一）纳米毒理学的困境——纳米毒理研究了几十年，为何难有进展

2009 年 8 月 19 日，路透社报道了一例人体因长期接触纳米材料而导致死亡的病例，纳米材料的安全性问题受到社会空前的关注，纳米安全问题真正从科研界和实验室研究走向公众视野，极大地刺激到民众的神经。早在 2003 年左右，就有文献报道诸如 C_{60} 和碳纳米管等"明星"纳米材料均存在细胞和生物毒性，纳米材料已成为一种新型的潜在污染物。

纳米技术的发展为人类科技进步提供巨大动力，带来经济利益。然而，纳米毒性成为与之平行产生的问题，左右着该技术的发展应用。公共事件引发的关注使得政府和科学界对纳米材料本身的安全问题尤为重视。大量的证据和基础研究发现纳米材料，尤其是纳米颗粒在体内外试验中均具有不可忽视的毒性。基于材料、大小、尺寸、比表面积、形状、溶解度、表面亲疏水性等影响因素的纳米颗粒毒性已被广泛研究，但其毒性机制并未被完全阐明，同时缺乏对该问题的多角度及清晰认识。这一情况不仅使纳米技术陷于安全争议的泥潭，同时对于其在生物医药领域等体内应用的推广也提出不可回避的诸多难题。

随着"纳米热"的到来，大量的纳米材料层出不穷，带来新的科技进步，同时其潜在的危害性也引起科学界的关注。纳米材料本身是否对人体绝对安全？在其使用和生产过程中是否会产生毒害作用？这些毒害作用的机制又是什么？纳米材料的独特性质在人体内产生相应的高活性，而高活性就意味着低选择性和普遍性。*Nature* 杂志中 14 位科学家针对纳米颗粒存在的风险以及如何避免这种风险给出合理且权威的解释，消除了纳米科学和技术及其相关学科中所存在的潜在威胁，使其得以正常发展。之后伴随而生的毒性评价在不同领域、层次相继展开。

在古代，人类就意识到可吸入的烟尘和烟气或者颗粒物会造成危害。现如今因粉尘和吸入性颗粒物引起的肺部疾病已被证明。著名的伦敦雾霾事件造成了 4000 多人的突然死亡，使人们意识到空气中存在的大量细小颗粒是真正的元凶。在纳米材料大量开发应用的今天，一时间大量的传统材料都被纳米化，目的都是想借助纳米技术进一步挖掘其新的特性，而商业化更是将这种风险不断增大。在纳米材料的生产、使用和对环境的损害仍未完全明确的情况下，人体在纳米材料中的暴露达到前所未有的程度，其毒性风险不断增加，

同时大量的纳米材料在体内的应用也提升了暴露的概率和程度。

（二）"非传统"的纳米毒性及评价

纳米材料的毒性评估，有别于传统的经典化学毒性的评价方法和指标，其特异性的颗粒性质导致的生物学活性也表现出与传统化学毒性的不同。传统的毒理学是以化学成分和质量浓度为基础的剂量－效应关系的经典评价系统来评价外源物尤其是药物对于生物机体的毒性作用，其中"药"与"毒"的界限关系也绝大部分依从于剂量关系，最终目的是研究外源性物质进入人体后产生的有害作用及作用机制，从而定性和定量地对毒性做出评价。一部分纳米颗粒在评价中出现同原有的经典方法契合度不高的现象，即传统毒理学包括的药代动力学评价手段并不能准确和全面地预测纳米材料毒性行为。在评价纳米颗粒的毒理作用时，笔者实验室使用了传统的毒理概念和毒理工具，但结果并不令人满意。基于传统毒理学中的剂量－效应关系已不完全适用于纳米毒性的评价，而更多地引入一些新的指标（粒径大小、表面积、形状、晶格结构、表面修饰、表面电荷、聚集形态等），同时新的观点和思考角度也急需在纳米颗粒损伤评价中起到引路作用。正如 *Nanotoxicology* 中 Maynard 所说，与传统不同的"激进"而偏离常规的方法才是解决纳米技术带来损伤的正确途径。甄别何谓纳米毒性，思考如何在享受纳米技术带来的优势时将损伤控制在一定范围内，全面而正确地认识纳米损伤的本质更是揭开纳米毒性面纱的重要切入点。因此，我们需要抛开传统思路的枷锁，用更加发散的思维方式思考纳米毒理的本质。

纳米毒性评价的复杂性是一个综合的结果，由于材料纳米化后，其自身性质和参数发生了很大变化，同时与机体的作用关系更加剧了这种不确定性和验证的困难程度。当前，仍无有效方法系统预测纳米材料在体内的毒性，纳米材料体内外的相关性很低且经常有假阳性的结果，以及很多关于纳米材料潜在毒性的互相矛盾的报道，使预测其生物效应的科学工作者及专家把这些主要归因为纳米尺度参数及其副作用。与小分子不同，纳米材料的毒性随着剂量、暴露途径等的不同而变化。由于粒子的多种性质相互作用，投射出不同种类的粒子组合，使得毒性评价的工作量成倍增加。为克服这些问题，终端活性氧（ROS）氧化应激评价、组学研究和高通量筛选及预测模型是目前主流的毒性评价思路。

第9节　纳米材料的毒理学效应

（一）整体水平上的纳米生物（毒理）学效应

富勒烯是一种具有代表性的人造纳米结构物质。Eva Oberdorster 研究组将黑鲈鱼在含 0.5mg/L C_{60} 富勒烯的水中饲养，48h 后鱼脑部发生明显的过氧化反应，同时发现鱼鳃部谷胱甘肽耗尽，这是第一次关于未修饰的富勒烯能在水中对生物体产生毒性的报道。Bermudez 研究组将不同种的雌性小鼠和大鼠每天在 $0.5mg/m^3$、$2.0mg/m^3$ 和 $10.0mg/m^3$ 浓度的二氧化钛（21nm）体系中暴露 6h，每周 5 天，共 13 周。染毒结束后，实验动物分别在 4 周、13 周、26 周和 52 周后被处死，并对肺部、淋巴中二氧化钛含量和相关指标进行测定，发现纳米二氧化钛可以引起大鼠、小鼠巨噬细胞和中性粒细胞数目增多，还可引起乳酸脱氢酶升高、肺洗出液蛋白含量升高等变化。病理学研究也表明，纳米二氧化钛可以引起炎症、肺细胞增生等病理改变。通过考察煤粉尘、硅的超细颗粒发现，上述纳米颗粒导致了明显的细胞毒性、氧化性损伤、中间因子，以及巨噬细胞、上皮细胞生长因子的释放等生物效应。研究者考察了纳米铜（23.5nm）、微米铜（17μm）、铜离子（Cu^{2+}）经口染毒对 ICR 小鼠的急性毒性，结果发现相同剂量下，纳米铜比微米铜毒性更大，前者的半数致死剂量（LD_{50}）仅为 413mg/kg，而后者则大于 5000mg/kg。根据 Hodge 和 Sterner 的毒性分类法，纳米铜为中等毒性，而微米铜基本无毒。病理学检查发现纳米铜对小鼠的肾、脾、肝产生明显的损伤，同时引起与肝、肾功能相关的血液生化指标异常。纳米铜的高毒性很可能是由于其高化学反应活性经体内代谢产生的次级代谢产物铜离子引起的。研究者还对 (58 ± 16)nm 的纳米锌和 (1.08 ± 0.25)μm 的微米锌，进行了经口染毒急性毒理学研究，发现在最高染毒剂量（5g/kg）时，纳米锌可以导致动物死亡（死亡率 10%），并出现胃肠道反应，血清学实验发现乳酸脱氢酶、碱性磷酸酶、胆固醇、血尿素氮等指标明显升高。病理学实验结果也出现了诸如肾小球肿胀等病理改变。微米锌虽然也零星出现了某些异常表现，但较相同剂量的纳米锌颗粒引起的异常反应少。

（二）细胞水平上的纳米生物（毒理）学效应

体外细胞培养实验结果表明，纳米颗粒可以对细胞周期、细胞功能、信号传导调控、物质摄取等基本生命活动产生影响。崔大祥等研究了单壁纳米碳管对人 HEK293 细胞的影响，发现单壁纳米碳管会使细胞分裂过程停留在 G1 期，引起细胞凋亡，降低细胞的黏附能力，并呈现"剂量－效应"关系。通过生物芯片和 Western blot 印迹转移发现，单壁纳米碳管可以影响细胞周期的基因表达，并诱导与细胞黏附有关的蛋白低表达。人工合成的 C_{60} 羧基衍生物可以减轻由 N- 甲基 -D- 天冬氨酸（NMDA）诱导产生的脑皮质神经元细胞损伤，对于三加成的 $C_{60}[C(COOH)_2]_3$ 两种异构体 C3 和 D3 而言，C3 有更好的活性。这种纳米颗粒不仅容易进入细胞，而且能把本身不能进入细胞的物质带入细胞。当用单壁纳米碳管、多壁纳米碳管及富勒烯与离体肺巨噬细胞接触时，这些碳纳米颗粒对巨噬细胞的吞噬能力、细胞的形态均产生较大影响。另外，浓度为 $3.06\mu g/cm^3$ 的单壁纳米碳管和多壁纳米碳管会引起巨噬细胞的染色质浓缩、细胞器缩小、细胞质中小泡缩小变形等现象，其可能产生与细胞凋亡有关的毒性作用。在相同的剂量下，碳纳米材料的细胞毒性有以下顺序：单壁纳米碳管 ＞ 多壁纳米碳管 ＞ 石英 ＞ C_{60}。上述碳纳米颗粒生物毒理学效应的不同，可以归咎于其纳米结构的特异性。化学组成相同但纳米结构不同的纳米材料，其生物毒性不同，说明了纳米生物（毒理）学效应对纳米结构具有较大的依存性。

（三）纳米毒性的特点

一般情况下，纳米材料的毒性表现为氧化应激和炎症反应，进而对细胞和机体产生毒性作用，具有非特异性的特点。

当前，纳米材料的致毒机制尚未明确，氧化应激学说是目前最为普遍接受的一种纳米材料致毒机制。该机制认为：随着粒径缩小，纳米颗粒表面晶格可能出现破损，从而产生电子缺损或富余的活性位点，一定条件下可与氧分子相互作用形成超氧阴离子自由基（O_2^-）及其他活性氧，这些活性氧可增加生物细胞的氧化压力，导致脂质过氧化并破坏细胞膜；除了晶格破损导致活性氧产生外，一些具有氧化性的纳米颗粒接触细胞膜后会直接增加细胞的氧化压力，导致毒性效应；对于含有过渡金属如 Fe^{2+} 的纳米材料，可以通过 Fenton 反应：$Fe^{2+}+H_2O_2 \longrightarrow Fe^{3+}+OH \cdot +OH^-$，产生 OOH· 和 OH· 自由基。惰性纳米材料本身不能诱导自由基的产生，但是可以通过与细胞线粒体的相互作用，增加线粒体中活性氧类（ROS）的产生。过量的 ROS 引起细胞氧化应激反应，包括脂质过氧化、蛋白质和 DNA 损伤、信号通路紊乱，最终诱发肿瘤、神经退行性和心血管病变。而富勒烯衍生物则具有清除自由基、保护细胞和器官免受活性氧损伤的抗氧化作用。

2006 年，Nel 在 *Science* 杂志上发表综述性文章，认为 ROS 的生成及氧化应激反应是纳米材料毒性作用的主要机制。纳米颗粒的粒径越小，比表面积越大，表面的活性位点就越多，因此，颗粒表面的活性电子容易与氧分子发生相互作用，形成超氧阴离子，并进一步通过歧化反应或 Fenton 反应产生 ROS。氧化应激水平较低时，细胞可通过 Nrf-2 转录激活抗氧化酶系统，进行保护性自我防御；当 ROS 水平进一步升高，细胞内的抗氧化系统功能失调时，则会激活促分裂原活化的蛋白激酶（MAPK）与 NF-κB 级联反应，诱导炎症反应的发生；当 ROS 水平持续升高，细胞内出现严重氧化应激反应时，则会引起线粒体通透性转换孔开放、膜电位下降、DNA 链断裂等变化，并可诱导细胞凋亡的发生。目前，大量研究已证实，纳米材料可在体内及体外条件下引起 ROS 水平的升高，破坏氧化及抗氧化体系的平衡，并对机体组织及细胞产生损伤作用。例如，因纳米材料配位弱的过渡金属离子或因表面共价键断裂导致缺陷而造成的悬空键而造成颗粒表面的高反应活性，形成催化活性位点的纳米材料的氧化应激和自由基损伤学说都是基于纳米材料的颗粒性质。

纳米材料毒性效应的另一方面是引起炎症反应。炎症反应是免疫系统被活化以识别并清除入侵病原微生物的过程，包括免疫细胞的活化和向病变部位的聚集。通过内吞作用进入免疫细胞的纳米材料，可以通过刺激免疫细胞产生促炎性因子（IL-1、TNF-α、IFN-γ）和趋化因子（IL-8、MCP-1），诱导和加速炎症反应。近年的研究发现，一些纳米材料可以活化免疫细胞内的 NLRP3 炎症小体，产生促炎性因子 IL-1β，诱导细胞炎症，如氨基修饰的聚苯乙烯纳米颗粒、银纳米颗粒及氢氧化铝纳米颗粒。纳米颗粒对炎症反应的影响还涉及对 Th1/Th2 免疫反应类型的调节。一些研究认为，通常较大的颗粒（> 1μm）引起 Th1 型免疫反应，而较小的颗粒（< 500nm）引起 Th2 型免疫反应。

（四）纳米毒性的机制——化学损伤或物理损伤

纳米毒理学自 2004 年由 Donaldson 提出以来，该领域学者一直致力于研究纳米材料在人体产生毒性的机制、量效关系，评估纳米材料对人体和自然的危害。其中机制问题最为关键，很多学者相信一旦了解了纳米材料与人体产生毒性作用的机制，就可以通过改造纳米材料来预防及减少毒性的产生。但目前为止纳米毒性仍是一个巨大的谜题：很多纳米材料得到的毒性规律并不能广泛地推演到其他的纳米材料，而毒性产生的机制解释也不具有广泛的概括性。但是纳米材料早已先行一步进入市场，如何正确地解释纳米材料的毒性和回答安全性问题已经刻不容缓。

（五）氧化应激学说的疑点

当前，虽然氧化应激学说普遍为人们所接受，但其解释纳米毒性存在以下疑点：①自由基的存在证明均是由分子探针完成，但无证据证明存在直接损伤关系；②自由基的产生是纳米材料损伤的结果还是起因；③自由基的产生是损伤作用还是保护作用的副产物仍存在争议；④有些纳米材料不具有活性位点产生自由基，但仍具有显著毒性；⑤许多比表面积巨大的纳米颗粒并不产生氧化应激，生命体中颗粒物并不鲜见，如生物大分子、亚细胞器、细胞，甚至外源性的微生物和病毒等均处于纳米至微米的尺度之下，但这些"纳米颗粒"并未产生显著的因颗粒引起的"纳米毒性"，即上述的纳米级生物结构并未产生颗粒的纳米损伤。

粉尘的体外溶血作用已被公认是一种了解粉尘细胞毒性和溶血活性（膜损伤能力）相互关系的简单、实用和快速的方法。国内外许多学者应用此方法测定粉尘细胞膜毒性，研究粉尘毒性作用机制。机体通过酶系统与非酶系统产生的氧自由基可通过生物膜中多不饱和脂肪酸的过氧化引起细胞损伤，脂质过氧化产物丙二醛（MDA）是细胞过氧化脂质降解产物，因而测定 MDA 的量可反映机体内脂质过氧化的程度。

有学者研究了纳米氧化硅对红细胞的毒性作用，探讨体外试验中纳米氧化硅和微米二氧化硅致人红细胞溶血及脂质过氧化作用的变化情况。将 20nm 和 60nm 两种粒径的纳米氧化硅及微米氧化硅粒子悬液与正常人红细胞悬液孵育，测定溶血率及上清液中 MDA 含量。其结果如图 1-16、表 1-1 和表 1-2 所示。

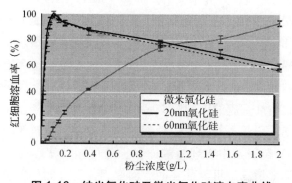

图 1-16　纳米氧化硅及微米氧化硅溶血率曲线

表 1-1　两种纳米氧化硅对红细胞溶血率和 MDA 浓度的影响（$\bar{x} \pm s$, $n=3$）

浓度（g/L）	20nm 氧化硅		60nm 氧化硅	
	溶血率（%）	MDA（μmol/L）	溶血率（%）	MDA（μmol/L）
0.010	36.65±1.33	2.78±0.15	31.36±1.71	1.60±0.12
0.020	61.27±1.38	3.89±0.16	41.66±3.26	2.32±0.15

浓度（g/L）	20nm 氧化硅		60nm 氧化硅	
	溶血率（%）	MDA（μmol/L）	溶血率（%）	MDA（μmol/L）
0.050	81.84±3.23	4.54±0.24	75.62±2.73	3.79±0.20
0.075	94.07±3.87	4.87±0.15	84.89±1.05	4.02±0.13
0.100	98.60±1.69	5.21±0.16	90.14±1.18	4.49±0.15

注：相同浓度 20nm 与 60nm 氧化硅红细胞溶血率的比较，t 检验，$P < 0.05$；相同浓度两种纳米氧化硅致红细胞产生 MDA 的比较，t 检验，$P < 0.05$。

表 1-2　微米氧化硅对红细胞溶血率和 MDA 的影响（$\bar{x} \pm s$，$n=3$）

浓度（g/L）	溶血率（%）	MDA（μmol/L）
0.200	25.22±1.75	2.14±0.24
0.400	51.57±0.85	3.25±0.08
1.000	78.75±2.76	4.02±0.15
1.500	87.09±0.91	4.67±0.27
2.000	93.71±0.55	4.90±0.18

从表 1-1、表 1-2 中可以看出，浓度为 0.020g/L 的 60nm 氧化硅所造成的 MDA 水平和浓度为 0.200g/L 的微米氧化硅所造成的 MDA 水平 [分别为（2.32±0.15）μmol/L 和（2.14±0.24）μmol/L] 基本一致，但红细胞损伤水平却有显著差异 [溶血率分别为（41.66±3.26）% 和（25.22±1.75）%]。与之相对的，0.010g/L 的 20nm 氧化硅和 0.010g/L 的 60nm 氧化硅纳米粒的溶血率差异不大 [分别为（36.65±1.33）% 和（31.36±1.71）%]，但 MDA 水平却差异很大 [（2.78±0.15）μmol/L 和（1.60±0.12）μmol/L]。如果氧化应激是细胞损伤的根源，那么同等水平的过氧化水平下，红细胞损伤水平应该是差不多的，反之亦然，但事实并非如此。由此可见，氧化应激很可能并不是纳米颗粒产生细胞毒性的主要根源，它并不能将纳米毒性的现象全部囊括并进行解释，缺乏概括性。

红细胞溶血现象是由红细胞的细胞膜破裂引起的，笔者推测，可能是粒子与红细胞相碰撞造成的机械性损伤，引起了红细胞的破裂，导致溶血。颗粒越小，单位容积内的颗粒越多，细胞与刚性 SiO_2 粒子发生物理接触而受损的可能性就越高，因此毒性越强。而高浓度下反而红细胞存活率增高，可能存在两方面原因，一方面是粒子浓度过大，使得纳米颗粒间相互碰撞的概率增高，限制了粒子的运动能力。另一方面是纳米颗粒聚集现象大量出现，反而降低了使红细胞发生机械性损伤的可能性。

这也可以解释为什么在通常情况下，带正电荷的纳米颗粒远较带负电荷的纳米颗粒的毒性大，疏水性颗粒比亲水性颗粒的毒性大，刚性颗粒比柔性颗粒的毒性大，纤维状颗粒比普通颗粒的毒性大，纳米级颗粒比微米级颗粒的毒性大。大部分动物细胞的细胞膜外带负电荷，与带正电荷的纳米颗粒相碰撞的概率比带负电荷的纳米颗粒高得多，引起细胞膜破裂的能力自然更高；疏水性颗粒较之亲水性颗粒，更易穿破亲脂性的磷脂双分子层细胞膜；刚性颗粒较之柔性颗粒，更易引起细胞膜的机械损伤；细胞膜具有一定的流动性和自我修复能力，因此，纤维状颗粒较之普通颗粒更易对细胞膜造成持续性的穿破损伤；在同等质量浓度下，纳米级颗粒比微米级颗粒数量更多、运动能力更强，与细胞膜碰撞引起机械损伤的概率自然也更大。

因此，如果给一些潜在物理损伤纳米颗粒进行亲水性的表面修饰，或包被亲水性、柔性的表面，就可能降低其毒性，甚至可能是无毒的。但是，这种去毒化可能只是短期的，因为只要该纳米颗粒不能较快地从体内降解或消除，随着表面基团和包衣的脱落，将再次面临毒性问题。

另外，氧化应激亦有可能是机体对外来非生物相容性药物的应对，大量活性氧自由基的生成对于纳米颗粒表面的羟基化、极性化十分有益，从而有利于提高纳米颗粒的亲水性、生物相容性和减毒效果，关于这些方面的科学研究亦有必要开展。

（六）纳米毒理学领域的困惑

纳米毒理学领域目前面临的困惑：①由不同材料制成的、不同尺度的纳米粒会产生具有相同的基于氧化应激性反应的毒性效应；②尺寸效应导致毒性的观点证据不足；③纳米毒性评价缺乏明确的剂量与毒性的相关性，对同一种纳米粒的毒性评价难以重现。

（七）毒性效应的非特异性

大量实验研究表明，纳米毒性往往表现为氧化应激和炎症反应。如果纳米毒性是化学损伤的结果，那么由于不同化学组成的纳米材料在体内引起的化学反应各不相同，损伤结果应该具有特异性，即不同的纳米材料引起的毒性损伤表现不同。而鉴于纳米毒性所表现出来的明显的非特异性倾向（氧化应激和炎症反应），我们有理由相信，纳米毒性的根源系物理性损伤。可能是由于纳米颗粒体积极端细小，使之可透过种种生物屏障的保护，而对体内柔弱的细胞、组织以及其中重要的活性生物大分子造成黏附、卡嵌、穿刺等形式的物理伤害，从而引起体内的氧化应激和炎症反应。这种损伤与纳米材料的化学性质无关，而与颗粒的大小、形状、亲水性、刚性等物理性质关系较为密切，同时也和纳米材料的生物可降解性有关。如果纳米颗粒是由生物可降解性材料制成的，随着纳米颗粒在体内的代谢、崩解，其对细胞组织造成的物理损伤自然也随之消失，体内环境得以自我恢复。

痛风是临床上的常见疾病，是由嘌呤代谢异常致使尿酸合成增加而导致的代谢性疾病。肾功能异常时由于肾脏的尿酸清除率下降也会引起尿酸水平上升。血浆中的尿酸达到饱和时会导致尿酸单钠结晶沉积在远端关节周围相对缺乏血管的组织中，纳米级结晶的出现可导致单关节或者多关节的急性炎性滑膜炎。这种急性炎症反应可通过多喝水，使得体内的尿酸结晶颗粒溶解而得到缓解和复原。

如果将体内的尿酸结晶视为纳米颗粒，我们可以断定此纳米颗粒对于机体的损伤不是化学损伤，而是物理损伤。众所周知，物质在溶液状态时的反应活性是最强的，物质被充分分散，与其他化学因子碰撞反应的概率最高。而痛风的炎症反应却是源于纳米结晶的出现，在纳米结晶析出之前，虽然血浆中的尿酸浓度已然很高，也并不会发生炎症。

（八）尺寸效应、表面效应的片面性

如今在学界有一个广为人知的说法，认为纳米毒性源于颗粒的尺寸大小，这种说法具有片面性。固然，许多实验表明颗粒毒性与尺寸存在一定的内在关联，但更多体内外数据表明，其更多地依赖于颗粒的材料组成和物理性质。例如，吸入小的石英颗粒导致肺部损伤和肺部疾病的发展，然而，同样的颗粒，表面包覆一薄层黏土后，却具有较小的危害性。与石英颗粒相比，石棉更具有戏剧性的变化：吸入这种细的、长纤维的物质能够导致肺部疾病，但是把这种具有相同化学组成的长纤维磨碎、缩短，其危害性显著减小。Wang 等最近的研究表明，越长的单壁碳纳米管对 PC12 细胞的毒性越强。细胞毒性实验并未表现出尺寸依赖性。Hamilton 等的研究也表明，在对肺巨噬细胞处理的过程中，15μm 长的纳米纤维比 5μm 长的纳米纤维表现出更大的细胞毒性，且能够引起肺部炎症反应。由生物不可降解材料合成的纳米颗粒如纳米金、二氧化硅和碳纳米管等具有严重体内外毒性。与之相反，由生物可降解材料合成的纳米颗粒如白蛋白纳米粒和脂质体等已被实践证明安全无毒，且部分材料已获得美国 FDA 批准应用于临床。以上事实充分反映了尺寸效应的片面性。

Norppa 等认为将纳米毒性笼统地归咎于颗粒尺寸并将纳米载体一概贴上有毒的标签是极其武断的。研究表明纳米粒子引发的毒性效应往往表现为氧化应激或炎症反应，但目前并没有任何证据证明粒子的尺寸降低到 100nm 其毒性就会发生质变。

有人将纳米颗粒的毒性归于其超大的比表面积，认为其大大增加了材料与机体间物理、化学相互作用的接触面积。然而，当物质被完全分子化后，其反应活性和与目标接触的充分程度按理说远超于颗粒本身。然而，正如前面所讨论的那样，在痛风的病理过程中，分子态的尿酸并不会引起炎症等毒性反应，反而是纳米尿酸结晶产生了毒性，这也说明了表面效应的片面性。

当然，并不排除一些本身具有化学活性的纳米材料，如纳米铜、纳米锌等，由于其超大的比表面积呈现出超高反应活性，从而引发机体内部的生物代谢平衡紊乱（如 Cu^{2+}、Zn^{2+} 超载等），但是此处讨论的是纳米颗粒毒性的一般规律，包括在体内反应惰性的纳米材料等。

（九）剂量－效应关系不明确

剂量－效应关系是毒理学的基础法则，如果暴露途径相同，对于相同化学成分的物质，剂量决定毒性，然而其对纳米材料是否适用并不明确。外源性化学物质的毒性与其本身的结构也密切相关，物质结构不可避免地影响其在生物机体的活性、强度、结合位点（靶向性）及动力学性质等。对纳米材料而言，结构性质可能是决定其毒性的比较敏感和根本性的因素。而纳米结构参数，恰恰不是传统毒理学所考虑的因素。

以碳纳米材料为例来探讨这个问题。碳纳米材料家族主要有单壁碳纳米管（SWCNT）、多壁碳纳米管（MWCNT）、富勒烯 C_{60}，它们都是由碳原子组成的结构不同的碳的同素异形体。SWCNT 的平均直径为 1.4nm，长度从 10nm 到微米范围，是由石墨层卷成圆柱状的三维结构。MWCNT 是由不同直径的 SWCNT 环形围绕同一中心且相邻的石墨层间等距

的嵌套管状结构。碳纳米管的相对密度只有钢的 1/6，而强度是钢的 100 倍，导电率是铜的 10 000 倍。这些奇异的物理化学性能，也使其生物安全性备受争议和关注。

因此，相关研究者以肺巨噬细胞为模型首先研究了 SWCNT、MWCNT10（直径范围是 10 ～ 20nm）和 C_{60} 三种纳米材料对巨噬细胞的毒性，以及对细胞结构与功能的影响。巨噬细胞的生物学功能主要是吞噬外来异物，保护生命过程不受外来毒物的损害。经过 6h 的相互作用，SWCNT 在很低剂量（$0.38\mu g/cm^2$）下，能产生明显的细胞毒性，且随剂量的升高急剧上升，具有明显的"剂量 - 效应关系"；但同样是由碳原子组成的富勒烯 C_{60} 的剂量从 $0.38\mu g/cm^2$ 上升到高达 $226\mu g/cm^2$，其细胞毒性变化很小，并未发现明显的"剂量 - 效应"关系。

通过对细胞功能的研究可进一步发现，SWCNT 在很低剂量（$0.38\mu g/cm^2$）就会损害肺巨噬细胞的吞噬功能，而 SWCNT 和富勒烯在 10 倍的剂量（$3.06\mu g/cm^2$）下才导致对吞噬细胞的损害（如细胞坏死、细胞凋亡和细胞器的变化等）。同时发现，一些吞噬了碳纳米管的肺巨噬细胞会失去吞噬其他异物的能力。动物实验结果也证实，相比小鼠吸入石英颗粒的情况，小鼠吸入碳纳米管后会产生更为严重的肺毒性，而且会在没有引起任何炎症的情况下，导致肺部多灶性肉芽肿。此外，通过模拟计算也发现 SWCNT 对生物膜的扰动远远大于 MWCNT，也进一步说明了这种实验现象。尽管这些碳纳米材料的化学成分相同，但是在相同的剂量下，它们的细胞毒性却不相同：SWCNT ＞ MWCNT ＞富勒烯，存在明显的"纳米结构 - 效应"关系。根据传统毒理学理论，化学组成相同的物质，在相同的剂量下，它们产生的毒理学效应应该相近。然而，SWCNT、MWCNT 和富勒烯尽管化学组成相同，但由于它们的纳米结构不同，在相同的剂量下，它们导致了不同的生物活性。因此，除了传统的"剂量 - 效应关系"之外，纳米毒理学需要考虑新的"纳米结构 - 效应"关系，纳米材料的毒性并不适用于基于化学反应、呈现明显量效关系的经典毒理学理论。

由于影响纳米材料毒性的主要因素尚不明确，在确立剂量 - 效应关系时，不能确定选择哪种剂量参数（质量浓度、颗粒数量浓度或总表面积）来反映纳米材料的毒性更为合适，这也是进行纳米毒理学研究时面对的问题之一。另外，在进行体外研究时，应考虑其剂量水平的选择。人们在体外细胞实验中总是使用高剂量的纳米颗粒，而忽略了体内细胞的实际暴露剂量。例如，细胞培养实验中所使用的剂量（100mg/L 纳米颗粒）高于体内细胞的实际暴露剂量，这在体内是不可能发生的。同样，在大鼠气管内滴注几微克纳米颗粒也并不能真实模拟实际情况下体内的吸入。当细胞和机体的防御受到侵害时，低剂量和高剂量药物的作用机制有可能是截然不同的，大剂量用药可能引起药物毒性的假象。尽管这些研究结果可以作为纳米颗粒毒性作用研究的第一手证据，但仍需采用与实际相符的剂量对其结果进行整体实验的验证。将整体和离体研究相结合对于人工纳米颗粒的潜在毒性研究才是最有效的。

（十）纳米材料的表面修饰不能够从根本上解决毒性问题

目前，许多研究者致力于通过一定的化学修饰和（或）物理处理来降低和消除某些纳米材料对生物体的负面生物效应（毒性）。例如，介孔二氧化硅纳米颗粒（MSN）可通过引起细胞脂质层破裂，导致细胞内钙稳态失衡，使得依赖于钙离子浓度的核酸内切酶活化，继而使细胞发生凋亡。He 等在研究单核巨噬细胞（THP-1）对 MSN 吞噬效应时观察到，与未经修饰的 MSN 相比，PEG 10 000-MSN 能有效躲避 THP-1 细胞的吞噬行为（吞噬率分别为 PEG 10 000-MSN 0.1%和 MSN 8.6%），并且 PEG 10 000-MSN 毒性更低（人红细胞溶血率分别为 PGE 10 000-MSN 0.9%和 MSN 14.2%）。

然而，如果修饰后的纳米粒不能较快地从体内被清除，随着修饰基团的脱落，机体是否会再次面对毒性问题呢？因此，对于采用物理、化学方法修饰减毒的纳米颗粒的长期体内安全性情况，可能仍需商榷。

第 10 节　纳米材料体内吸收、分布、代谢、排泄检测和毒理学研究方法亟待建立

目前，纳米材料毒理学研究面临众多挑战。现有的研究表明，纳米颗粒进入人体的途径包括呼吸道、胃肠道、皮肤接触及静脉和皮下注射。其中静脉和皮下注射纳米颗粒是纳米医学中特有的暴露途径，需要引起足够的重视。纳米材料的代谢、组织分布、体内蓄积及消除都受许多因素影响，所以其毒理学需要通过系统全面的毒理实验进行阐述。积极探索纳米材料的体内标记和检测方法将为纳米材料的生物代谢和毒理机制研究提供技术保障。

首先，纳米材料安全性评价中最主要的难题是纳米颗粒及其状态的检测问题。纳米颗粒在常规实验条件下容易发生聚集，传统的标记、检测方法难以测定实际环境或生物组织中的纳米材料。

其次，为了研究纳米材料生物毒理效应的机制，我们需要确定纳米颗粒在体内的吸收、分布、代谢和排泄（ADME）的生物学通路，各种形态纳米材料与生物器官相互作用的方式，不同纳米材料可能的靶器官或生物标志物等，才有可能全面地考察其体内生物学效应和安全性。纳米毒理学研究应建立统一的纳米材料体内 ADME 检测手段和毒理学实验方法，形成技术标准，以便于获得具有可比性的研究资料。

（一）缺乏分子水平的纳米毒理学机制研究

纳米材料对生物体及其器官、组织、细胞和分子等会有不同层面的影响，在哪个层面上产生影响最值得注意，以及它们相互之间的联系都是值得研究的课题。纳米材料目前的研究多集中在整体水平和细胞水平上。分子水平上研究纳米物质与生物分子的相互作用及其对生物分子结构和功能影响的相关报道很少，而生物分子水平上的研究却更能揭示其相互作用的本质。

（二）缺乏对纳米材料毒性的系统性研究

目前已经研制出的多种纳米材料中只有少数几种材料具有初步研究结果，大部分纳米材料的毒理学效应，以及它们与相应微米物质的差别、对人体健康的影响等尚未进行研究，

实验数据有限，只有进行系统的实验和数据分析归纳，纳米材料毒性相关的完整理论体系才能建立。

纳米材料毒性与粒径大小有着重要关联，需要比较不同粒径的同种纳米材料的毒性，通过研究如何运用现有的超细颗粒或细微颗粒毒理学资料数据库外推纳米材料的毒性是一个重要研究方向。但由于纳米材料具有独特的理化性质，其毒性可能与超细颗粒或细微颗粒毒性迥异，在何种程度上可以进行外推、两者间是否存在规律性仍是个有争议的话题。

此外，因不同纳米材料属性的不同，在急性和慢性毒性、致癌性及生殖发育毒性等方面肯定存在差异。同种纳米颗粒实验结果的不一致性可能是由于纳米颗粒的纯度以及动物品系或细胞种类不同所致。总之，开展一系列针对不同纳米材料尤其是医药纳米材料的体内 ADME 检测和毒理学系统评估是必要的，由此才能保证纳米材料在医学领域中的健康应用。

第 11 节　生物医药纳米技术产业化的困境

纳米生物医药的迅速发展将极大地促进科学技术的重大发展和革新，引发信息技术、生物技术、生态环境技术等领域的技术革命和跨越式发展，并将可能带动下一次的工业革命。生物医药纳米技术促进新型产业的发展，是未来该技术产业的制高点和国民经济的动力源泉。随着纳米技术的兴起，其在我国各大高科技行业的应用逐渐形成热门，而且一年比一年浪潮高。据我国科研调查小组的统计调查发现，我国的纳米企业已经超过了 320 家，其中有将近 60 家的大型企业都以"纳米"的字样进行注册，纳米材料的生产线有 30 多条，我国社会的资金投入有 30 亿元。尽管如此，我国纳米科技的产业化仍未达到理想效果。2013 年第一届国际纳米医药转化大会发布消息称每年全球将近有 180 亿美元的开发资金投入到纳米药物领域，然而近年推向市场的产品寥寥无几，除了纳米毒性的争议，工艺流程也存在诸多瓶颈。

（一）技术壁垒

1. 工艺控制难度极大　与生物工程和化学合成不同，纳米颗粒的制备是物理过程，颗粒中材料分子与活性物分子间有无数的排列结合方式，而不同的结合方式不能用简单的方法进行监测，随工艺条件变化，具有很大的不确定性。精确地调节和控制各个组分量比以及粒子的粒度和形态等都取决于研究者对物质的属性有充分的认识，以及对过程工程的精确设计，这种精确设计需要基于分子药剂学层面的设计与计算，传统经验模式早已不再适用。

2. 产品质量重现面临挑战　目前，大规模生产制造出成分准确、粒度均匀、表面功能团稳定的高质量微粒还有一定困难。纳米微粒工艺设计复杂，产品重现关键技术环节多，往往牵一发而动全身，尤其是纳米载体制剂，需要对每个批次产品工艺条件与理化性质进行严格监护。例如，强生公司曾遭遇的著名 Doxil® （阿霉素脂质体）短缺危机。由于设备、原材料等原因致使产品无法重现，Doxil® 不得不在 2011 年 11 月暂停了生产，由于制备工艺复杂，直到 2014 年才完成生产工艺的转变，对依赖于 Doxil® 药物的患者造成了极大影响。

3. 放大效应强　一个生物纳米材料研究成果的数量在实验室可能只是 1g，到了工业化生产阶段可能就得以"吨"（t）计算。那么，从 1g 到 1000g 再到 1t，每一个数量级阶段都需要有相应的设备、辅料以及不同的基础数据和工艺参数。例如，脂质体、微粒体等纳米制剂属于多组分和多相系统，涉及多相搅拌、挤压和混合等多单元的操作，在工艺放大过程中受设备、操作条件和工艺参数的影响很大，因此，各成分之间的相互作用和物理状态变化程度难以预测，致使工艺放大效应很强。

4. 产品表征困难　通常纳米载体的主要理化特征包括结构、组成、尺寸、表面性质、多孔性、电荷和聚集（图 1-17）。这些理化特征的千变万化导致了难以在给药前后准确地描述纳米生物医药产品，因此应该建立能够对纳米尺寸物质的所有这些重要理化性质进行定量描述的方法。多分散性（polydispersity，PD）是衡量颗粒异质性（包括尺寸、形状、质量）的一个重要尺度，对于描述纳米载体的特征十分有用，因为即便 PD 和理化性质发生再小的变化，都可能改变纳米载体的二级特性，导致如生物相容性、毒性、体内作用等发生重大变化。

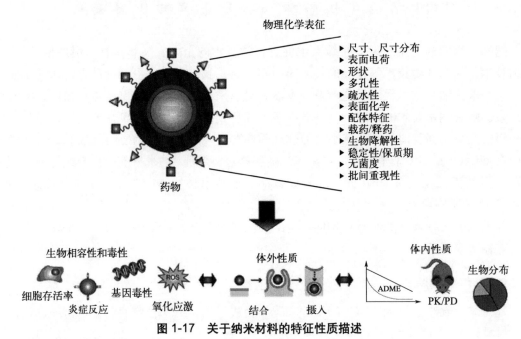

图 1-17　关于纳米材料的特征性质描述

纳米载体的理化性质能够影响其药动学（PK）和药效学（PD）特征，关于纳米生物医药产品的详细描述对于预测其临床表现十分必要

大部分纳米药物被制备为与人体 pH 和离子强度一致的缓冲液，但纳米载体可能与其他体液（如血浆）或生物大分子（如蛋白质）相互作用，这也许会导致颗粒的聚集和结块，并显著改变纳米药物在生物系统中的作用。正如前面所讨论的那样，纳米药物的最终作用形式应在临床条件下进行描述。

纳米药物的保存（保质期）条件也很不确定。目前，越来越多的生物可降解材料（多聚体类材料）被应用于纳米药物载体。当纳米载体材料与体液（如血浆等）接触，或在体内降解后，均会改变其物理化学性质，如尺寸、载药和释药情况，这将对其体内过程产生一定影响。同样的，即使将纳米药品保存于水溶液（包括缓冲液）中，甚至制备成冻干粉末，纳米载体的理化性质也会改变。

（二）市场壁垒

1. 科学与技术概念不尽清晰，纳米技术创新与经济相关程度低　表面上看来，技术得益于科学，可从本质上讲，是技术理性实现支配了现代科学的发展。科学是发现，是探索已有的事物，而技术是发明，是创造不存在的事物。与此相称，生物医药产业的发展由基础研究和应用研究两个方面支撑：基础研究往往只在针对科学难题、关键技术的点上突破；应用研究是着力系统工程和工艺技术体系，旨在实现实验室研究成果的产业化。然而，目前我国通过新化合物、新靶点、新机制的发现，形成以 SCI 论文发表为评价标准的发展体制模式，引导了众多科研工作者致力于基础研究，虽然实现了论文发表量国际第一，但高技术含量的应用成果却寥寥无几，科学与技术概念不尽清晰。

在纳米技术研究方面，我国虽然起步较晚，但在 20 世纪 90 年代初就很快步入世界先进行列。可以说，与世界先进国家相比，在纳米技术研究和应用方面基本上处于同一条起跑线上，但我们不能不看到，在不少工业化国家，纳米技术已成为高新技术产品的重要源泉，并在不少重要的高科技领域内得到了重要的应用。然而当前纳米技术还未能引起我国产业界的足够重视，实力雄厚的大企业和大型技工贸一体化的研究机构等对纳米技术的兴趣不高，不少可以快速进入工业化阶段的科技成果迟迟停留在实验室的小试和中试阶段，无法形成纳米高科技对产业结构升级和经济增长的支撑作用，这就造成了虽然我国在纳米技术研究方面可与世界先进水平比肩，但在产业化所形成的市场容量上还很难看到有突破性的增长。也就是说，纳米技术创新的"振动"，还未能引起市场需求或经济增长的"共振"，即产业化的通道不畅，纳米技术创新与经济发展一体化程度较低。

2. 纳米技术工程化基础薄弱　新技术研发产业化是一个系统工程，系统工程是以涉及多部门多学科合作、多专业技术集成的多元复杂体系为研究对象，按明确的预定功能及目标进行设计、开发、管理与控制，实现各个元素与整体之间的有序关联，最终建立最优总体效果的技术体系与操作规范。构建系统工程的核心是配套集成，只有从根本上加强新技术的系统工程意识，加强培养学科交叉、技术集成型创新型人才，才能提高新技术发展的整体水平。目前，从整体上看我国纳米技术发展，系统工程理念缺乏，工程技术意识淡漠，已然成为实验室研究成果产业化的瓶颈，也是造成我国医药产业长期处于制造业低端地位的原因，我国生物医药纳米技术面临的窘境突出反映了生物医药产业系统集成能力严重不足。产业转化能力是我国新技术新药物研发成果转化率极低的瓶颈。

纳米技术科研机构及高校与生产企业的组织关系落后、信息交流渠道单一，以及在经济和科技体制中存在许多障碍，产、学、研未能有效结合，都阻碍了我国纳米技术产业化组织的成长和主体的形成。

3. 重理轻工，生物医药制造能力发展慢，经济政策以新兴工业为中心　这是纳米技术产业化中最重的惯性因素之一。一个国家即便是暂时取得了纳米技术上的领先地位，获得了商业上的成功，若缺乏相应的战略性措施来保持纳米技术发展的势头，迟早会成为纳米技术产业化过程中的落伍者。我们知道，国家的经济政策通常都是通过降低税收来增加投资，减少政府的干预来进一步提高劳动生产率，降低通货膨胀率和减少外贸逆差，最终改善人们的生活水平。这种经济政策有益于加速固定资产的折旧，放宽投资赋税的优惠，并提供一种新的措施，使亏损的公司可以把投资赋税优惠转让给那些盈利的公司，表面上是鼓励投资的政策，但只要我们仔细研究一下新的投资流向，就会发现，这种政策是以削弱知识密集型的"朝阳"工业为代价，提升了资本密集型工业的发展实力。这实际上是延长了不景气的传统技术企业的寿命，忽视了新兴的高新技术企业发展的需要。

新技术转化成具体产品的过程中，工程技术能力是关键，但当前出现的重理轻工现象，在学术型科研人员"繁荣昌盛"的映衬下，工程技术人员处境困难，导致生物医药制造能力发展缓慢，制造能力的脆弱已严重制约我国生物医药技术的进步。

现行的产业及其经济政策一般重视的是既得利益和效果，而纳米技术及其产业化的发展则看重的是后发效应所带来的利益。在短期内，对优先项目选择不当或投入的资本过多，就会阻碍对纳米技术的高风险投资；而从长远来看，纳米技术科研人员的缺乏，势必会阻碍纳米技术产业化的发展。有时甚至还会出现用于维持那些传统的不景气的工业所花费的投资，超过了用于鼓励那些对未来经济发展实力起关键作用的新兴工业的投资的现象。从长远的观点来看，这将使纳米技术产业化的进程缺乏应有的冲击和活力。

4. 评价体系与政策导向凸显弊端，纳米技术发展指导体制存在不足 通常，一个行业或领域的发展方向由一些具体的评价标准定位，国家制定的评价标准体现为建立评价体系和政策导向，国家"鼓励什么，奖励什么，按什么来评价"决定业内人员的奋斗目标，进而决定整个产业的发展方向。由于历史原因，在我国承担着医药产业研发任务的主力军是科研院所，而目前评价一个科研单位和人员的研发能力主要的评价标准是发表论文，尤其是在 SCI 收录的期刊上发表论文，以及各种奖项，生物医药纳米技术研究的相关机构也受此影响，研究停留在实验室内，研究结果多以发表论文为主，评价体系与政策导向在一定程度上阻碍了新技术产业化发展。

5. 社会道德 纳米技术和纳米材料作为新兴的高新技术，其所蕴含的巨大市场潜能不断地驱动着这一新兴产业的发展，尤其在生物医药领域，社会公众对纳米药物和纳米制剂的优势充满期待，迫切需要相关产品投入市场。目前，由于对生物医药纳米技术的掌控还不完全，生物医药纳米技术所转化的安全有效的市场产品很少，而市场需求依然很可观，因此许多生产研发企业以"纳米"为噱头，为产品披上"纳米"的外衣，博取公众的眼球。但事实上绝大多数只是借助"纳米"的概念进行炒作，加上社会公众对纳米技术了解不够，最终那些打着"纳米"旗号的产品在流入消费者手中后，并未达到所预期的效果，反而使社会公众对生物医药纳米技术产生了质疑和误解。生物医药纳米技术的技术转化是一个系统工程构建的过程，短期内可能无法产生效益，一些企业在投入大量资金后依然未能获得有效的产品后，可能会采用虚假的纳米产品欺骗公众。这种违背社会道德的行为严重阻碍了生物医药纳米技术产业化的发展。纳米技术领域的科技工作者应当以科学严谨的态度向公众普及纳米技术的相关知识，不能言过其实，更不能危言耸听。

第 12 节　结　　语

由于目前纳米技术在生物医药领域的应用和产业化还存在许多问题需要逐步解决，纳米材料的应用还很有限，尤其是在生物医学方面。目前多数研究还处于动物实验阶段，需要大量临床试验予以证实。由于对宏观物质的评价方法可能不适合纳米材料，有关纳米材料临床毒性报道还比较欠缺。尽管如此，我们应该看到，生物医药纳米技术具有非常广泛的产业化前景，若能正确引导生物医药纳米技术产业化发展，那么纳米技术就能在该领域产生非常好的实用价值和经济效益。纳米技术与生物医学结合使得纳米材料在生物医药领域有着广泛的应用前景，为其在医学领域开辟了一个巨大的市场，纳米技术在生物医药领域的应用将正如钱学森所预言的，"纳米左右和纳米以下的结构将是下一阶段科技发展的重点，会是一次技术革命，从而将引起 21 世纪又一次产业革命。"

参 考 文 献

李维芬, 1999. 纳米材料的性质. 现代化工, 19(6): 534-537.

梅兴国, 李明媛, 高广宇, 等, 2016. 浅析纳米载体靶向药物递送系统：误区、壁垒与对策. 中国科学：生命科学, 46(11): 1249.

Ambrosone A, Marchesano V, Mazzarella V, et al, 2014. Nanotoxicology using the sea anemone Nematostella vectensis: from developmental toxicity to genotoxicology. Nanotoxicology, 8(5):508-520.

Boudreaux DS, Chance RR, Elsenbaumer R L, et al, 1985. New class of soliton-supporting polymers:theoretical predietions. Phys Rev B Condens Matte, 31(l):652-655.

Chan DC, Titus HW, Chung KH, et al, 1999. Radiopacity of tantalum oxide nanoparticle filled resins. Dent Mater, 15(3): 219-220.

Chen YC, Wen S, Shang SA, et al, 2014. Magnetic resonance and near-infrared imaging using a novel dual-modality nano-probe for dendritic cell tracking *in vivo*. Cytotherapy, 16: 699-710.

Chen Z, Meng H, Xing GM, et al, 2006. Acute toxicologicaleffects of copper nanoparticles *in vivo*. Toxicol Lett, 163: 109-120.

Corot C, Petry KG, Trivedi R, et al, 2004. Macrophage imaging in central nervous system and in carotid atherosclerotic plaque using ultrasmall superparamagnetic iron oxide in magnetic resonance imaging. Investigative Radiology, 39(10): 619-625.

Cristiano RJ, 1998. Targeted, non-viral gene delivery for cancer gene therapy. Front Biosci, 3: D1161-1170.

Cui DX, Tian FR, Ozkan CS, et al, 2005. Effect of single wall carbon nanotubes on human HEK293 cells. Toxicol Lett, 155: 73-85.

Dai W, Jin W, Zhang J, et al, 2012. Spatiotemporally, controlled co-delivery of anti-vasculature agent and cytotoxic drug by octreotide-modified stealth liposomes. Pharm Res, (29): 2902-2911.

Davis JMG, Addison J, Bolton RE, et al, 1986. The pathogenicity of long versus short fibre samples of amosite asbestos administered to rats by in halation and intraperitoneal injection. British Journal of Experimental Pathology, 67(3): 425-430.

Davis SS, 1997. Biomedical applications of nanotechnology-implications for drug targeting and gene therapy. Trends Biotechnol, 15(6): 217-224.

D'Elía NL, Gravina AN, Ruso JM, 2013. Manipulating the bioactivity of hydroxyapatite nano-rods structured networks: effects on mineral coating morphology and growth kinetic. Biochimica et Biophysica Acta, 1830(11): 5014-5026.

Donaldson KEN, Borm PJA, 1998. The quartz hazard:a variable entity. Annals of Occupational Hygiene,

42(5): 287-294.

Donaldson K, Stone V, Tran CL, et al, 2004. Nanotoxicology. Occupational & Environm ental Medicine, 61: 727-728.

Du C, Cui FZ, Feng QL, et al, 1998. Tissue response to nano-hydroxy. apatite/collagen composite implants in marrow cavity. Biomed Mater Res, 42(4): 540-548.

Du C, Cui FZ, Zhu XD, et al, 1999. Three-dimensional nano-HAp/collagen matrix loading with osteogenic cells in organ culture. Biomed Mater Res, 44(4): 407-415.

Dugan LL, Dorothy MT, Cheng D, et al, 1997. Carboxy-fullerenes as neuroprotective agents. Proc Natl Acad Sci USA, 94: 9434-9439.

Edilberto B, James BM, Brian AW, et al, 2004. Pulmonary responses of mice, rats, and hamsters to subchronic inalation of ultrafine titanium dioxide particles. Toxicol Sc, 77: 347-357.

Eisenbarth SC, Colegio OR, O'Connor W, et al, 2008. Crucial role for the Nalp3 inflammasome in the immunostimulatory properties of aluminium adjuvants. Nature, 453: 1122-1126.

Elder A, Gelein R, Silva V, et al, 2006. Translocation of inhaled ultrafine manganese oxide particles to the central nervous system. Environment Health Perspectives, 114(8)：1172-1178.

Elias KL, Price RL, Webster TJ, 2002. Enhanced funetions of osteoblasts on nanometer diameter carbon fibers. Biomaterials, 23(15): 3279-3287.

Feynman RP, 1960. There's plenty of room at the bottom. Engineering and Science, 23(5): 22-36.

Fenoglio I, Tomatis M, Lison D, et al, 2006. Reactivity of carbon nanotubes: free radical generation or scavenging activity? Free Radic Biol Med, 40: 1227-1233.

Fernández-Cruz ML, Lammel T, Connolly M, et al, 2013. Comparative cytotoxity induced by bulk and nanoparticulated ZnO in the fish and human hepatoma cell lings PLHC-1 and HepG2. Nanotoxicology, 7(5): 935-952.

Fukuchi N, Akao M, Sato A, 1995. Effect of hydroxyapatite microcrystals on macrophage activity. Biomed Mater Eng, 5(4): 219-312.

Gao X, Cui Y, Levenson RM, et al, 2004. *In vivo* ancer targeting and imaging with semiconductor quantumdots. Nat Biotechnol, 22(8): 969-976.

Gao YL, Stanford WL, Chan WC, 2011. Quantum-dot-encoded microbeads for multiplexed genetic detection of non-amplifi ed DNA samples. Small, 7(1): 137-146.

Gao Y, Li YF, Li YS, et al, 2015. PSMA-mediated endosome escape-accelerating polymeric micelles for targeted therapy of prostate cancer and the real time tracing of their intracellular tracking. Nanoscale, 7: 597-612.

Geipier D, Charbonniere LJ, Ziessel RF, et al, 2010. Quantum dot biosensors for ultrasensitive multiplexed diagnostics. Angewandte Chemie International Edition, 49(8): 49, 1396-1401.

Guang J, Haifang W, Len Y, 2005. Cytotoxicity of carbon nanomaterials: single-wall nanotube, multi-wall nanotube, and fullerene. Environ Sci Technol, 39 :1378-1383.

Hamilton RF, Wu NQ, Porter D, et al, 2009. Particle length-dependent titanium dioxide nanomaterials toxicity and bioactivity. Part Fibre Toxicol, 6: 35-45.

Han MY, Gao XH, Su JK, et al. 2001.Quantum-dot-tagged microbeads for multiplexed optical coding of Biomolecules. Nature Biotechnology, 19(7): 631-635.

Handnagy W, Marsetz B, Idel H, 2003. Hemolytic activity of crystalline silica-separated erythrocytes versus whole blood. Int J Hyg Environ Health, 206(2): 103-107.

Hong SI, Rhim JW, 2008. Antimicrobial activity of organically modified nanoclays. J Nanosci Nanotechnol, 8(11): 5818-5824.

Hu J, Wen CY, Zhang ZL, et al, 2013. Optically encoded multifunctional nanospheres for one-pot separation and detection of multiplex DNA sequences. Analytical Chemistry, 85(24): 11929-11935.

Hulbert SF, Bokros JC, Hench LL, et al, 1987. "Ceramics in clinical applications: past, present and future,"In:

High Tech Ceramics, Vincenzini P, Ed, 189-213.

Iijima S, 1991. Helical microtubules of graphitic carbon. Nature, 354 (6348): 56-58.

Jia G, Wang HF, Yan L, et al, 2005. Cytotoxicity of carbon nanomaterials: single-wall nanotube, multi-wall nanotube, and fullerene. Environ Sci Techno, 39: 1378.

Kroto HW, Heath JR, O'Brien SC, et al, 1985. C_{60}: Buckminsterfullerene. Nature, 318 (6042): 162-163.

Lambert G, Fattal E, Couvreur P, 2001. Nanoparticulate systems for the delivery of antisense oligonucleotides. Adv Drug Deliv Rev, 47(1): 99-112.

Lao F, Chen L, Li W, et al, 2009. Fullerene nanoparticles selectively enter oxidation-damaged cerebral microvessel endothelial cells and inhibit JNK-related apoptosis. ACS Nano, 3: 3358-3368.

Lao F, Li W, Han D, et al, 2009. Fullerene derivatives protect endothelial cells against no-induced damage. Nanotechnology, 20: 225103-225111.

Li YB, Wijn JD, Klein CPAT, et al, 1994. Preparation and characterization of nanograde osteoapatite-like rod crystals. Mater Sci Mater in Medicine, 5(1): 252-255.

Li YF, Chen C, 2011. Fate and toxicity of metallic and metal-containing nanoparticles for biomedical applications. Small, 7: 2965-2980.

Li Y, Liu Y, Fu Y, et al, 2012. The triggering of apoptosis in macrophages by pristine graphene through the MAPK and TGF-beta signaling pathways. Biomaterials, 33: 402-411.

Li Y, De Groot K, De Wijn J, 1994. Morphology and composition of nanograde calcium phosphate needle-like crystal formed by simple hydrothermal treatment. Mater Sci Mater in Medicine, 5(6): 326-331.

Liao S, Wang W, Uo M, et al, 2005. Three-layered nano-carbonated hydroxyapatite/collagen/PLGA composite membrane for guided tissue regeneration. Biomaterials, 26(36):7564-7571.

Lim CK, Heo J, Shin S, et al, 2013. Nanophotosensitizers toward advanced photodynamic therapy of Cancer. Cancer Letters, 334(2): 176-187.

Limbach LK, Wick P, Manser P, et al, 2007. Exposure of engineered nanoparticles to human lung epithelial cells: influence of chemical composition and catalytic activity on oxidative stress. Environ Sci Technol, 41(11): 4158-4163.

Lipski AM, Pino CJ, Haselton FR, et al, 2008. The effect of silica nanoparticle-modified surfaces on cell morphology, cytoskeletal organization and function. Biomaterials, 29(28): 3836-3846.

Liu Q, Berchner-Pfannschmidt U, Möller U, et al, 2004. A fenton reaction at the endoplasmic reticulum is involved in the redox control of hypoxia-inducible gene expression. Proc Natl Acad Sci USA, 101(12): 4302-4307.

Liu Q, deWijn JR, De GK, et al, 1998. Surface modification of nano-apatite by grafting organic polymer. Biomaterials, 19(11-12): 1067-1072.

Lunov O, Syrovets T, Loos C, et al, 2011. Amino-functionalized polystyrene nanoparticles activate the NLRP3 inflammasome in human macrophages. ACS Nano, 5: 9648-9657.

Luo D, Saltzman WM, 2000. Enhancement of transfection by physical concentration of DNA at the cell surface. Nat Biotechnol, 18(8):893-895.

Luo J, Lannutti JJ, Seghi RR, 1998. Effect of filler porosity on the abrasion resistance of nanoporous silicagel/polymer composites. Dent Mater, 14(1): 29-36.

Maynard AD, 2006. Nanotechnology:A Research Strategy for Addressing Risk. Washington D C: Woodrow Wilson International Center for Scholars.

Meng H, Xia T, George S, et al, 2009. A predictive toxicological paradigm for the safety assessment of nanomaterials . ACS Nano, 3(7): 1620-1627.

Nakata K, Kato Y, Ido A, et al, 1995. Gene therapy for hepatoma cells using a retrovirus vector carrying herpes simplex virus thymidine kinase gene under the control of human alpha-fetoprotein gene promoter. Cancer Res, 55(14): 3105- 3109.

Navarro J, Oudrhiri N, Fabrega S, et al, 1998. Gene delivery systems: Bridging the gap between recombinant viruses and artificial vectors. Adv Drug Deliv ReV, 30(1-3): 5-11.

Nel A, Xia T, Mädler L, et al, 2006. Toxic potential of materials at the nanolevel. Science, 311(5761): 622-627.

Norppa H, Catalan J, Falck G, et al, 2011. Nano-specific genotoxic effects. J Biomed Nanotechnol, 7: 19.

Oberdorster E, 2004. Manufactured nanomaterials (fullerenes, C_{60}) induce oxidative stress in the brain of juvenile large-mouth bass. Environ Health Persp, 112: 1058-1062.

Panos I, Acosta N, Heras A, 2008. New drug delivery systems based on chitosan. Curr Drug Discov Technol, 5(4): 333-341.

Pouton CW, Seymour LW, 1998. Key issues in non-viral gene delivery. Adv Drug Deliv Rev, 34(l): 3-19.

Price RL, Waid MC, Haberstroh K M, et al, 2003. Seleetive bone cell adhesion on formulations containing carbon nanofibers. Biomaterials, 24(11): 1877-1887.

Razzaboni BL, Bolsaitis P, 1990. Evidence of an oxidative mechanism for the hemolytic activity of silica particles. Environ Health Perspect, 87: 337-341.

Reiss P, Protiere M, Li L, 2011. Core/shell semiconductor nanocrystals. Small, 5(2): 154-168.

Roco MC, 2005. The new engineering world:a national investment strategy is key to transforming nanotechnology from science fiction to an everyday engineering tool. Nanotechnology, 6-11.

Sau TK, Pal A, Jana NR, et al, 2001. Size controlled synthesis of gold nonoparticles using photochemically prepared seed particles. Journal of Nanoparticle Research, 3(4): 257-261.

Sengölge G, Hörl WH, 2005. Sunder-plassmann G Intravenous iron therapy:well tolerated, yet not harmless. Eur J Clin Invest, 35(S3): 46-51.

Shukla RK, Sharma V, Pandey AK, et al, 2011. ROS-mediated genotoxicity induced by titanium dioxide nanoparticles in human epidermal cells. Toxicology in Vitro, 25(1): 231-241.

Takhar P, Mahant S, 2011. *In vitro* methods for nanotoxicity assessment: advantages and applications. Archives of Applied Science Research, 3(2): 389-403.

Tang BC, Zhao XW, Zhao YJ, et al, 2012. Binary optical encoding strategy for multiplex assay. Langmuir, 27(18): 11722-11728.

Truong-Le VL, Walsh SM, Schweibert E, et al, 1999. Gene transfer by DNA-gelatin nanospheres. Arch Biochem Biophys, 361(1): 47-56.

Tseng WC, Jong CM, 2003. Improved stability of polycationic vector by dextran-grafted branched polyethylenimine. Biomacromolecules, 4(5): 1277-1284.

Van ZM, Granum B, 2000. Adjuvant activity of particulate pollutants in different mouse models. Toxicology, 152: 69-77.

Vaničž, Škalko Basnet N, 2013. Nanopharmaceuticals for improved topical vaginal therapy:can they deliver? European Journal of Pharmaceutical Sciences, 50(1): 29-41.

Viceconti M, Ricci S, Paneanti, et al, 2004. Numerical model to predict the long-term mechanical stability of cementless orthopaedic implants. Med Biol Eng Comput, 42(6): 747-753.

Vincent C, 2002. From coalmine dust to quartz: mechanisms of pulmonary pathogenicity. Inhal Toxico, 12: 7-14.

Walling MA, Wang SC, Shi H, et al. 2010. Quantum dots for positional registration in live cell-based arrays . Analytical and Bioanalytical Chemistry, 398(3): 1263-1271.

Wang B, Feng WY, Wang TC, et al, 2006. Acute toxicity of nano-and micro-scale zinc powder in healthy adult mice. Toxicol Lett, 161: 115-123.

Weissleder R, Elizondo G, Wittenberg J, et al, 1990. Ultra small superparamagnetic iron oxide: characterization of a new class of contrast agents for MR imaging. Radiology, 175(2): 489-493.

Wilson MR, Stone V, Cullen RT, et al, 2000. *In vitro* toxicology of respirable Montserrat volcanic ash. Occup Environ Med, 57(11): 727-733.

Wilson R, Spiller DG, Prior I A, et al. 2007. A simple method for preparing spectrally encoded magnetic beads for multiplexed detection . ACS Nano, 1(5): 487-493.

Wu X, Liu H, Liu J, et al, 2003. Immunofluorescent labeling of cancer marker Her2 and other cellular targets with semiconductor quantum dots. Nat Biotechnol, 21(1): 41-16.

Xia T, Kovochich M, Brant J, et al, 2006. Comparison of the abilities of ambient and manufactured nanoparticles to induce cellular toxicity according to an oxidative stress paradigm. Nano Lett, 6: 1794-1807.

Xu BS, Tanaka SI, 1997. Formation of a new electric material:fullerene/metallic polycrystalline film. Mat Res Soc Symp, 472: 179-184.

Yang EJ, Kim S, Kim JS, et al, 2012. Inflammasome formation and IL-1 beta release by human blood monocytes in response to silver nanoparticles. Biomaterials, 33: 6858-6867.

Ye C, Chen CY, Chen Z, et al, 2006. *In situ* ob-servation of C_{60} malonic acid derivative nanoparticles inter-acting with living cells by fluorescence microscopy. Chinese Science Bulletin, 51(1): 1-5.

Zanello LP, Zhao B, Hu H, et al, 2006. Bone cell proliferation on carbon nanotubes. Nano Letters, 6(3):562-567.

Zhang H, Wang X, Dai W, et al. 2014. Pharmacokinetics and treatment efficacy of camptothecin nanocrystals on lung metastasis. Molecular Pharmaceutics, 11(1): 226-233.

Zhou H, Zhao K, Li W, et al, 2012.The interactions between pristine graphene and macrophages and the production of cytokines/chemokines via TLR- and NF-κB-related signaling pathways. Biomaterials, 33: 6933-6942.

第 2 章

分子演绎铸就生命结构，分子间相互作用承载生命功能

自然界中的一切生命都是由物质构成的。然而，生命体却有别于自然界中的一般物体，生命系统是一种特殊的物质形式。生命的本质是特定物质组成的特殊结构的属性。生命如此多姿多态，物种如此千差万别都是源于组成生命体的基本单元结构排列组合序列的千变万化；特定的组合方式，演化出特定的形态特征，秉承特定的物质属性，决定特定的生物学功能。

分子生物学将生命定义为：以氨基酸和核苷酸为核心物质组成的分子体系，具有适应性及自我复制的能力。细胞是构成生命的最小单元，细胞由膜包围形成与外环境隔离的独立整体，内部又被膜分隔成不同功能的区室，胞内充满高浓度的分子溶液，细胞从外部环境中摄取分子原料，并在水中有序排列而构建自身成分。水选择了四类小分子有机物：单糖、核苷酸、氨基酸和脂类（此处主要是指脂肪酸、磷脂等小分子）作为组成细胞的基石，进而构建成生物大分子，进一步组装成具有空间结构和生物功能的细胞器，并形成细胞，最后分化成不同功能的多种细胞相互结合构造成生物体（图 2-1）。所以生命系统都是以分子为"砖瓦"搭建的建筑。

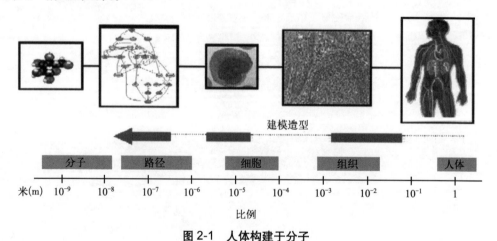

图 2-1　人体构建于分子

细胞的分子建筑形式决定了细胞的运转机制，也就是说，由于生物体是在水中由分子构建的生物化学系统，一切生命活动便都是基于分子间的相互作用。放眼生命系统的所有

环节，包括物质代谢、能量转化、信息传递、免疫调节及自我复制等各种生理功能的完成都是生物活性分子之间物理、化学相互作用的表现。从分子水平进一步诠释化学物质对机体的生物学作用机制，也是药理学和传统毒理学的根基。

　　本章我们将讨论生命系统的分子构建及分子间相互作用所承载起的生命活动。

第 1 节　生命系统：分子的建筑

　　生命系统是分子的建筑，水是构建生命的介质，水选择了四类"缘分"极高的小分子成员：单糖、核苷酸、氨基酸和脂类作为构建细胞的基石，进一步构建了糖类、核酸、蛋白质、脂质等生物大分子结构，从而成就了生命（图 2-2）。

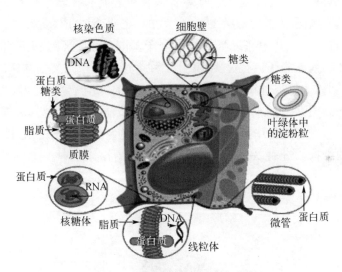

图 2-2　细胞构建于四类小分子

（一）"水是生命之源"的背后——水介导分子"演绎"

　　地球生命是诞生于海洋的一类特殊物质形式，它是物质、能量和信息诸变量在水中的"演绎"，其运转有赖于各类分子如氨基酸、糖类、核苷酸、磷脂等溶解后自组装的"合拍"，作为生命的最小单元，细胞可被抽象为由一系列分子排列组合形成的生物反应器，其外周由生物膜包围，内部充满水。水是造就地球生命的介质，分子只有溶解后才能参与到生命构建中来，所以生命的本质是"水中的化学"。

　　1. 形成生命的要素：水的选择　　与自然界中的其他物体相比，生命体是特殊的物质形式。例如，自然界的元素中 C、H、O、N 总和不超过总元素的 1%，而在组成生物体的元素中 C、H、O、N 总和占比超过了 96%，这个组成为何如此独特呢？

　　远古时代的环境条件在生物体的化学特性上烙下了永久的印记。我们知道，H 和 O 组成了水，地球上有着储量丰富的水，水也是生物体中占比最大的化学成分，为细胞总量的

70% ～ 80%。细胞中的所有生化反应都是在水中进行的，水既是细胞生命活动的介质，也参与了生命活动的全过程。地球生命紧紧围绕水而繁衍，生命的化学本质要先到水中去寻找。

早期的地球大气主要含有氮气、二氧化碳及水蒸汽，在雷电和宇宙射线作用下，C—C 发生共价键结合形成链或环，形成了以 C 为基本骨架的有机物，其中很多的有机物存在极性，易于与水分子形成氢键而溶于水，而这些有机物由于与水"结缘"，才入围了孕育生命的"海选大名单"。

自然界的物质变化都是源于物质自身的内在属性，而物质的状态则取决于其所经历的变化过程与环境条件。在若干亿年的时间里，原始海洋中溶解了数以万计的有机分子，在这个海洋中做永不停息运动的分子，发生着各种各样的相互作用：相互吸引、排斥、聚合、分解……这时，一个具有适应性和自我复制能力的特殊的分子组合体——生命出现了。在生命的进化过程中，并不是无选择地摄取和包容所有物质，只有具备形成稳定组合并能与环境相适应的组合方式才能不断生存发展，逐步衍生成生命。一个细胞通常含有 10^4 ～ 10^5 种不同的分子，其中将近半数是小分子，即分子量不超过几百的化合物。如果对组成任意生物体的基本分子进行分类，其分子种类也大体相同。生物体都是由蛋白质（约 15%）、核酸（约 7%）、糖类（约 3%）、脂类（约 2%）、无机盐（约 1%）和水（70%）及其他有机物构成的（图 2-3）。所以单糖、氨基酸、核苷酸、脂类这 4 种最重要的生物小分子的出现无疑是生命进化过程中至关重要的一步，这些特定生物分子在水中可呈游离状态，并能组合成稳定的结构，进而以分子形式参与到生命的构建之中。

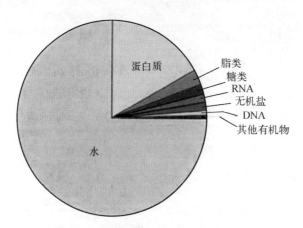

图 2-3　细胞中各主要成分的相对含量

2. 生命起源于水中分子的自组装　构建生命的前期物质的准备已经就绪，那生物分子到生命系统的飞跃又是如何完成的呢？ 1996 年美国利哈伊大学教授迈克尔·贝赫首次提出了分子进化论——生命起源于电解质液中的分子自组装现象。前面我们已经提到，原始海洋中出现了四类重要的生物小分子，进而排列组合成蛋白质和核酸类物质。蛋白质和核酸类高分子有机物在电解质溶液中吸附了大量的阴离子或阳离子，在电磁场力的作用下，自组装成类似病毒样的 RNA 和 DNA - 蛋白质复合物即"前生物"，同时，另一类具有乳化作用的有机物——磷脂类物质，在原始海洋中经过漫长的积累、浓缩、凝集而自组装成中间充满电解质溶液的双层脂质膜结构的"小球体"，无限多的这种双层脂质膜结构的"类生命小球体"漂浮于原始海洋中，与海水之间自然形成了一层最原始的与周围海洋环境分隔开来的界膜。但这时的"类生命小球体"还不能称为生命，因为它还没有真正的新陈代谢和繁殖等生命的基本特征。"类生命小球体"中的 RNA 和 DNA-蛋白质复合物不断地吸附或释放阴、阳离子，周围海洋环境中的一些物质在渗透压的作用下被选择性地透过双层脂质膜扩散到"类生命小球体"中，同时也有一些分子由于分子运动而扩散到海洋环境中去，这样就具有了原始的物质交换作用，分子在溶液中的自组装成为最原始细胞生命的萌芽。因此，水是构建生命的介质，分子是筑起生命的"砖瓦"，地球生命的本质是"水溶液中有序的化学运动"。

3. 生命起源的第一要素："水"或"稳定均相体系"　美国国家科学院最近发表了一份名为《行星系统有机生命的局限》的研究报告，其中指出：水、碳和脱氧核糖核酸不一定是生命必不可缺的三大要素，一种生物体有可能依赖其他液体如甲烷、乙烷、氨水，甚至更不可思议的化学物质而存活。报告说，包括美国国家航空航天局（NASA）在内，探索地球外生命的努力均是以所有生命都离不开水、氨基酸、核苷酸这一假设为前提。例如，海星、红杉、蝾螈是形态差异非常大的三种生物，但在分子层面上，三者却有惊人的相似之处：它们的生存都离不开水，它们都有赖于核酸传递遗传信息，它们都用氨基酸来合成蛋白质。而华盛顿州立大学天文生物学家马库治认为："地球生命对水如此依赖属于巧合。因为水是地球上真正储量丰富的液体，而在比较温暖的行星上，大量的硫酸可能也能发挥像水那样的溶剂作用，携载分子让它们四处游动，或者说在比较凉爽的行星上，大量的甲醇、氨水，甚至甲烷的溶解效能一点也不逊于水。"报告更大胆地提出，既然生命能依赖水之外的其他液体生存，"异生命"可能不需要由碳元素组成，或许能以硅元素为基本构成；DNA 也不一定非要由磷元素构成，也许可用砷元素。所以与其说生命离不开水，不如说生命起源需要稳定的均相溶液体系，分子只有溶解在溶剂中才能自由活动，才能"进入角色"。尽管如上所述，生命可能产生于其他的均相溶液体系，然而，对于地球环境而言，水依然是成就生命的不二选择。每个水分子（H_2O）的两个氢原子通过共价键与氧原子连接，这两个共价键的极性很强，所以水本身的化学性质很稳定。相邻水分子间能够形成氢键。氢键又赋予水分子一些独特的性质，而这些性质对于生活细胞是十分重要的。首先，氢键能够吸收较多的热能，将氢键打断需要较高的温度，水的比热为 1，而大多数溶剂的比热都比水低，如乙醇的比热是 0.59，所以液态水与其固、气态之间的临界区间很宽。水与其他溶剂相比具有更好的热稳定性，可维持细胞温度的相对稳定。水的第二个特性是与大多数液体冷却时的热胀冷缩行为不同，水在 4℃时密度最大，水结成冰时，其密度比液态小，所以冰能浮在水面，这对于保护冰下水中生物具有十分重大的意义。对于生命起源而言，水最重要的特性就是能作为溶剂。由于水分子具有极性，碳水化合物等极性分子、盐等离子化合物都很容易溶于水。水的溶剂作用不仅为细胞对物质的吸收提供了条件，也为生命活动的化学反应创造了环境。另外，水分子也参与了生命活动的一些重要反应，在分子的合成过程中水是产物，而在分解反应中水是反应剂。由于 C、H、O、N、P 与水的良好契合，水给予了这些物质衍生出生命系统的可能，而那些疏水性物质，即使在其他溶剂系统中可能形成生命，但就水系统而言，从本质属性上也就没有给其他溶剂造就地球生命的机会。

（二）分子演绎铸就生命结构

作为生物体结构和功能的基本单位，细胞中含有成千上万设计臻于完美且错综复杂的分子构件，这些构件分子不是杂乱无章地堆积在一起，而是在水溶液中有规则地分级组装成复杂、有序、完美的结构乃至细胞自身。每一个由分子构造的细胞器都堪称是真正微型精巧的机器，世界上任何复杂的机器也绝对不能与之相提并论。组装成细胞的各类元素可以大致分成四级。第一级是构成细胞的小分子有机物的形成，其中单糖、氨基酸、核苷酸、脂类这四类小分子构成了细胞的基石。1953 年米勒（Miller）在模拟原始大气火花放电的试验里，以最简单的小分子（CH_4、H_2O、H_2、NH_3）竟然合成出了氨基酸、乳酸、羧酸等多种生化分子。第二级由基石组装成生物大分子。分子自组装（self-assembly）假说认为，随着不断聚集和积累，原始的海洋就像有机场，种类繁多的有机分子在电解质溶液中受到弱电磁场力（范德华力、氢键、静电、疏水作用力等）的作用，随机发生相互作用（物理、化学）形成各种各样的有机大分子或类细胞结构，即没有复制的模板和酶系的催化，例如，磷脂分子有一个亲水性头部和疏水性尾部，疏水性尾部在水溶液中受到疏水作用力而凝聚，形成了具有连续的双层结构的膜界面（图 2-4）。

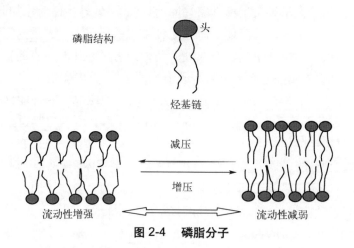

图 2-4　磷脂分子

显然，分子自组装模式存在很大的局限性，如核小体的组装就需要核质素（酸性蛋白）的介导。所以笔者认为从氨基酸到多肽／蛋白质的随机自发形成，导致酶（图 2-5）的出现，这可能是打通由无生命的有机分子到生命大分子通道的第一步，继而出现了核酸一类高级有序的生物活性大分子乃至超分子。

第三级由生物大分子进一步组装成细胞的高级结构及细胞器，如染色体、细胞核、线粒体、内质网、高尔基体、溶酶体等，其中染色体是遗传物质分子高度压缩形成的分子聚合体，主要化学成分是脱氧核糖核酸（DNA）和组蛋白，这些核心组蛋白含有带正电荷的氨基酸（赖氨酸和精氨酸），正电荷帮助组蛋白和带负电的脱氧核糖 – 磷酸主链紧密结合，就像成串的珠子一样，以 DNA 分子为绳，以组蛋白分子为珠，以核酸与蛋白质分子间的

图 2-5　酶的各级结构

氨基酸分子在溶液中发生 α 羧基脱水缩合，形成的一条长肽链或多肽链构成一级结构。二级结构是指肽链骨架相邻区段借助氢键等沿轴向方向建立的规则折叠片与螺旋。在此基础上，蛋白质多肽链再盘绕或折叠形成具有三维空间的三级结构。由几个到数十个亚基（或单体）组成的寡聚酶或生物大分子称为酶的四级结构

相互作用构建的"绳珠模型"组成了染色体的一级结构（图 2-6）。由此可见细胞是以分子为"砖瓦"在溶液中构建的"水中大厦"（图 2-7）。

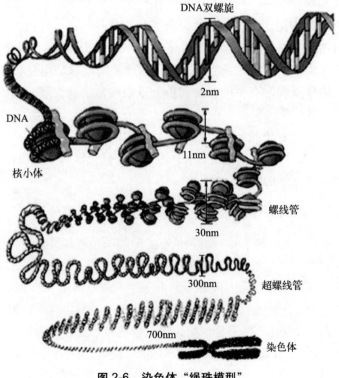

图 2-6　染色体"绳珠模型"

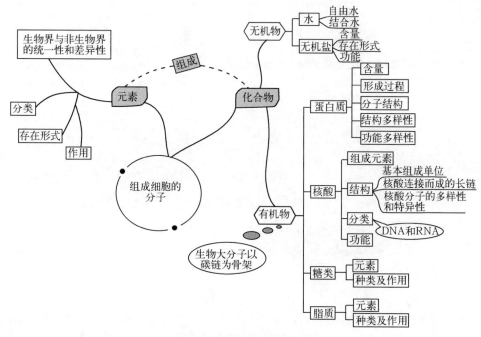

图 2-7　细胞的分子构建

第 2 节　生物系统的运转：分子的相互作用

　　一切生命活动都基于分子间相互作用。作为生命的基本特征，新陈代谢包括同化作用和异化作用两个不同方向，所有物质都以分子状态贯穿始终：异化作用中，营养物质（蛋白质、淀粉、脂肪等）必须先降解为小分子（氨基酸、葡萄糖、单甘酯、脂肪酸等）从而被吸收转运，并代谢产生能量，最终排出的代谢终产物同样是小分子（CO_2、尿素等）；同化作用中，细胞用分解代谢产生的能量和小分子来构建细胞大厦。而放眼生命活动的所有环节，包括物质运输、能量转化、信息传递、免疫调节及自我复制等各项生命活动的完成都是生物活性分子之间有序的物理、化学相互作用的表现。而外源性物质若要参与生命过程，就必须"同频"到分子水平。从分子水平进一步诠释化学物质对机体的生物学作用机制，也是药理学和传统毒理学的根基。

（一）外源性物质的吸收、分布、代谢、排泄：出入皆分子

　　生命活动是依靠新陈代谢来维持的，从有生命的单细胞到复杂的人体都属于半封闭的系统，所以生命体必须要同外界环境进行物质交换，但物质若想"合法进出"，分子态是必要的"通行证"。具体而言，外源性物质要经历吸收、分布、代谢、排泄（ADME）四个阶段，物质首先以溶解态的小分子形式被吸收、分布、转运。经历的中间代谢可分为合成和分解两个相反的过程，小分子既是分解作用的目标产物，也是合成过程的起始构件，经过代谢产生的尾产物最终同样以小分子形式排出。所以物质的 ADME 过程其实是小分子的"旅程"（图 2-8）。

　　1. 吸收：以小分子进入　吸收是指外源化学物质从接触部位（对于多细胞生物，一般

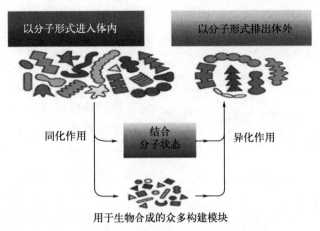

图 2-8　同化、异化作用分子状态贯穿始终

是通过机体内外表面的上皮细胞）生物膜进入血液循环的过程。即便是简单的单核细胞生物，外源性物质进入细胞，大多数都要先降解为小分子，才能通过跨膜运输进入细胞。例如，细菌的细胞膜对物质具有选择透过性，水及小分子溶质可直接经细胞膜进入菌体，大分子的营养物质如蛋白质、多糖和脂类等必须在细菌分泌的胞外酶作用下，分解为小分子可溶性物质后才能被吸收。对于高等动物而言，在摄入的营养物质中，除水、无机盐、维生素和单糖等小分子物质可被机体直接吸收之外，其他一般都是构造复杂的大分子有机聚合物，它们作为食物在进入细胞被利用以前，必须由大块变成小块，由不溶物变为可溶的物质，由构造复杂的大分子变成构造简单的小分子。虽然不同物种之间，构成这些大分子的基本单元是相同的，但组合后的形式千差万别，在被吸收之前，消化酶要先将食物中巨大的聚合物分子分解成它们的单体亚基。例如，植物细胞中葡萄糖主要以淀粉的形式存在，而动物细胞中葡萄糖主要结合成糖原，人体若想利用植物中的淀粉就必须先将其拆解为葡萄糖。另外，营养物质以大分子形式很难通过跨膜转运方式进入细胞内被利用。所以，淀粉要先经唾液、胰、肠淀粉酶的水解作用变为麦芽糖，再经过胰、肠麦芽糖酶作用分解为葡萄糖小分子；蛋白质必须经过胃、胰蛋白酶水解为多肽，再经过肠肽酶消化变为氨基酸小分子；脂肪要经过胆汁乳化作用变成脂肪微粒，再经过脂肪酶进一步水解为小分子的甘油、脂肪酸等（图 2-9）。所以，经过消化分解，大分子物质一方面产生了可被细胞利用的能量，另一方面产生了构建细胞"大厦"所需的基本结构单元。

2. 分布：小分子的转运　外源性物质在体内各组织的分布过程主要包括两个步骤，首先是从血液通过毛细血管壁向组织间液转运，再由组织间液通过细胞膜向细胞内转运。外源性

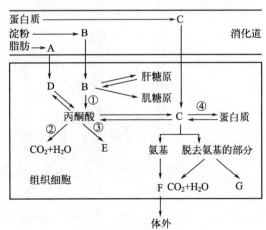

图 2-9　淀粉、蛋白质、脂肪的消化代谢过程

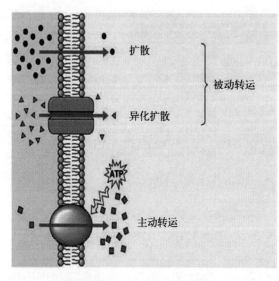

图 2-10 分子的跨膜运输

物质分布主要受其分子理化性质的影响，如分子量大小、化学结构和构型、脂水分配系数、带电性等。小分子跨膜运输是指人体细胞直接从内环境摄取营养物质和氧气，同时也直接将新陈代谢过程中所产生的代谢物及二氧化碳排到内环境中。这些分子的交换都必须通过细胞膜（图 2-10）。细胞膜是细胞与细胞外环境之间的一种选择透过性屏障，控制分子的进出。一般来说，外界环境中，一些脂溶性小分子可按照物质的浓度分布以简单的扩散而渗透过膜；而大多数亲水性分子如葡萄糖、氨基酸等需要与膜上的蛋白质相互作用，以各种方式"帮助"其通过。无论是被动转运还是主动转运，前提是物质能以分子态分散在溶剂中。

（1）分子的被动转运：被动转运是分子进入细胞不消耗 ATP 的过程，但先决条件是分子溶解于细胞膜两侧形成浓度梯度，以浓度差为推动力进行扩散。细胞膜的这种被动运输方式并非对任何物质都是适合的，它具有一定的限制，限制因素是物质的脂溶性、分子大小和带电性。一般来说，气体分子（如 O_2、CO_2、N_2 等）、小的不带电的极性分子（如脲、乙醇等）、脂溶性的分子等易通过质膜，大的不带电的极性分子（如葡萄糖等）和各种带电的极性分子都难以通过质膜（图 2-11）。

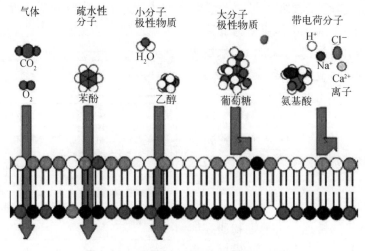

图 2-11 不同分子对细胞质膜的扩散特性

（2）分子的主动转运：由于细胞膜具有选择性通透作用，限制了一些水溶性分子进入细胞，而这些物质通常是细胞生命活动所必需的。质膜上有一些膜蛋白承担了这一功能，主动地将某些分子从膜的一侧转运到另一侧，甚至将物质分子由浓度很低的一侧转运到浓度很高的一侧去，直到转运完为止。这类膜蛋白包括所有的通道蛋白和一部分载体蛋白。主动转运的大多数分子与蛋白质之间均存在分子间对应转运关系，例如，小肠黏膜细胞对葡萄糖的吸收就需要通道蛋白的协助。

3. 代谢：小分子——异化作用的终点产物，同化作用的起始构件　中间代谢包括同化作用和异化作用，小分子是连接这两个相反的过程的枢纽。分解代谢属于生物体的异化作用，是生物体将体内的物质转化为小分子并释放出能量的过程。食物经消化吸收后，由血液及淋巴运送到各组织中参加代谢。在亚细胞水平，机体动员分子机制在许多酶的催化配合下使分子发生化学结构的改变。例如，在细胞内葡萄糖分解的主要场所是线粒体，分解过程包括 10 个独立反应，这一系列反应称为糖酵解和生物氧化，每一步反应产生一个不同的糖中间体，并且每一个反应由一个不同的酶催化；氨基酸可以在细胞内氨基转移酶（转氨酶）的催化下，将其氨基转移给某些酮酸，从而形成新的氨基酸分子，也可以通过脱氨基作用分解成含氮部分和不含氮部分，含氮部分在肝中合成尿素（CH_4N_2O）排出体外，不含氮部分作为能源可以氧化分解为二氧化碳和水；来自于脂肪的脂肪酸在体内的分解过程可概括为活化、转移、β氧化及最后经三羧酸循环被彻底氧化生成 CO_2 和 H_2O（图 2-12），这三大物质分解过程都伴随着能量的产生，能量均暂时储存于高能磷酸键的 ATP 分子中。

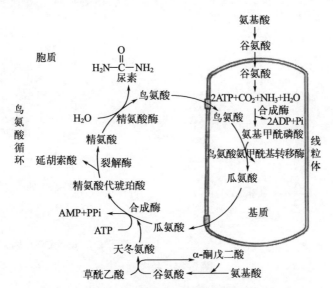

图 2-12　糖类、脂肪酸、氨基酸和核酸代谢分子机制
ATP，腺苷三磷酸；ADP，腺苷二磷酸；AMP，腺苷 - 磷酸；Pi，无机磷；PPi，焦磷酸

合成代谢亦称生物合成，是指把食物来源的或体内原有的小的前体物质或基本结构单位转化成大分子细胞组分（如蛋白质、核酸等）的过程，故又称同化作用。在合成反应中

一方面利用上述异化过程产生的能量；另一方面利用消化吸收得到的 4 类构件分子，如细胞内重要的单糖，包括葡萄糖、半乳糖、核糖、脱氧核糖等（图 2-13）。

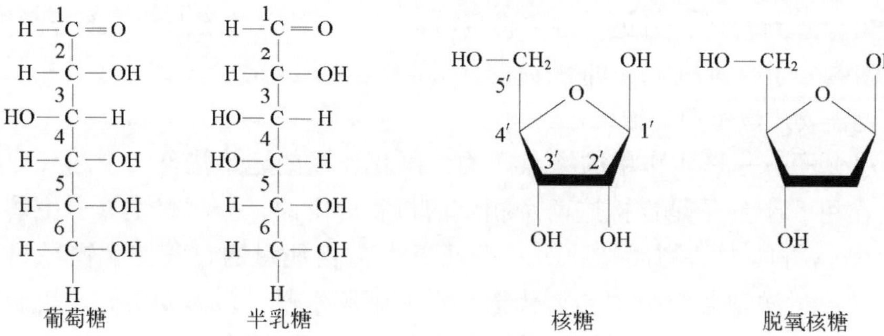

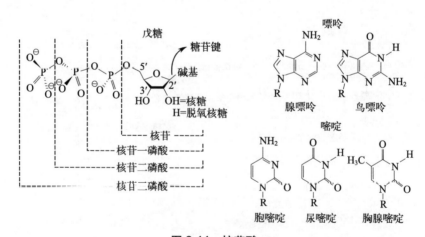

图 2-13　单糖

核苷酸可以分为脱氧核糖核苷酸和核糖核苷酸两类，脱氧核糖核苷酸根据碱基的不同又分为腺嘌呤（A）、胸腺嘧啶（T）、胞嘧啶（C）和鸟嘌呤（G）脱氧核糖核苷酸，核糖核苷酸也是一样，只是以尿嘧啶（U）取代了胸腺嘧啶（T）（图 2-14）；基本的脂类主要包括三酰甘油、二酰甘油、单酰甘油、磷脂及胆固醇等（图 2-15）；构成生物体蛋白质的氨基酸约有 20 种，其中有 12 种非必需氨基酸，8 种必需氨基酸，必需氨基酸必须从食物中获得（图 2-16）。这四大类基本分子之间可以呼吸作用作为枢纽互相转化，生物体内这一套独特且有限的小分子组成了构建细胞"大厦"的结构单元。

图 2-14　核苷酸

4．排泄：非小分子，不能"出关"　质量守恒定律是自然界普遍存在的基本定律，即在任何与周围隔绝的体系中，无论发生何种变化过程，其总质量始终保持不变，即元素种类、原子数目必然不变。外源性物质被吸收进入人体后，一部分经同化作用参与自身构建，另一部分经异化过程分解供能，同时把不需要的或过剩的分子代谢产物排出体外。这些代

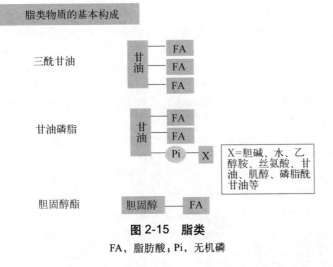

图 2-15　脂类

FA，脂肪酸；Pi，无机磷

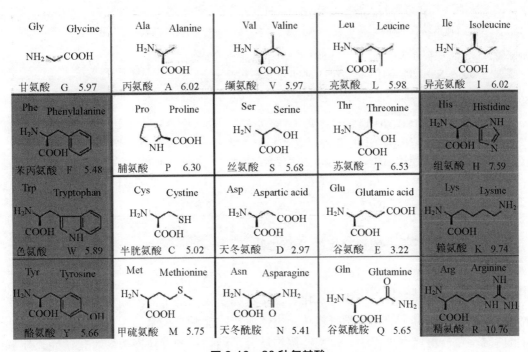

图 2-16　20 种氨基酸

谢物主要是碳水化合物和脂肪氧化后所产生的二氧化碳，以及蛋白质分解过程中所形成的尿素、尿酸和无机盐等，这些代谢物排出的最终状态不仅是分子，而且是小分子。排泄系统的主要功能是排除代谢物和维持水电解质平衡。这些终产物再经肾、肠、肝及肺等器官分子排泄的途径主要可分为三种（表 2-1）。

表 2-1　分子排泄的主要途径

排泄途径	随同尿液经肾排泄	经肝随同胆汁排泄	肺部呼吸排泄	其他排泄途径
机制	其主要排泄机制有三种：肾小球滤过、肾小球简单扩散和肾小管主动转运。肾小球毛细管具有直径 6~10nm 的孔道，血浆中的水和小分子物质可滤过，而血细胞和大分子蛋白因分子量过大，不易透过孔道。凡是脂水分配系数大的化学物质或其代谢产物，则又可被肾小管上皮细胞重吸收入血	胆汁转运是一种通过细胞膜的转运现象。脂水分配系数大的小分子主要通过被动转运，而有机酸、有机碱、胆酸及胆酸盐主要通过主动转运。物质若经胆汁排泄，对其分子量及亲脂性有严格的要求，经胆汁排泄的分子应具有一定的极性基团	肺的呼吸功能是人体组织细胞不断新陈代谢的需要，呼吸的生理机制包括肺通气、换气、血液运输和组织换气等过程，涉及的都是以氧气和二氧化碳分子为基础的化学变化。许多气态外来化合物可经呼吸道排出体外	外来化合物还可经其他途径排出体外。例如，随同汗液、唾液排泄，随同乳汁排泄，同样是以分子态
分子量要求	< 300 主要经肾排泄 300~500 既能经肾又能经胆汁排泄	> 500 主要经胆汁排泄超过 5000 难以经胆汁排泄	气态化合物	—
举例	无机盐、尿素[CO(NH$_2$)$_2$]、尿酸、氨（NH$_3$）、三甲胺 [(CH$_3$)$_3$N]	维生素 A、维生素 D、维生素 E、维生素 B$_{12}$、性激素、甲状腺素	O$_2$、CO$_2$、CO、某些醇类和挥发性有机化合物	汗液：水、无机盐、尿素 乳汁：有机氯杀虫剂、乙醚、多卤联苯类、咖啡因

（二）ATP 分子——能量交换的"通货"

生物体内物质代谢过程中所伴随的能量释放、转移和利用等被称为能量代谢。在代谢过程中，能量储存和释放主要依赖于化学键结合和断裂，整个能量的代谢过程与物质分子化学结构的变化和电子的转移紧密相关。机体所需的能量主要来源于食物中的糖类、脂肪和蛋白质。在分解代谢过程中，这些能源物质分子结构中的碳氢键蕴藏着化学能，在氧化过程中碳氢键断裂，生成 CO$_2$ 和 H$_2$O，同时释放能量，在所有的活细胞中，能量被暂时储存在腺苷三磷酸（ATP）的高能磷酸键中。ATP 是细胞内最重要且最通用的活化载体。ATP 最外端的两个磷酸基由高能磷酸键与 ATP 分子其余部分连接在一起且易于转移，水可以加至 ATP 末端以形成 ADP 和无机磷（Pi），当有需要时，ATP 便会水解，高能磷酸键断裂并释放能量，再生成的 ADP 可进一步用于另一轮形成 ATP 的磷酸反应中。所以 ATP 分子是细胞的能量"通货"（图 2-17）。由此可见，能量的释放、转运和利用同样是通过可溶性小分子实现的。

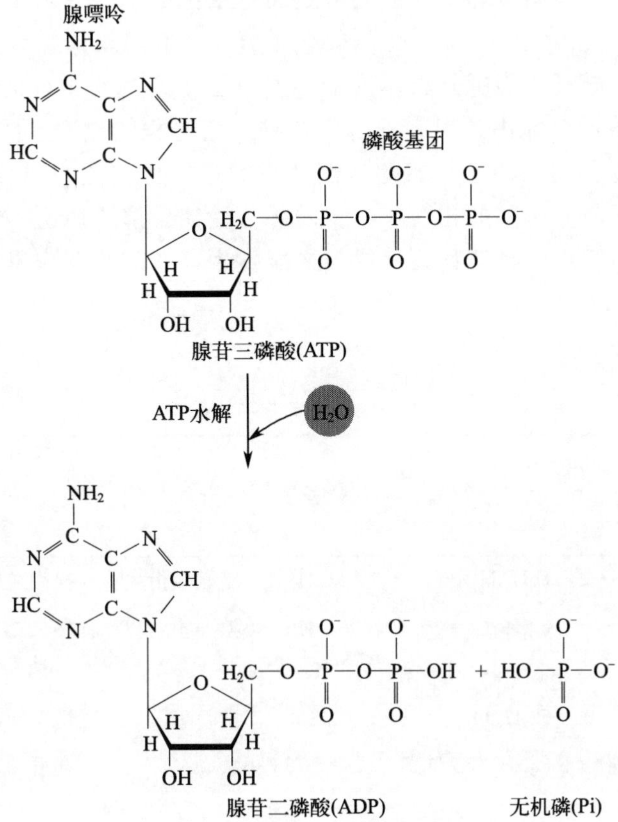

图 2-17　ATP 水解释放能量

（三）信号分子——细胞交流的"语言"

细胞是存储、复制和传递遗传信息的系统，并利用数以百计的细胞外分子相互递送信号，这些信号分子有蛋白质、肽、氨基酸、核苷酸、类固醇等。靶细胞表面具有受体，受体是指由一个或数个亚基组成的蛋白分子，可以特异性识别和响应信号分子（表 2-2）。信号分子是细胞之间交流的"语言"。例如，一个酵母细胞行将结合时，就会分泌一种叫做交配因子的小分子蛋白，其他"异性"酵母检测到这种分子并产生反应同时朝向释放信号的细胞移动。在内外环境信息的获取和传递过程中，信息以分子形式产生和传递，最后的接受也是信号分子与受体分子相互作用的过程，由于生命系统在分子水平的精密控制，信号在多种分子之间得以对应传递。一切生命现象都依赖于新陈代谢的正常运转，为了使错综复杂的代谢反应能按一定的规律有条不紊地进行，生物体需要通过信号分子来调控代谢的平衡。代谢调节主要分为整体水平上的调节和细胞水平上的调节。其中整体水平上的调节又分为神经调节和体液调节。神经调节是指在中枢神经系统的控制下，通过神经纤维及神经递质对靶细胞直接产生影响。神经调节信息传递的方式分为两种：一种是以局部电流的方式在神经纤维上进行双向传导，另一种是以分子信号（神经递质）

的形式在神经细胞间单向传递；体液调节是通过某些激素的分泌来调节相应细胞的代谢及功能。激素是一类由细胞合成并分泌的化学分子，它随血液循环分布于全身，作用于靶组织或靶细胞。激素作为胞外配体分子必须通过与细胞膜表面受体结合，然后将位于胞外的信号分子传递至胞内，引起细胞内各种代谢过程的改变（图 2-18）；细胞水平上的调节是指对底物、辅助因子、酶的活性及膜的选择透过性的调节，但无论哪种调节，究其根源都是分子与分子间的相互作用。以酶、受体、离子通道、各种神经系统及其释放的神经介质等为靶点，将药物设计成与之能发生分子间相互作用的生物活性分子，便可实现药物调控。

表 2-2　信号分子的类型

信号分子类型	名称	分子式	分子量	化学特性	作用
激素	肾上腺素	$C_9H_{13}NO_3$	183.21	酪氨酸衍生物	提高血压、心率，增强代谢
	皮质醇	$C_{21}H_{30}O_5$	362.47	类固醇	在大多数组织中影响蛋白质、糖类、脂类的代谢
	雌二醇	$C_{18}H_{24}O_2$	272.38	类固醇	诱导和保持雌性副性征
	胰高血糖素	$C_{153}H_{225}N_{43}O_{49}S$	3482.75	肽	在肝、脂肪细胞内刺激葡萄糖合成、糖原分解、脂分解
	胰岛素	$C_{256}H_{381}N_{65}O_{76}S_6$	5777.59	蛋白质	由胰岛 B 细胞分泌，刺激肝细胞等进行葡萄糖的吸收及蛋白质和脂类的合成
	睾酮	$C_{19}H_{28}O_2$	288.42	类固醇	诱导和保持雄性副性征
	甲状腺素	$C_{15}H_{11}O_4I_4N$	776.93	酪氨酸衍生物	刺激多种类型细胞的代谢
局部介质	表皮生长因子（EGF）	$C_{257}H_{381}N_{73}O_{83}S_7$	6045	蛋白质	刺激表皮和多种其他类型细胞的增殖
	组胺	$C_5H_9N_3$	111.14	组氨酸衍生物	引起血管扩张渗漏，引起炎症
	一氧化氮	NO	30	溶解气体	引起平滑肌松弛，调节神经细胞的活性
神经递质	乙酰胆碱	$C_7H_{17}NO_3$	163.2	胆碱衍生物	在许多神经肌肉突触和中央神经系统产生兴奋的神经递质
	γ-氨基丁酸（GABA）	$C_4H_9NO_2$	103.1	谷氨酸衍生物	在中央神经系统抑制神经递质

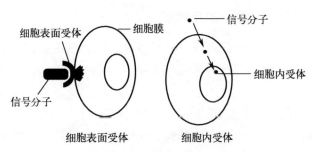

图 2-18 信号分子在神经间隙的传导

（四）分子间相互作用承载生命运动

人体的各项生命活动都是生物活性分子之间有组织的物理、化学反应的表现。例如，神经支配骨骼肌的运动，是由肌膜的电变化导致了以肌丝滑行为基础的收缩，而这一系列过程的每个环节都基于分子间的相互作用。神经信号的传导首先建立在细胞生物电现象的基础上，细胞处于安静状态时，细胞膜内外存在恒定电位差。细胞活动时，细胞膜内外 K^+ 和 Na^+ 的浓度变化使电位发生波动就产生了动作电位并向周围开始扩散。当神经冲动传至神经末梢处，该处细胞膜动作电位发生去极化，使神经末梢的 Ca^{2+} 通道开放，引起 Ca^{2+} 内流。在 Ca^{2+} 作用下，突触前膜向间隙释放足够的乙酰胆碱 [ACh，化学式为 $CH_3COOCH_2CH_2 N(CH_3)_3$]。ACh 分子扩散到终板膜表面立即与该膜上的 N 型 Ach 受体结合。结合后，离子通道开放，使终板膜对 K^+、Na^+、Cl^- 通透性增加，造成终板去极化，形成终板电位即局部兴奋，并以电紧张方式引发肌膜动作电位，并迅速传向肌细胞深处，到达三联管和肌节附近，Ca^{2+} 与肌钙蛋白结合，肌钙蛋白的构型改变最终导致肌细胞收缩。ACh 在完成传递后，即被终板膜上的胆碱酯酶水解而失活或重吸收，以等待下一个神经冲动的到来。由此可见，生理机能的实现依赖于分子间的相互作用（图 2-19）。

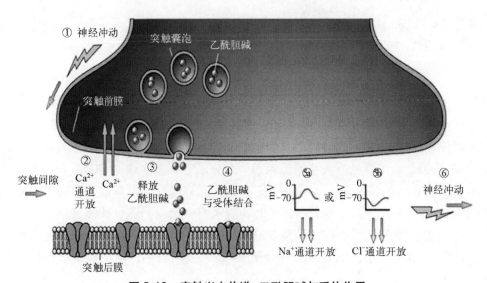

图 2-19 突触兴奋传递：乙酰胆碱与受体作用

（五）细胞的自我复制——分子的自组装

细胞增殖是生命活动的重要特征之一，其通过分子机制精确控制四类基本小分子组装而完成。在细胞分裂之前，必须进行各种必要的物质准备，其中最重要的就是 DNA 分子的复制和蛋白质分子的合成。

DNA 是遗传信息的载体，复制开始时，DNA 分子首先在解旋酶的作用下解旋，然后，在 DNA 聚合酶的作用下，分别以每单链 DNA 分子为模板，以周围环境中的四种脱氧核苷酸（dNTP）分子为原料，聚合出两条与亲代 DNA 分子完全相同的子代 DNA 分子，并分配到两个子细胞中去，由此可见 DNA 复制是游离的 dNTP 分子碱基互补配对的过程（图 2-20）。

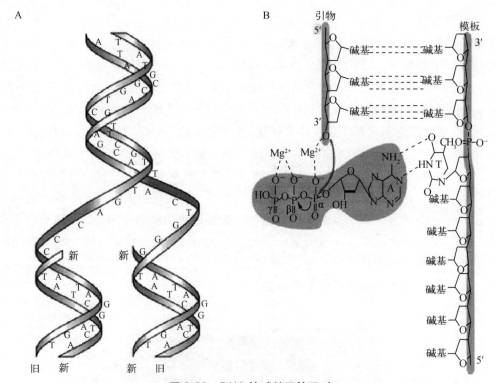

图 2-20　DNA 的碱基互补配对

蛋白质是细胞生命活动的主要承担者，核酸是生命体中合成每个蛋白分子的指令中心，对 DNA 遗传效应片段的转录是核酸分子通过碱基互补配对形成信使 RNA（mRNA）的过程，mRNA 携带着遗传信息进入核糖体内部一个分子组装流水线，mRNA 上的密码子和转运 RNA（tRNA）上的反密码子进行分子间的碱基互补配对，氨基酸分子被 tRNA 从细胞的其他部分搬运过来，并发生氨基酸分子间的脱水缩合反应，通过肽键可结合成几百个分子的链条，即蛋白质的一级结构，当链条组装完成后，蛋白链经过反复地盘绕曲折，卷成精细的形状，形成不同层次的高级结构（图 2-21）。由此可见，整个翻译过程都是由分子间的相互作用承载的。

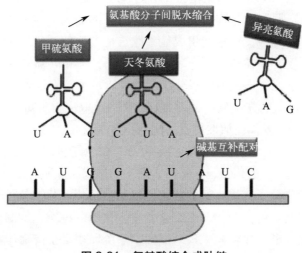

图 2-21　氨基酸缩合成肽链

（六）基于分子相互作用的药效学原理

药物是一类具有生物活性的分子，其分子化学结构与活性有密切的构效关系，药物在体内同样要经历吸收、分布、代谢、排泄的过程，药物以分子形式溶解并被跨膜转运吸收是产生药效的前提。Amidon 等在 1995 年提出根据药物的溶解性和膜通透性将药物分为 4 个群组（图 2-22）。Lipinski 又进一步归纳了"类药五规则"（rule of 5）预言了分子吸收及透膜性的规则：①氢键给体（连接在 N 和 O 上的氢原子数）数目小于 5；②氢键受体（N 和 O 的数目）数目小于 10；③分子量小于 500；④脂水分配系数小于 5。

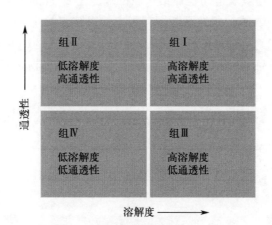

图 2-22　根据药物的溶解性和膜通透性将药物分为 4 个群组

"类药五规则"揭示了分子的溶解性和透膜性是影响药效的关键因素。这两个理论已经被广泛用于活性分子的初筛，是最为简单的药代动力学特征评估原则。水溶性差或者分子量大的药物因为无法以小分子形式溶出，不能透过胃肠道的生物膜，也就无法发挥药效，所以很难制成传统的口服制剂，而对静脉注射剂的影响更大，容易形成沉淀继而引发稳定性问题等。在药剂学研究中，通常利用成盐来改进化合物的理化性质，主要是用来增加溶解度以提高生物利用度，如盐酸多西环素、酒石酸布托啡诺、琥珀酸索利那新等。而透膜性差的药物分子，由于无法通过磷脂双分子层的屏障，也就无法到达治疗的靶点。

药物溶剂是产生药效的先决条件，而药效的优劣还取决于药物分子和靶标的相互作用。随着分子药理学的发展，以体内活性物质的配体和自体调节控制过程的每一个环节中参与反应的活性物质分子作为药物设计的靶点，分析其作用的分子机制，成为发现先导化合物的源头，以此为基础所发展起来的药物包括酶抑制剂、受体调控剂和离子通道调控剂等类药物。

1. 酶为靶标的药物分子作用 新陈代谢需要酶的催化，药物分子可与酶发生分子结合并对其产生激活或抑制作用。例如，血管紧张素转化酶（ACE）抑制剂卡托普利、依那普利等，可通过作用于肾素 – 血管紧张素 – 醛固酮系统而用于抗高血压治疗中，其具体机制为药物分子抑制转化酶，从而抑制体循环及局部组织中血管紧张素 I（Ang I）向血管紧张素 II（Ang II）的转化，使 Ang II 含量降低，从而减弱 Ang II 收缩血管作用；ACE 抑制剂对缓激肽分子的作用，通过抑制缓激肽降解而扩张血管。

2. 受体为靶标的分子药物设计 分子对接的最初思想起源于 19 世纪 Fisher 提出的受体学说。Fisher 认为，药物与体内的蛋白质大分子即受体会发生类似钥匙与锁的识别关系，称为"锁钥模型"，这种识别关系主要依赖于两者空间结构的匹配。受体学说从分子水平上阐明了药物分子结构与药效之间的关系。以受体为靶点，特别是针对许多受体亚型，可分别设计受体的激动剂和拮抗剂，其中 G 蛋白偶联受体则是药物设计的重要靶点。体内组胺（histamine）有多种生物活性，组胺的受体有 H_1、H_2 等亚型，与组胺结合后可产生不同的生理活性。从组胺的分子结构出发，保留乙胺链并对咪唑部分进行改造，设计出 H_1 受体拮抗剂，如苯海拉明，其分子具有能与受体结合但没有内在活性的较大头部，并包含可以与受体结合的带有氨基的侧链，能竞争性阻断靶细胞上的组胺与 H_1 受体结合，从而产生拮抗组胺的作用。组胺作用于 H_2 受体时，可刺激胃酸的分泌。通过研究 H_2 受体的功能和组胺的结构，对组胺分子进行化学修饰，研制出了 H_2 受体拮抗类抗溃疡药物如西咪替丁（图 2-23）。

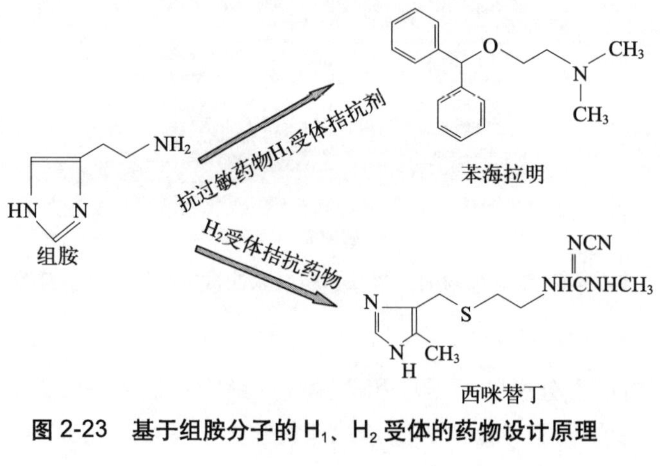

图 2-23　基于组胺分子的 H_1、H_2 受体的药物设计原理

3. 离子通道为靶标的药物分子作用　离子通道存在于机体的各种组织中，参与调节多种生理功能，成为药物作用的重要靶点之一。以离子通道为靶点，则可分别设计 Na^+、K^+ 和 Ca^{2+} 通道的激活剂（开放剂）或阻断剂（拮抗剂）。例如，Ca^{2+} 在心血管系统兴奋收缩偶联过程中扮演了细胞信使的角色，能够连接细胞内外的兴奋效应。维拉帕米即一种 Ca^{2+} 通道拮抗剂。Ca^{2+} 拮抗剂并不是简单地"塞住孔口"，也不是阻断 Ca^{2+} 通道，而是在分子水平通过连接在位于 L 通道的 $\alpha 1$ 亚单位内的特异性受体而发挥作用。

4. 基因为靶标的药物分子作用　以基因为靶标的药物分子也遵循着分子间相互作用的原理。根据目前临床上使用的抗肿瘤药物的作用机制，可以大致将其分为三类：①直接作用于 DNA，破坏其结构的药物；②干扰 DNA 合成的药物；③抗有丝分裂的药物。例如，阿霉素类药物结构中的蒽醌可嵌合到 DNA 的 G—C 碱基对层之间，且每 19 个碱基对可嵌入 2 个蒽醌环，将 DNA 结构破坏而最终达到抗肿瘤的目的。由于这种嵌入作用使碱基之间的距离由原来的 3.4Å（$1 Å =0.1nm$）增至 19.8Å，阻碍了碱基之间氢键的形成，减弱了其分子间作用力，从而引起 DNA 的裂解（图 2-24）。

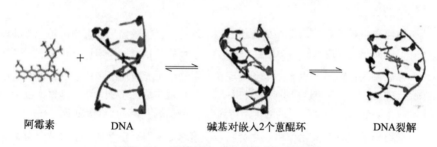

阿霉素　　　DNA　　　碱基对嵌入2个蒽醌环　　　DNA裂解

图 2-24　阿霉素与 DNA 的分子间作用

（七）基于分子相互作用的化学毒理学原理

毒理学（toxicology）是研究所有外源因素（如化学、物理和生物因素）对生物系统的损害作用、生物学机制、安全性评价与危险性分析的科学。外源化学物是人类生活的外界环境中存在、可能与机体接触并进入机体、在体内呈现一定生物学作用的化学物质，如药物、杀虫剂、除莠剂、植物毒素、动物毒素、重金属、化学武器等。毒性作用是化学小分子与机体大分子间的相互作用（表 2-3），根据毒物在分子水平上的作用方式，可将毒物分成两种类型，即非特异性结构毒物和特异性结构毒物。非特异性结构毒物的毒性作用与化学结构类型的关系较少，主要受毒物理化性质的影响。例如，致昏迷的毒物，从其化学结构上看，有气体、低分子量的卤烃、醇、醚、烯烃等，其作用主要受毒物的脂水（气）分配系数的影响。特异性结构毒物发挥毒性的本质是毒物小分子与受体生物大分子通过各种化学键或分子间作用力产生有效结合，这包括两者在立体空间上互补以及在电荷分布上相匹配，进而引起受体生物大分子构象的改变，触发机体微环境产生与毒效相关的一系列生物化学反应（表 2-3）。LD_{50}（半数致死量）是毒性评价的重要指标，无论是经口服还是静脉注射的评价，毒物或者药物必须首先充分溶解，因为只有溶解分散成分子才能被吸收，进而发挥效能，否则即便毒性很强，不溶解就会以原形排出，测得口服中毒剂量也可能虚高；而注射后如果药物析出则可能在组织部位沉积表现出慢性毒性，毒性评价过程中若出现上述情况，则其评价方法是不科学的，且其评价结果是不真实的。所以评价药物 / 毒物的毒性应以溶解的分子态浓度 / 数量为前提。

表 2-3　毒物与靶分子的常见反应类型

反应类型	特点	举例
非共价结合	通过非极性交互作用或氢键与离子键的形成，这种结合键能相对低，通常是可逆的	毒物与膜受体、细胞内受体、离子通道和酶等靶分子的交互作用，如四氨二苯并 -P- 二噁英（TCDD）与芳香烃受体的结合、蛤蚌毒素与 Na^+ 通道的结合等
共价结合	毒物与机体的一些重要的大分子发生共价结合，从而改变核酸、蛋白质、酶、膜脂质等分子的化学结构与其生物学功能。共价结合也称不可逆结合	有机磷类毒物沙林（sarin）可选择性抑制胆碱酯酶分子活性，使乙酰胆碱在体内蓄积，引起胆碱能神经系统功能紊乱（图 2-25）
去氢反应	中性自由基迅速从内源性化合物去除氢原子，生成新的内源性自由基	巯基化合物脱氢形成巯自由基，是其他巯基氧化产物的前身：R-SH ⟷ R-S-S-R
电子转移	外源性化合物影响机体的电子传递功能，在电子传递过程中产生自由基，主要影响线粒体呼吸链的电子传递	毒物分子能将血红蛋白中的二价铁通过影响电子传递生成三价铁，形成高铁血红蛋白血症，影响携氧供能：血红蛋白 Fe^{2+} ⟷ 血红蛋白 Fe^{3+}
酶促反应	毒物分子本身有催化作用；化合物与靶蛋白作用后，使蛋白形成具有酶活性的分子	蓖麻毒素催化核糖体发生水解断裂，蛇毒含有破坏生物大分子的水解酶，可以降解机体正常组织细胞中的蛋白质

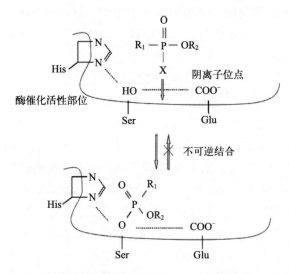

图 2-25　有机磷类毒物分子（沙林）与胆碱酯酶不可逆结合

第 3 节　自净系统与体系维稳

如前文所述，生命系统构建于小分子，并遵循着分子间相互作用的运转模式，物质只有处于溶解的分子状态才能参与新陈代谢。但是生命体同样会遭遇到非"分子态"的颗粒，如抗原、病毒、凋亡细胞、变性大分子等，这些异物一般在纳米至微米的尺度之下，但这些颗粒并未产生毒性，这是因为机体存在着"自净系统"。这些有机颗粒被细胞吞噬后可降解并被分子化，或经肾脏排出，保证内环境的稳态；或经生物转化，用于其他物质的合成。但是如果不可降解的颗粒侵入到生命系统，"自净系统"也会鞭长莫及，而引发后续的毒性反应。

（一）内源纳米粒：抗原、病毒、凋亡细胞及变性大分子的分子化

免疫系统是机体保护自身的防御性结构，其具有三方面的基本功能。①免疫防御功能：能够识别和清除进入机体的抗原，包括病原微生物、异体细胞和异体大分子。其中细胞吞噬是机体对异物的防御性反应之一，吞噬细胞具有摄入和降解颗粒性物质的能力，这些颗粒性吞噬对象主要为进入细胞内的致病物，如病毒、细菌、原虫、坏死细胞和细胞碎片、尘埃粒子、变性大分子等。有些粒子被细胞吞噬后可被破坏或降解，如细菌、蛋白、脂质体等。经过水解和氧化等过程被降解的粒子的产物可被释放入血，经血液运输到肾脏排出。有些可在血液中继续被代谢，或用于其他物质的合成，或被氧化分解为二氧化碳和水排出（图 2-26）。②免疫自稳功能：识别和清除体内衰老死亡的细胞，维持内环境的稳定。③免疫监视功能：识别和清除体内表面抗原发生变异的细胞，包括肿瘤细胞和病毒感染的细胞，防止肿瘤的发生。吞噬细胞在免疫三大功能中发挥了重要作用，除具有吞噬消化异物功能外，还有杀伤肿瘤细胞、抗原加工与呈递、调节免疫应答和介导炎症反应等功能。吞噬细胞从形态上可分为大吞噬细胞和小吞噬细胞两类。大吞噬细胞包括单核细胞和巨噬细胞。小吞噬细胞由中性粒细胞和嗜酸性粒细胞组成，以中性粒细胞为主。

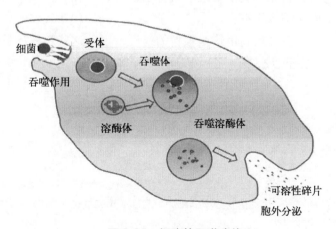

图 2-26　细胞的吞噬功能

1. 中性粒细胞的清除机制　　中性粒细胞的典型直径为 $8 \sim 19\mu m$，发现和吞噬细菌是其主要功能。它们也能识别异物粒子并被异物粒子所激活，形成破坏细菌及其附近组织细胞膜的细胞毒。由于中性粒细胞内含有大量溶酶体酶，因此能将吞入细胞内的细菌和组织碎片分解，这样，入侵的细菌被包围在一个局部并消灭，有效防止了病原微生物在体内的扩散。中性粒细胞在杀死吞噬的细菌等异物后，本身也会死亡，中性粒细胞本身解体时，释出的各溶酶体酶类能溶解周围组织而形成脓肿。

2. 单核细胞的清除机制　　单核细胞的直径为 $14 \sim 20\mu m$，是血液中最大的细胞，占白细胞总数的 3%～8%，呈圆形或卵圆形，目前认为它是巨噬细胞的前身，具有明显的变形运动，能吞噬和清除受伤、衰老的细胞及其碎片。与其他血细胞比较，单核细胞内含有更多的非特异性脂酶，并且具有更强的吞噬作用。

3. 巨噬细胞的清除机制　　巨噬细胞在正常情况下没有活性，它在接触凋亡细胞或异物粒子时才被激活。激活的巨噬细胞体积加大，溶酶体增多，吞噬和消化能力也增强。当遇到膜受体与抗原相互作用识别异物粒子时，吞噬细胞的胞膜伸出伪足，将粒子包围。包围异物粒子的细胞膜相互接触并相互融合，将被吞噬的粒子带入细胞内，被吞噬的物质仍被细胞膜所包被，称为吞噬小泡或吞噬体。这种吞噬体与细胞内溶酶体融合，形成吞噬溶酶体。在吞噬溶酶体内，溶酶体酶对被吞噬的物质如细菌或变性蛋白发生降解作用。巨噬细胞有很强的吞噬杀伤能力，可非特异性吞噬、杀伤多种病原微生物，是机体非特异性免疫防御中的重要细胞。巨噬细胞也能清除体内衰老损伤细胞，参与免疫自稳作用。巨噬细胞还参与激活淋巴细胞的特异免疫功能。此外，它还具有识别和杀伤肿瘤细胞的作用。

（二）生命系统的"不速之客"

我们已经了解，一些内源性颗粒如凋亡细胞、癌变细胞等能被吞噬细胞降解分子化，但前提是这些颗粒本身具备可降解性，但当人体遭遇到如金属、石棉、防晒霜中的二氧化钛、纳米药物惰性载体等几类不可降解的"非法入侵者"时，生命体的"自净系统"就鞭长莫及了，这些大颗粒异物一旦进入血液或组织，除了肺部纤维上皮的波浪运动，人体系统没有一种相应的机制能将其以物理形式排出体外。存在于组织中的粒子虽然可被吞噬细胞吞噬，但其组成和结构不符合机体"分子工厂"处理代谢底物的要求，被吞噬后亦不能被破坏降解，更不存在直接利用这些颗粒的途径，因此这些颗粒一旦侵入生物体将会在体内长期驻留，而这势必会引发一些问题。

参 考 文 献

常丽君, 2015. 合成生物膜能像活细胞一样生长. 科技日报.

程旺元, 余光辉, 陈雁, 2009. 红细胞膜通透性实验及分析. 实验科学与技术, (5): 39-41.

韩明友, 2008. 生命的信息本质与生物进化机制的哲学探索. 长春: 吉林大学.

尹邵林, 2015. 从分子复制到细胞复制: 生命起源过程中第一次重大转变的计算机模拟. 武汉: 武汉大学.

赵自明, 2016. 生命起源——从活性生物分子到细胞. 北京: 第二届国际抑郁共病暨第十二届中国中西医结合基础理论学术研讨会.

Alberts B, Bray D, Lewis J, et al, 1994. Molecular Biology of the Cell. 3rd Ed. New York: Garland Publishing.

Baraba AL, Oltvai ZN, 2004. Network biology: understanding the cell's functional organization. Nat Rev Genet, 5: 101-113.

Bechtel W, Abrahamsen A, 2005. Explanation: a mechanist alternative. Stud Hist Philos Biol Biomed Sci, 36: 421-441.

Bradshaw RA, Dennis EA, 2009. In: Brad shaw R A, Dennis E A. Handbook of Cell Signaling. 2nd ed. San Diego CA: Elsevier Academic Press.

Brown TA, 1999. Genomes. Oxford: BIOS Scientific Publishers.

Chau AH, Walter JM, Gerardin J, et al, 2012. Designing synthetic regulatory networks capable of self-organizing cell polarization. Cell, 151: 320-332.

Eddy JA, Funk CC, Price ND, 2015. Fostering synergy between cell biology and systems biology. Trends in Cell Biology, 25(8): 440-445.

Freifelder DM, 1997. Molecular Biology. 2nd ed. Boskon, MA: Jones and Bartlett.

Gnad F, Gunawardena J, Phosida MM, 2011. PHOSIDA 2011:the posttranslational modification database. Nucleic Acids Research, 39(suppl 1): D253-D260.

Harding CV, Heuser JE, Stahl P, 2013. Exosomes: looking back three decades and into the future. Journal of Cell Biology, 200: 367-371.

Jerby Arnon L, Pfetzer N, Waldman YY, et al, 2014. Predicting cancer-specific vulnerability via data-driven detection of synthetic lethality. Cell, 158: 1199-1209.

Lewin B, 2000. Genes VII. Oxford: Oxford University Press.

Lodish H, Berk A, Lawrence S, 2000. Molecular Cell Biology. 4th ed. New Yord: W.H. Freeman.

Monk J, Nogales J, Palsson BO, 2014. Optimizing genome-scale network reconstructions. Nat Biotechnol, 32: 447-452.

Qiao L, Wang D, Zuo L, et al, 2011. Localized surface plasmon resonance enhanced organic solar cell with gold nanospheres. Applied Energy, 88(3):848-852.

Rensberger B, 陈俊学, 1981. 生命的火花. 世界科学, (8): 20-23.

Twyma RM, 1998. Advanced molecular biology: a concise reference. Advanced Molecular Biology A Concise Reference.

Voet D, Voet JG.1995. Bioche mistry, 2nd ed. New York: Wiley.

Werner SL, 2005. Stimulus specificity of gene expression programs determined by temporal control of IKK activity. Science, 309(5742): 1857-1861.

第 3 章

分子与纳米颗粒

物质的结构决定其性质和功能。以常见的碳元素为例，石墨软而光滑，金刚石硬而坚，碳纤维柔而韧，虽然组成它们的原子相同，但原子排列方式不同、结构不同，其性质大相径庭。

第 1 节　分子和纳米颗粒（物理学角度）

（一）分子

1. 分子的定义　分子的概念最早由意大利科学家阿莫迪欧·阿伏伽德罗提出，他认为：原子是参加化学反应的最小质点，分子则是在游离状态下单质或化合物能够独立存在的最小质点。分子由原子构成，单质分子由相同元素的原子构成，化合物分子则是由不同元素的原子构成。化学变化的实质就是不同物质的分子中各种原子进行重新结合。

广义地讲，分子是指能单独存在，并保持纯物质化学性质的最小粒子。分子由原子构成，原子可通过一定的作用力，以一定的次序和排列方式结合成分子。

2. 分子的性质　分子是构成物质的微小单元，它是能够独立存在并保持物质原有一切化学性质的最小颗粒。分子具有以下特性：①分子之间有空隙和间隔；②分子在不停地做无规则的热运动；③分子由原子构成；④分子具有一定的体积和质量；⑤同种物质的分子性质相同，不同种物质的分子性质不同。

分子结构涉及原子在空间中的位置，用来描述分子中原子的三维排列方式。分子结构在很大程度上影响着化学物质的反应性、极性、相态、颜色、磁性和生物活性。分子结构与原子相互键合形成的化学键性质有关，包括键长、键角以及相邻三个键之间的二面角等（图 3-1）。分子有六种基本形状类型，如线型、平面三角形、四面体、八面体等，更复杂的有三角棱形、五角平面、四角锥反角柱等。分子结构一般通过光谱学数据解析而确定。目前，用于测定分子大小的方法很多，如油膜法、气体吸附法和计算机模拟法等。不同方法测得的分子直径不完全一致。小分子（氨基酸、氧气等）的粒径一般小于 1nm，如氢分子的粒径为 0.23nm，水分子的粒径约为 0.4nm；而蛋白质、核酸等大分子的粒径则可达到 100nm。分子的存在形式可为气态、液态或固态。分子所处的状态（固态、液态、气态、溶解、吸附）不同，分子的精确尺寸和运动方式也不同（表 3-1）。

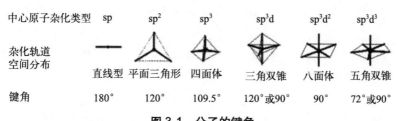

图 3-1　分子的键角

表 3-1　常见吸附质的运动分子直径

类型	氮	氧	二氧化碳	甲醇	乙醇	乙酸戊酯	维生素 B_2	β-环糊精
直径 (nm)	0.36	0.34	0.33	0.43	0.51	0.73	$1298 \times 1.076 \times 0.205$	$1.29 \times 0.79 \times 0.49$

3. 分子间的相互作用　是指基团或分子间除去共价键、离子键和金属键外一切相互作用力的总称。分子之间可通过范德华力、静电吸引、氢键、配位键等次级键及其本身亲水/疏水性相互作用。范德华力在分子间广泛存在，根据其来源又可分为色散力、诱导力及取向力。极性分子与极性分子之间，取向力、诱导力及色散力都存在；极性分子与非极性分子之间，则存在着诱导力和色散力；非极性分子之间只存在色散力。

分子量相同的碳氢化合物中，分子形状类似球形的，分子之间接触面比较小，色散力则较弱；而分子呈线性的，分子之间的接触面大，色散力则较强。

分子之间的极性键（包括氢键）作用力与色散力都是源于正电荷和负电荷之间的吸引，而且都只在短距离范围（3 ～ 5 个氢原子长度）内起作用。极性键之间的作用力和色散力虽然都是电荷之间的作用力，它们之间却有很大差别。极性键中电荷是持续存在的，位置也是相对固定的，因此极性键之间的作用是"持续"和"定点"的，作用方式基本上是点对点。而色散力是随时变化的，电荷没有固定的位置，可以"平均"为分子之间的大范围相互作用，无法精确定位，作用方式是面对面，或者分子的整体对整体。在强度上，极性键之间的相互作用一般比色散力要强得多，除非极性分子很大，接触面也很大。这两种作用方式不同的电荷作用力彼此配合，在细胞和生物大分子结构的形成上起着关键的作用。

（二）纳米颗粒

1. 纳米颗粒的定义　纳米颗粒通常是颗粒的三维尺度至少有一个维度的尺寸小于 100nm 的粒子，它是大量分子的聚集体。纳米颗粒是物质的一种聚集形态，而非物质的一个特殊类型。就其大小而论，纳米颗粒处在原子簇和宏观物体之间的过渡区，它既不是典型的微观系统，也不是典型的宏观系统，而是介于二者之间的典型的介观系统（mesoscopic system），它具有一系列新颖的物理化学性质。纳米颗粒可以制备成各种形状，包括球状、管状、纤维状、环形及平板状等，其存在形式可以是乳胶体、聚合物、陶瓷颗粒、金属颗粒和碳颗粒等。

根据化学组成和理化特性，可将纳米颗粒分为以下四大类。

（1）金属与半导体的纳米颗粒。当金属与半导体的颗粒尺寸减小到纳米级时会出现"量子尺寸效应"。金属颗粒的能级从准连续能级变为离散能级，最后达到类似分子轨道的能级。这时，它们的电学、磁学、光学性质都会发生突变。不同物质有不同的尺寸临界值。这类物质是物理学家研究的对象。

（2）Al_2O_3、MgO、ZnO、SiO_2 等绝缘体。它们的纳米颗粒早已被人们研究（如催化剂、陶瓷材料等），在一般情况下并不呈现特殊的电学性能，尚未观测到"量子尺寸效应"。

（3）合成大分子。如冠醚化合物、树型化合物、多环化合物、超分子化合物、富勒烯等，它们的分子尺寸可达几纳米，甚至几十纳米。一些具有生物活性的大分子也可以归入此类。这些化合物的电子能级一般都表现出分子轨道能级的特点，有时会出现离子导电。它们的导电性质与颗粒尺寸的关系不明显，与金属纳米颗粒的性质有很大的差别。但是，当这一类大分子化合物的分子结构达到一定尺寸和复杂程度时，会出现一些特殊性质，如自修复、自组合等，从而形成更复杂的结构。

（4）多分子聚集体。小分子纳米粒，如脂质体、胶束、药物纳晶。

2. 纳米颗粒的性质　纳米颗粒具有尺寸小、比表面积大、表面能高、表面原子所占比例大等特点，从而具有特有的三大效应：表面效应、小尺寸效应和宏观量子隧道效应。

（1）表面效应：球形颗粒比表面积（表面积/体积）与直径成反比。随着颗粒直径变小，比表面积将会显著增大，此时表面原子所占的百分数将会显著增加。对直径大于 $0.1\mu m$ 的颗粒表面效应可忽略不计，当尺寸小于 $0.1\mu m$ 时，其表面原子百分数急剧增长，甚至 $1g$ 超微颗粒表面积的总和可高达 $100m^2$，这时的表面效应将不容忽略（表 3-2）。

表 3-2　常见纳米材料的尺寸

类型	富勒烯	量子点	纳米晶	纳米粒	碳纳米管	介孔二氧化硅	陶瓷纳米粒	碳纳米粒	金属氧化物纳米粒	四氧化三铁纳米粒
直径（nm）	0.74	1～10	1～10	1～100	1～100	< 100	< 100	< 100	< 100	< 100

超微颗粒的表面与大块物体的表面十分不同，用高倍率电子显微镜对金超微颗粒（直径为 2nm）进行电视摄像，实时观察发现这些颗粒没有固定的形态，随着时间的变化会自动形成各种形状（如立方八面体、十面体、二十面体等），它既不同于一般固体，又不同于液体，是一种准固体。在电子显微镜的电子束照射下，其表面原子仿佛进入了"沸腾"状态，尺寸大于 10nm 后才看不到这种颗粒结构的不稳定性，此时微颗粒具有稳定的结构状态。

（2）小尺寸效应：随着颗粒尺寸的量变，在一定条件下会引起颗粒性质的质变。由于颗粒尺寸变小所引起的宏观物理性质的变化称为小尺寸效应（图 3-2）。对超微颗粒而言，尺寸变小，同时其比表面积亦显著增加，从而产生如下一系列特殊的物理学性质变化。

1）光学性质：所有的金属在超微颗粒状态都呈现为黑色。尺寸越小，颜色越黑，金属超微颗粒对光的反射率很低，通常可低于1%，大约几微米的厚度就能完全消光。例如，

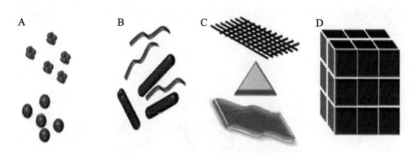

图 3-2 纳米颗粒小尺寸效应
A. 光学性质；B. 热学性质；C. 磁学性质；D. 力学性质

当黄金被细分到小于光波波长的尺寸时，即失去了原有的光泽而呈黑色。银白色的铂（白金）变成铂黑，金属铬变成铬黑。

2）热学性质：大尺寸固态物质其熔点是固定的，超细微化后却发现其熔点将显著降低，当颗粒小于 10nm 量级时尤为显著。例如，金的常规熔点为 1064℃，当颗粒尺寸减小到 2nm 时，熔点仅为 327℃ 左右；银的常规熔点约 962℃，而超微银颗粒的熔点可低于 100℃。

3）磁学性质：小尺寸的超微颗粒磁性与大块材料显著不同，大块的纯铁矫顽力约为 80A/m，而当颗粒尺寸减小到 200nm 以下时，其矫顽力可增加 1000 倍，若进一步减小其尺寸，大约小于 6nm 时，其矫顽力反而降低到 0，呈现出超顺磁性。

4）力学性质：陶瓷材料在通常情况下呈脆性，然而由纳米超微颗粒压制成的纳米陶瓷材料却具有良好的韧性。因为纳米材料具有大的比表面积，界面的原子排列相当混乱，其原子在外力的条件下很容易迁移，因此表现出甚佳的韧性与延展性，使陶瓷材料具有特殊的力学性质，例如氟化钙纳米材料在室温下可以大幅度弯曲而不断裂。

（3）宏观量子隧道效应：对介于原子、分子与大块固体之间的纳米颗粒而言，大块材料中连续的能带将分裂为分立的能级，能级间的间距随颗粒尺寸减小而增大。当热能、电场能或磁场能比平均的能级间距还小时，就会呈现一系列与宏观物体截然不同的反常特性，称为量子尺寸效应。例如，导电的金属在超微颗粒状态时可以变成绝缘体，比热会反常变化，光谱线亦会产生向短波长方向的移动，这就是量子尺寸效应的宏观表现。因此，纳米颗粒在低温条件下的存储与应用必须考虑量子效应，原有宏观规律已不再成立。

电子兼具粒子性和波动性，因此存在隧道效应。近年来，人们发现一些宏观物理量，如微颗粒的磁化强度、量子相关器件中的磁通量等亦显示出隧道效应，称为宏观量子隧道效应。

纳米尺寸的颗粒可以有几种不同的存在状态。在不同状态下的纳米颗粒，它们的界面情况和相互作用都是不同的。这些纳米颗粒之间可能因一定的相互作用而团聚，但是它们必须是单独存在才能显示出纳米尺寸的特性。如果它们以致密的形式团聚或被压实在一起，那就失去了纳米颗粒的特性，其性质就与体相物质相同了。实际上，许多体相物质也是由众多颗粒，包括一些纳米尺寸的颗粒组成的，不过这些颗粒致密地被压实在一起，因而不能表现出纳米物质的特性（图 3-3，表 3-3）。

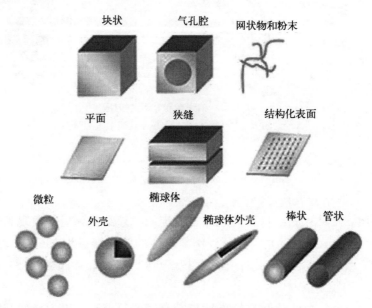

图 3-3　相同材料的不同形状和尺寸

表 3-3　一些纳米材料的尺寸

纳米材料	尺寸（nm）	材料
纳米晶和纳米束	1～10	金属、半导体、磁性材料
其他纳米晶体	1～100	陶瓷氧化物
纳米丝	1～100	金属、半导体、氧化物、氮化物
纳米管	1～100	碳、层状金属硫化物
纳米多孔固体	1～100	沸石、磷酸钠
二维纳米粒子	多种纳米至微米（平方）	金属、半导体、磁性材料
表面和薄膜	1～1000	多种材料
超晶格	多种	金属、半导体、磁性材料

3. 纳米颗粒间的相互作用　　无论处于何种状态（液态、粉末态或气态），纳米颗粒在颗粒间的吸附力作用下都有发生聚集的趋势。聚集状态取决于颗粒的大小、化学组成和表面电荷等因素。吸附力则来源于粒子间的氢键、静电作用产生的吸附、疏水作用、量子隧道效应、电荷转移，以及界面原子的局部耦合和巨大的比表面积产生的吸附。以上吸附力的共同作用是纳米颗粒团聚的内在因素。例如，碳纳米管极易在范德华力作用下团聚，其

在气相反应中合成之后便能立即形成复杂的绳状或束状聚合物。纳米颗粒具有很大的比表面积，其原子几乎全部集中到颗粒的表面，处于高度活化状态，导致表面原子配位数不足和高表面能，从而使这些原子极易与其他原子相结合而稳定下来。颗粒与溶剂的碰撞使得颗粒具有与周围颗粒相同的动能，因此小颗粒运动得快，纳米小颗粒在做布朗运动时彼此会经常碰撞到，由于吸引作用，它们会连接在一起，形成二次颗粒。二次颗粒较单一颗粒运动得速度慢，但仍有机会与其他颗粒发生碰撞，进而形成更大的团聚体，直至大到无法运动而沉降下来。同时，碳纳米管聚集很难在溶剂中分散，几乎在所有溶剂中都难以溶解和操作。纳米颗粒聚集导致其粒径测定时无法得到准确的单一分散颗粒，这一粒径特征使得其在进入动物体内时易形成管腔梗阻而引起毒性反应。

（三）分子与纳米颗粒的联系

1. 两者之间的区别与联系　气体或液体的某一特定组分中每个分子的质量、大小、外形、结构、化学性质等都一致，可以用单个分子来代表物质整体分子的特点。纳米颗粒是由大量的分子聚集而成的颗粒，其组成分子可能是一种或多种，聚集后的体积远大于小分子，化学反应活性主要体现在颗粒表面。同一纳米材料的各个粒子之间存在着较大的差异，它们的大小、外形各不相同，甚至每个粒子的微观结构也不相同，具有多样性和不确定性。与蛋白质、核酸等生物大分子相比，纳米颗粒是刚性结构，难以发生构象变化参与体内的分子识别与相互作用。此外，纳米颗粒表面分子的多样性也不及生物大分子，在机体内难以表现出与周围环境的特异性作用。

分子与纳米颗粒物质存在形式不同，在一定的条件下二者之间可相互转换，如金属纳米颗粒，在高温下真空中可以蒸发成分子形式。当物质在溶剂中未达到饱和时，是以分（离）子的形式分散存在，当溶剂过饱和时，物质则可以纳米颗粒和分子共存形式存在。例如，人体中的尿酸在正常人体液中是以分子形式分散存在，当外界环境或自身疾病时，尿酸在体液中过饱和，此时尿酸以分子和结晶粒子的形式集中在关节部位。难溶性药物紫杉醇在水中溶解度很低，其纳米晶主要以固态颗粒形式分散，当其以一定浓度分散在二氯甲烷中时，则可以分子的形式分散。

2. 分子与纳米颗粒的相互作用　分子与分子之间的作用力有氢键、范德华力等，由于分子的体积较小，一方面人们一般近似地把分子间的相互作用看作点与点之间的作用，不考虑分子的体积因素；另一方面，人们在考察宏观、微米尺度以上材料的相互作用时，由于分子间的作用相对不显著，通常忽略这些作用，而主要考虑体积效应。对纳米尺度的材料而言，既需要考虑材料的体积效应，又要考虑原子、分子间的相互作用。以下将对这些相互作用依次加以介绍。

（1）小分子的固体吸附：处在固体表面的原子，由于周围原子对它的作用力不对称，即表面原子所受的力不饱和，因而有剩余力场，可以吸附气体或液体分子。气体分子碰撞到固体表面上后发生吸附，按吸附分子与固体表面作用力的性质不同，可以把吸附分为化学吸附与物理吸附两类（表 3-4）。

表 3-4 化学吸附与物理吸附的比较

项目	化学吸附	物理吸附
吸附力	化学键力	范德华力
吸附热	较大，近于化学反应热	较小，近于液化热
选择性	有选择性	无选择性
吸附稳定性	比较稳定，不易解吸	不稳定，易解吸
分子层	单分子层	单或多分子层
吸附速率	较慢，温度升高则速度加快，需活化能	较快，不受温度影响，一般不需活化能

物理吸附实质上是一种物理作用，一般无选择性，在吸附过程中不发生电子转移、化学键的生成与破坏和原子重排等，吸附作用力主要为范德华力。一般来说，越是易于液化的气体越易于被吸附。吸附可以是单分子层也可以是多分子层。此外，此类吸附的吸附速率和解吸速率都很快，且一般不受温度的影响，也就是说此类吸附过程不需要活化能（即使需要也很少）。从以上各种现象不难看出这类吸附是物理作用，故又称作物理吸附。

化学吸附与化学反应相似，具有选择性，一些吸附剂只对某些气体才会发生吸附作用，可以看成是表面上的化学反应。气体分子与吸附表面的作用力和化合物中原子间的作用力相似，其吸附热的数值很大，与化学反应热差不多是同一个数量级。这类吸附总是单分子层的，且不易解吸。它的吸附与解吸速率较小，而且温度升高时吸附（和解吸）速率增加。像化学反应一样，这类吸附过程需要一定的活化能（当然也有少数需要很少甚至不需要活化能的化学吸附，其吸附和解吸速率也很快）。

（2）水中纳米颗粒的表面吸附：纳米颗粒在液态水中时，其表面可以与大量的水分子接触，亲水性或极性材质的表面很容易吸附水分子，使其催化活性位点被水分子占据而丧失活性。常见的介孔二氧化硅，其表面的极性硅羟基与水分子相互作用极强，溶液中数量上占绝对优势的水分子将贴满整个粒子表面，从而基本屏蔽了粒子的表面活性中心。金属纳米粒的极性表面也会形成液面层，屏蔽其高活性中心。非极性的纳米颗粒，如富勒烯、碳纳米管、活性碳纳米粒等，其非极性表面与水的相容性不好，在水中粒子之间易于靠疏水作用而聚集成为大的颗粒或团块。这些纳米颗粒表面在体液中停留时，体液中的蛋白分了的疏水中心将与纳米粒的表面结合，形成所谓的"蛋白冠"，从而屏蔽粒子表面的活性部位。

（3）蛋白质分子与纳米颗粒作用：蛋白质分子通过静电作用与荷电表面结合，通过疏水作用与疏水表面结合，通过氢键作用与亲水表面结合，从而吸附在纳米颗粒表面。Shemetov 等介绍了蛋白质分子与不同表面（荷电表面和疏水表面）的相互作用。

纳米颗粒的形态、晶体结构和表面化学性质等决定了其表面配体的空间排列（图 3-4），从而影响蛋白质分子与纳米颗粒的结合方式，进而影响蛋白质分子结构和功能，以及纳米颗粒 - 蛋白质冠的潜在毒性效应。胆盐（bile salt）和肺部表面活性剂（surfactant）能够

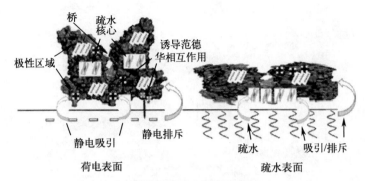

图 3-4　纳米颗粒空间排列

分别通过疏水作用力和在碳纳米管表面形成单层膜来增加多壁碳纳米管（MWCNT）的悬浮。牛血清白蛋白（bovine serum albumin, BSA）能够通过吸附于单壁碳纳米管（SWCNT）表面，增加碳纳米管之间的静电排斥力，从而降低 SWCNT 的团聚。

人血清白蛋白（HSA）能够吸附于 C_{60} 表面，形成保护层，阻止 C_{60} 的团聚。蛋清溶菌酶（egg white lysozyme）和 BSA 能有效分散 SWCNT，而木瓜蛋白酶（papain）和胃蛋白酶（pepsin）不能。通过圆二色谱分析，蛋清溶菌酶和 BSA 通过疏水作用力和碳纳米管结合，同时发生了结构变化。

纳米颗粒的表面极性会影响其与蛋白质分子的结合。Anand 等通过计算机模拟实验数据发现，与极性表面相比，纳米颗粒的非极性表面可以降低蛋白质分子中"硬"（hard）结构的能垒，增加蛋白质在纳米颗粒表面的吸附量，可见非极性表面的纳米颗粒更容易与蛋白质分子结合。纳米颗粒的表面电荷是影响其与蛋白质分子结合的另一重要特征。与表面不带电的颗粒相比，表面荷电的纳米金粒子与蛋白质的亲和力较大，且对蛋白质的吸附量也较大。不同表面电荷的纳米颗粒与蛋白质分子结合，表现出不同的动力学特征，表明不同表面电荷的纳米颗粒与蛋白质分子结合的方位不同。

此外，纳米颗粒的形态也会影响蛋白质在纳米颗粒表面的吸附（图 3-5）。较之球状纳米金粒子，蛋白质在杆状纳米金粒子的表面吸附密度要高。纳米颗粒的粒径及蛋白质分子的大小和形态会影响纳米颗粒与蛋白质分子的结合方式。De 等研究了绿色荧光蛋白（GFP，柱状，$3.0nm \times 4.0nm$，体积小于纳米颗粒）、牛血清白蛋白（BSA，三角棱形，$8.4nm \times 8.4nm \times 3.1nm$，与纳米颗粒大小相当）和酸性磷酸酶 A（Phos A，斜方晶型，$12.6nm \times 20.7nm \times 7.3nm$，体积大于纳米颗粒）三种不同形态和分子大小的蛋白质与纳米金粒子的结合。他们发现当蛋白质分子小于纳米颗粒时，一个纳米颗粒可以结合多个蛋白质分子；当蛋白质分子大于纳米颗粒时，一个蛋白质分子可以结合多个纳米颗粒；当蛋白质分子大小与纳米颗粒大小相近时，则出现团聚现象。Dordick 等发现纳米颗粒的尺寸对酶的固定结构有很大的影响，他们比较了粒径分别为 4nm、20nm、100nm 的二氧化硅纳米颗粒对固定化酶活性的影响，结果发现纳米颗粒直径越小，越不容易使酶变构。纳米颗粒的粒径越小，纳米颗粒表面的曲率越大，酶与纳米颗粒表面的接触面积就越小，就越不

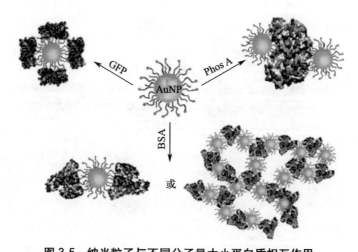

图 3-5　纳米粒子与不同分子量大小蛋白质相互作用
GFP，绿色荧光蛋白；BSA，牛血清白蛋白；Phos A，酸性磷酸酶 A；AuNP，金纳米颗粒

容易使酶变构失活。而纳米颗粒的直径较大时，纳米颗粒的表面变得平坦，与酶的接触位点增多，容易使酶变构失活。

　　金属氧化物纳米颗粒在食品添加剂、护肤产品等领域应用广泛，极易与生物大分子接触。Zhu 等研究了二氧化钛（TiO_2）颗粒对胃蛋白酶的吸附，胃蛋白酶在微米 TiO_2 颗粒上的吸附属于纯粹的物理吸附，但是胃蛋白酶在 TiO_2 上除了物理吸附外，其本身的二级结构也发生了变化，导致蛋白质的解构和失活。Imamura 等研究了 18 种常见蛋白质于不同 pH 条件下在钛表面的吸附，通过分析吸附等温线，总结出 3 种吸附类型：不可逆吸附、Langmuir 型可逆吸附，以及可逆 - 不可逆结合型。大多数蛋白质在 pH 3 ~ 8 范围内的吸附属于不可逆吸附，在 pH 8.5 ~ 9.4 范围内的是可逆吸附。Jiang 等利用傅里叶红外色谱（FTIR）研究了细菌表面生物大分子与 Al_2O_3、TiO_2 和 ZnO 等纳米颗粒的相互作用，结果发现细胞表面的脂多糖和脂膜酸能够通过氢键作用和配体交换结合到纳米颗粒表面，同时，纳米颗粒还能造成蛋白质和磷脂功能改变，这可能是造成纳米颗粒的抑菌作用的重要原因。ZnO 能够破坏磷脂的磷酸二酯键，形成磷酸单酯，这种磷脂分子结构的改变可能导致膜的破坏和渗漏，从而产生毒性作用。

　　总之，纳米颗粒与蛋白质分子结合是一个动态过程，其结合状态随时间而不断变化，最终亲和力较高的蛋白质分子与纳米颗粒结合，蛋白质分子可通过静电、疏水、氢键等作用与相应的表面结合。具有非极性表面的表面荷电、杆状的纳米颗粒更容易与蛋白质分子结合，带有不同表面电荷的纳米颗粒与蛋白质分子结合的方位不同，纳米颗粒的粒径与蛋白质分子的相对大小同样影响两者的结合方式。

　　（4）DNA 分子与纳米颗粒作用：DNA 分子的碱基中含有较多的芳香环，主要通过共轭作用直接与碳纳米管结合，在碳纳米管与 DNA 主要的小凹槽之间也存在较弱的相互作用。DNA 结合到碳纳米管上之后，本身的结构和性质也将发生变化，某些 DNA 寡核苷酸会由天然的右旋 B 构象转变为左旋的阳离子 Z 构象，吸附到带负电的碳纳米管上，并将碳纳米管屏蔽。DNA 和碳纳米管也可通过 DNA 残基与碳纳米管端口羧基的共价作用相连接。Guo 等利用稳定的酰胺键将 DNA 连接到碳纳米管上，整合至电子器件中，并连接到电路中，得到电阻可直接测定的复合物。

（5）生物膜与纳米颗粒作用：不同疏水性的纳米颗粒与细胞膜的相互作用特性不同。Li 等研究发现，疏水粒子可被吞入膜内，而半亲水粒子则吸附在膜表面。进一步研究带电粒子表面与膜的作用后发现，静电作用可以促进粒子将膜吸附于其表面，而增强粒子表面电性能使其几乎完全被细胞膜包裹。

有关纳米颗粒对生物膜结构的影响以及纳米颗粒的穿膜过程也有较多报道。Jing 等研究了置于石英基板上的脂双层膜与半疏水的纳米颗粒的相互作用。研究发现，当纳米颗粒浓度大于一个临界值时，纳米颗粒能够将生物膜吸附于其表面，在膜中形成孔状结构，从而破坏生物膜的结构。实验指出，该临界值与纳米颗粒的尺寸大小无关。在膜中形成的孔状结构的大小与纳米颗粒的大小及溶液中离子强度等因素有关。纳米颗粒越大则越能在膜中形成较大的空洞，而离子强度越大则纳米颗粒越易将膜吸附于表面。Ladner 等研究了带有孔的生物膜与不同材料、不同电性、不同尺寸的纳米颗粒的相互作用。结果显示，当粒子尺寸大于孔的尺寸时，则粒子完全被排斥在膜外。当粒子尺寸小于孔的尺寸时，若膜与粒子的相互吸引较弱，则粒子能穿过膜孔；若吸引较强，则粒子能吸附于膜孔表面，而将膜孔堵住，从而无法穿过膜孔。当膜孔尺寸很大时，无论相互吸引强弱，粒子均能穿过膜孔。

第 2 节　分子和纳米颗粒在溶剂中的运动规律

诞生于水中的生命，始终离不开水。原始生命诞生之初就与水打交道，虽然生物在进化的过程中逐渐从海洋走向了陆地和天空，但始终没有丢弃对水的依赖，其一切结构和功能都因水而设计、依水而工作。水作为生物体的一种基本成分，在人体重中占比 50% ～ 70%，细胞中水的含量更高，可占细胞总量的 70% ～ 80%。结合水以氢键形式和蛋白质分子结合，是生物体结构的一部分，约占细胞内全部水的 4.5%。生命活动中的所有反应都是在水中进行的，水是生命活动的介质。机体的新陈代谢、能量转化、信息传递和机能运动等与生命相关的一切活动都是分子水平的相互作用，都是基于水环境而设计和工作的。纳米颗粒进入机体后，也是主要分散在水环境中，与机体发生相互作用。

自然界中的一切变化都是源于物质自身的内在属性，而物质状态取决丁其所经历的过程和环境条件。分子所处的环境条件决定着分子的化学反应方向和特点，体内水环境的存在对生命的意义非同一般。因此，我们将主要讨论分散在水中物质的分子和粒子的运动规律。

（一）分子在溶剂中的运动规律

1. 分子在溶剂中的运动　溶液中每个分子的运动都受到相邻分子的影响，每个溶质分子都可以视为被周围的溶剂分子包围着，即被关在由周围溶剂分子构成的"笼子"（cage）中，偶尔冲出一个笼子后又很快地进入另一个笼子。这种现象称为"笼效应"（cage effect）。

在溶液中起反应的分子要通过扩散穿过周围的溶剂分子之后，才能彼此接近而发生接触，反应后生成物分子也要穿过周围的溶剂分子通过扩散而离开。这里所谓扩散，是指溶质分子对周围溶剂分子的反复挤撞。分子在笼中相互碰撞的持续时间比气体分子互相碰撞的持续时间长 10 ~ 100 倍，这相当于它在笼中可以经历反复的多次碰撞。所谓笼效应就是指反应分子在溶剂分子形成的笼中进行的多次反复的碰撞（或"振动"，这里的振动是指分子外部的反复移动，而不是指分子内部的振动）。这种连续重复碰撞一直持续到反应分子从笼中挤出，这种在笼中连续的反复碰撞则称为反应分子的一次遭遇（encounter）。所以，溶剂分子的存在虽然限制了反应分子作远距离的移动，减少了与远距离分子的碰撞机会，但却增加了近距离反应分子的重复碰撞，总的碰撞频率并未减低。

溶液中的反应与气相反应相比，最大的不同是溶剂分子的存在。同一个反应在气相中进行和在溶液中进行有不同的速率，甚至有不同的历程，生成不同的产物，这些都是由溶剂效应引起的。在溶液中，溶剂对反应物的影响大致有解离作用、传能作用和溶剂的介电性质等。在电解质溶液中，还有离子与离子、离子与溶剂分子间的相互作用等影响，这些都属于溶剂的物理效应。

2. 分子溶解后形成溶液的特性　物质与溶媒接触以后，溶媒分子将和溶质分子或离子吸引并结合，混合成为分子状态的均匀相，形成溶液，这一过程称为溶解。溶液具有三个特点：①溶液各处的密度、组成和性质完全一样，单一相中物质的分散程度达到分子水平，即均一性；②温度、溶剂量不变时，溶质和溶剂长期不会分离（透明），即稳定性；③溶液一定是混合物。可以临床的肝功能检查为例来理解溶液的这些特点。如果我们要考察人体的肝功能是否正常，可以通过检测与肝功能相关的指标来判断。但在实际操作时，我们不能直接打开腹腔测定肝的指标（胆红素、白蛋白、转氨酶等），只能采用损伤最小、患者可接受的方式来采集数据。由于与肝脏这些指标相关的物质都是溶解在血液中的，且是稳定存在的，它们在血液各处的组成和性质完全一样，从而可以通过采取指尖血或静脉血的方式来检查肝的功能。

（二）纳米颗粒在溶剂中的运动规律

1. 纳米颗粒在溶剂中的运动　纳米材料粒径大小在 1 ~ 100nm，当其分散在流体中时，可归属于胶体溶液范畴。有些大分子物质（如琼脂、明胶、蛋白）在水中能溶解成均相系统，但由于这些大分子在溶液中的运动状态及相互作用与纳米颗粒类似，也可纳入纳米颗粒的讨论范围。

纳米颗粒以多分子聚集体的形态分散于溶媒中，构成多相不均匀分散体系。纳米颗粒分散在溶媒中有多种运动形式，在无外作用力作用时只有热运动，微观上表现为布朗运动，宏观上表现为扩散。在有外力作用时作定向运动，如重力或离心力下的沉降、电场中的电泳、速度场中的流变行为等。这些运动主要与力场的强度、粒子的大小和形状有关。纳米颗粒在体液中运动的主要动力来源于血流、淋巴液的扰动，以及细胞吞噬、吸附、转运等。

在液体中，介质小分子不断地撞击比它们大得多的粒子，每一瞬间粒子在各个方向受到的撞击力不能相互抵消，合力将使粒子向某一方向移动。合力的方向随时变化，粒子运动的方向也随之变化，这就是粒子布朗运动的本质。爱因斯坦认为溶胶粒子的运动与分子的运动完全相似，其平均动能也为 $kT/2$。他以球形粒子为模型，推导出爱因斯坦 - 布朗运动公式。

$$\Delta = \sqrt{\frac{RTt}{L 3\pi\eta r}}$$

该公式把粒子在溶胶中的位移 (Δ) 与粒子的大小 (r)、介质黏度 (η)、温度 (T) 及观察时间 (t) 等联系起来。由此式可知，①粒子的粒径越大，运动位移越小。粒子很大时，其运动就很小了，所以超出胶体定义粒径的颗粒就很容易沉降下来，从中也可得知为什么纳米颗粒注入体内发生团聚时很容易堵塞血管，造成损伤。将该公式与菲克第一定律（Fick first law）结合，可以计算得出粒径为 2.6nm 的金纳米颗粒布朗运动 0.5mm 需要 744s。②溶胶液的黏度越大，粒子的运动距离越小。黏度变大后，粒子运动的阻力变大，故其运动距离就变小。通常为了维持纳米制剂的稳定性，一般采用加入增稠剂增加溶媒黏度的办法提高制剂稳定性。③粒子的布朗运动与环境温度相关，布朗运动在本质上是微小粒子热运动的一种表现。

溶胶粒子在介质中由高浓度向低浓度区迁移的现象称为扩散，扩散是粒子布朗运动的必然结果和分子热运动的宏观体现。实验测定表明，一般分子或离子的扩散系数 D 的数量级为 $10^{-9} m^2/s$，溶胶粒子为 $10^{-13} \sim 10^{-11} m^2/s$，二者相差 2 ～ 4 个数量级。因此，纳米颗粒在溶媒中的扩散作用比小分子弱得多。

2. 溶胶（纳米颗粒分散后形成溶胶，与溶液作比较） 固态胶体粒子分散于液态介质中形成溶胶。在溶胶中，由于布朗运动的存在，胶体颗粒沉降速度小，可在相当长时间内不发生沉淀，胶体溶液属于动力学稳定体系。但胶体体系中除具较强的布朗运动外，由于分散度高，胶粒的比表面积与表面能大，表面有剩余分子间作用力，胶粒间相互碰撞，有合并降低表面能的自发趋势，故胶体溶液亦属热力学不稳定体系，常有聚结现象，致使胶体溶液在长期贮存过程中出现陈化现象。但也由于胶体溶液具有一定的黏度，其胶粒的扩散速度小，能穿过滤纸而不能透过半透膜，对溶胶的沸点升高、冰点降低、蒸气压下降和渗透压等方面影响也小。

当强光通过溶液时，在光线通过的侧面，暗室观察可见无数闪光的光点，如同阳光从窗孔中射入一间有尘埃的暗室所见，此现象称为丁达尔效应。又因散射光的强度与胶粒大小有关（当溶液浓度一定时），故可从散射光强度的变化推知胶液分散度的变化，以研究胶体溶液的稳定性。当溶液中的溶质粒子小于 1nm 时，无丁达尔现象。

胶体粒子具有很大的比表面积，可吸附电解质中的一种离子形成吸附层，异性离子分布在靠近胶粒表面的扩散层中，形成所谓的双电层。胶粒的吸附层与扩散层之间存在电位差，该电位差的大小关系着胶体的稳定性（胶体粒子间的电排斥）。胶粒的带电性可以用胶液在电场作用下，其中分散相质点（胶粒）向带有相反符号的电极泳动，而介质向另一电极泳动的动电现象来证明。影响电泳的因素有带电粒子的大小、形状、粒子表面的电荷数目、溶剂中电解质的种类、离子强度以及 pH、温度和所加的电压等。对于两性电解质如蛋白质，在其等电点处，粒子在外加电场中不移动，不发生电泳现象，而在等电点前后粒子向相反的方向电泳。

溶胶和稀溶液中的粒子一样也具有热运动，也应该具有扩散作用和渗透压。但是，由于溶胶的粒子远比普通分子大且不稳定，不能制成较高的浓度，因此其扩散作用和渗透压表现得很不显著，甚至观察不到，以至有人曾经误认为溶胶不具有这些性质。由于分子的热运动和胶粒的布朗运动，从宏观上可观察到胶粒从高浓度区向低浓度区迁移的现象，这就是扩散作用。

第3节　分子和纳米颗粒在生物体内的行为特点

（一）分子运动是生命活动的基础

从化学的角度来看生命，首先是原子在空间上按一定方式或结构结合成分子，分子进一步集聚成生物体。一切生命现象都可认为是分子水平上发生的事件，生命过程在微观上表现为分子间的运动及相互作用，是化学反应的集合。

化学变化从根本上来说，就是旧键断裂和新键形成的过程。分子发生化学变化的首要条件是它们必须"接触"，虽然分子彼此碰撞的频率很高，但并不是所有的碰撞都是有效的，只有少数能量较高的分子碰撞后形成过渡态后才能起作用。如果互碰分子对的平动能不够大，则碰撞不会导致发生反应，碰撞后随即分离。有时分子间碰撞角度不合适也难以发生反应，沿着分子势能面低能量途径的碰撞才容易发生化学反应。只有那些相对平动能在分子连心线上的能量超过某一临界值的分子对，才能把平动能转化为分子内部的能量，使旧键断裂而发生原子间的重新组合。这种能导致旧键断裂的碰撞称为有效碰撞，活化能 E_a 表征了反应分子能发生有效碰撞的能量要求。

生物体在生命活动中不断从外界环境中摄取营养物质，转化为机体的组织成分，称为同化作用；同时机体本身的物质也在不断分解成代谢产物，排出体外，称为异化作用。同化作用意味着合成代谢，而异化作用意味着分解代谢。合成代谢是将从食物中得来的或体内原有的小分子物质合成为体内结构上的及功能方面的分子，一般多为大分子化合物。例如，氨基酸在有可利用的能量的条件下会缩合成为大分子的蛋白质。而分解代谢的产物总是一些小分子，如大分子的糖原降解为葡萄糖，而葡萄糖又降解为二氧化碳，同时产生能量，暂时储存于 ATP 的高能磷酸键中，以供合成代谢及各种生理活动之用。不论是合成代谢，还是分解代谢，都不是简单的过程，需要通过一系列的化学反应来逐步完成。这些化学反应是在体内较温和的环境中，在酶的催化作用下，以极高的速度进行着，这期间离不开分子的运动与作用。

分子的高速运动是分子发生碰撞及化学反应的基础，也是维持生命活动的基础。大肠杆菌在适宜的条件下每 20min 便可以繁殖一代，对应的遗传物质也必须保证可在 20min 内完成复制。大肠杆菌的 DNA 约有 460 万个碱基对，每秒要复制近 4000 个碱基才能保证在 20min 内复制出一个完整的 DNA。如果复制从一点开始朝两个方向同时进行，那每秒也要复制近 2000 个碱基对。以此为例，我们可以估算复制过程中所需的碰撞频率。假定 DNA 分子每一步核苷酸的延长都需要环境中的核苷酸随机碰撞结合，由于有 4 种不同的核苷酸，每次与 DNA 合成点碰撞的核苷酸中，只有 1/4 的机会是正确的。如果考虑到分子的方向性问题，只有少数方向正确的分子才能加到 DNA 链中，那么核苷酸必须以远大于每秒 8000 次的频率去碰撞，才能满足大肠杆菌繁殖的需要。由此推断，细胞中多数分子之间碰撞的频率一定远远大于 8000 次 / 秒。有人计算，室温下空气中分子之间的碰撞频率高达 10 亿次 / 秒以上。细胞的内容物分子紧密地挤在一起，运动速度又是如此之快，这为分子以极高的频率与其他分了相互碰撞提供了条件。

相对分子而言，生命体中的纳米颗粒由于体积较大、质量重，在体液中的运动速度远不及分子快，发生化学碰撞的概率很低。另外，机体的化学反应条件如底物、浓度、pH、温度、压力、催化剂等都是针对体内生命物质而设计，缺少针对外源性纳米碳、金、银等粒子的化学反应条件。因此，此类纳米颗粒在体内难以与机体发生化学反应。

（二）纳米颗粒与生物系统的相互作用

1.纳米颗粒与细胞尺寸　纳米颗粒是由大量分子（原子）排列组成的聚集体，处于微观世界与宏观世界的过渡态。机体由细胞构成，细胞中的各细胞器是细胞生命活动的关键部件。纳米颗粒的一维尺寸小于 100nm，与病毒处在一个数量级上，可以像病毒一样方便地与细胞及细胞器发生作用（图 3-6、图 3-7）。此外，某些纳米颗粒在尺寸上与某些细胞器、甚至是受体蛋白处在同样大小的水平，因而它们间更易于发生各种精细的物理作用与化学作用（表 3-5）。

这种同等数量级的物体易于发生精细相互作用，可以这样来理解：人的手指可以将橡皮泥捏成各种各样的形状，整个事情的完成不仅得益于手的灵巧，更得益于手的大小与橡皮泥在一个数量级上，从而手可以对橡皮泥进行各种操作。如果橡皮泥只有芝麻小或汽车大，那么手就很难随意操控拿捏了。从两物质发生相互作用的面积来看，分子与其他物质发生作用时，最多只能是整个分子表面大小的作用面积，发生的作用也是分子层面的作用，人们更关注到分子层面的化学作用。纳米尺寸的物质发生相互作用时，对应的是纳米级别

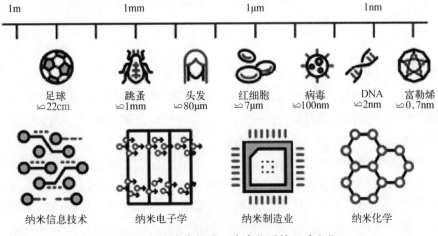

图 3-6　从无生命物质到生命物质的尺寸变化

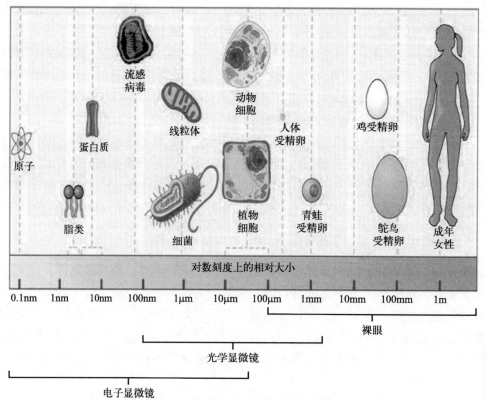

图 3-7 从原子直径到人类身高的尺寸变化

扫一扫见
彩图 3-7

表 3-5 细胞、病毒直径及细胞器大小

人卵细胞 (μm)	真核细胞 (μm)	细胞核 (μm)	原核细胞 (μm)	线粒体直径 (nm)	最小溶酶体直径 (nm)	中心粒直径 (nm)	支原体 (nm)	病毒 (nm)	核糖体 (nm)	质膜厚度 (nm)	微丝外径 (nm)	DNA外径 (nm)	氢原子 (nm)
100	3～30	5～10	1～10	500～1000	200～800	200～400	100～300	10～100	15～25	8～10	7	2	0.1

的作用面积，此时易在化学和物理两个层面发生相互作用（图 3-8）；当两物体尺寸到达米级别时，相互作用面积则在米的范围，人们更容易观察和关注到的是物理层面的相互作用。总之，物理和化学作用两者是伴随发生的，只是在不同的尺度层面上，人们的关注重点不同，从而容易顾此失彼，得出以偏概全的结论。

2. 纳米颗粒与细胞间的相互作用 纳米颗粒在体液中游动时有可能会与细胞表面的载体通道、各种受体等结合，使蛋白质结构构象发生转变，导致其变性，在分子水平上引起细胞功能的受阻，这种情况下进入细胞内的纳米颗粒的破坏作用则更加强烈。它一方面可以直接与大量的生物代谢酶作用，另一方面可以通过二次氧化或还原的方式产生大量有害自由基团，破坏细胞内有序结构和正常的代谢功能，如果这些自由基与遗传物质如 DNA、

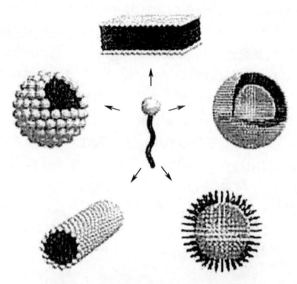

图 3-8　不同形状纳米材料的表面特性

RNA 等结合或反应，还会引起基因突变或遗传信息的错误解读，最终引发细胞的坏死或程序性死亡，使细胞膜结构中的不饱和脂肪酸和蛋白质中巯基氧化并发生蛋白质的交联、变形和酶的失活等。

　　目前有关纳米材料与细胞间在化学分子层面作用的介绍已经很多，本节不再赘述。以下主要从物理作用的层面来描述和介绍。

　　(1) 挤压与压缩：磷脂双层膜组成细胞的结构边界，维持细胞的完整性与内部环境的稳定性。脂质在细胞膜表面存在凝胶相与流动相两种相区。纳米材料与细胞膜接触时产生一定的压力，可能诱导膜表面磷脂发生相变。Wang 等采用荧光共振能量转移和等温滴定微量热技术观察到，20nm 的带电聚苯乙烯纳米粒与脂质体非特异性吸附后，脂质体在接触点发生相变。磷脂膜相变的发生与纳米粒的表面电荷有关，与磷脂的种类和纳米粒的大小无关。带负电的纳米粒诱导磷脂膜由流动相转变为凝胶相，带正电的纳米粒则诱导凝胶相转变为流动相。

　　(2) 穿刺与拉伸：纳米材料除了可诱导磷脂膜发生相变外，还会"刺穿"磷脂双层膜。Roiter 等采用原子力显微镜技术观察到，二豆蔻酰磷脂酰胆碱膜与 $1.2 \sim 22nm$ 的硅纳米粒作用后会形成孔洞。该作用具有一定的尺寸效应，小于 1.2nm 或大于 22nm 的硅纳米粒对脂膜无影响，原因在于不同粒径的硅纳米粒与脂膜接触产生的变形压力不同，只有脂膜的曲率超过一定临界值才会形成孔洞。除无机材料外，部分有机纳米材料同样诱导膜穿孔。Leroueil 等报道了阳离子有机纳米粒"刺穿"人工膜与细胞膜的现象，膜孔洞的大小同样与纳米粒的尺寸有关。此外，Verma 等比较了具有相同化学基团修饰但分子排列程度不同的两种纳米金后发现，表面修饰有序排列的纳米金能够在不引起膜损伤的前提下跨过细胞膜进入细胞质，而修饰无序排列的纳米金则需要经过胞吞途径进入细胞，最终累积在内吞体内。

（3）缠绕与剪切：具有大的长径比的纳米材料进入细胞后，如同将一根长杆（纳米管）带入一间布满蛛网（细胞骨架）的屋子，杆在屋内运动时必会将蛛网缠绕和撕裂，从而引起细胞骨架的破坏，进而改变细胞原有形态，引起细胞皱缩变形、间隙增大及透明度下降等。Huang 等发现，长棒形单分散介孔碳纳米管能破坏 A375 黑素瘤的细胞骨架，使得微丝断裂成无序状并在细胞膜附近皱缩，圆形和短棒形纳米颗粒无此影响。细胞骨架有序结构的破坏对细胞功能将造成一定影响。不过，该形状因素造成的微丝破坏差异可能与纳米材料的摄取量相关，长棒状碳纳米管被细胞摄取的最多，因此对细胞骨架造成的破坏最严重。

（4）吸附：研究显示，ssDNA 与 dsDNA 均能通过疏水相互作用以及核酸碱基与碳纳米管管壁芳香烃环之间的 π-π 叠加作用而缠绕碳纳米管。除疏水作用外，表面带有正电荷的碳纳米管能够通过静电作用将质粒吸附在碳纳米管表面，且吸附量与其表面修饰的基团类型和正电荷的密度相关。碳纳米管与 ssDNA 的相互作用是具有核酸序列依赖性的。Nabiev 等报道量子点可以通过核孔进入细胞核，诱导核蛋白聚集，抑制基因转录和细胞增殖。

蛋白质的特殊功能在很大程度上来源于其结构和活性位点，蛋白质吸附在固体表面时会发生一定程度的形变，当形变超过一定限度时有可能发生变性，同时如果活性位点被掩藏于蛋白质分子和表面之间则不能很好地发挥作用。进入血液的纳米材料会吸附血清蛋白质，形成"蛋白冠"。蛋白冠的形成将会改变纳米颗粒的尺寸和表面组成，进而影响纳米颗粒的吸收、转运及毒性。金纳米棒（AuNR）可以与培养基的血清蛋白发生相互作用，蛋白分子在其表面的吸附可以使正电荷修饰的 AuNR 发生电荷逆转。已有文献报道了 MWCNT 的直径不同可能会对蛋白吸附过程产生影响，碳纳米管直径的纳米尺度效应会致使蛋白吸附到管壁上后产生构象转变，进而影响到细胞与支架表面的相互作用，导致生长在其上的细胞表现出不同的形态。

纳米二氧化硅颗粒吸附在细胞膜表面后，可作为细胞间的"连接桥"而引起细胞间的融合，从而可引起细胞死亡。当然，这种连接作用有时也不是完全有害的。Mazzatenta 等发现电刺激信号能够通过单层碳纳米管传递至神经细胞表面且加强细胞的应答。Keefer 等用碳纳米管修饰电极表面，发现神经细胞的电刺激与应答信号都有所增强。当纳米颗粒吸附在膜表面时，可以看到细胞膜上相应位置的肌动蛋白形成了环状结构，从而能够触发巨噬细胞的吞噬行为。

（5）卡嵌：某些体积极小的纳米材料，可以像瓶塞一样卡嵌在蛋白所形成的通道口中，从而阻碍该蛋白功能的发挥。Park 等报道碳纳米材料可抑制中国仓鼠卵巢细胞上钾离子通道的功能，这种抑制作用与碳纳米材料的形状、粒径和钾离子通道的种类密切相关，并且是可逆的。他们比较了三种碳纳米材料：0.72nm 的球形富勒烯、直径 1～10nm 的 SWCNT、直径 10～15nm 的 MWCNT。以形状为主要考虑因素，球形富勒烯对钾离子通道的阻塞作用是 SWCNT 的 2～3 倍，较粗的 MWCNT 则无阻塞作用；以粒径为考虑因素，细的 SWCNT 阻塞作用更强；从钾离子通道种类来考虑，不同亚型的钾离子通道受阻塞的程度不同。钾离子通道蛋白的三维结构和碳纳米材料的计算模拟显示，碳纳米材料物理性堵塞钾离子通道的"口"，使得钾离子无法正常进出细胞。例如，0.72nm 的富勒烯与钾离子通道的"口"完全吻合，因此阻塞作用最强。他们的另一研究发现，羧基化 SWCNT 能可逆地抑制细胞的超极化，激活环核苷酸门控阳离子通道，而将此 SWCNT 采用 2-aminoethylmethane thiosulfonate（MTSET）修饰后，抑制作用为不可逆，并推测抑制作用的改变是由于 MTSET 与离子通道的半胱氨酸残基相互作用而导致蛋白结构、构象发生了变化。Xu 等研究发现羧基化的 MWCNT 抑制未分化 PC12 细胞上 3 种钾电流，但该 MWCNT 并未能引起 PC12 细胞发生氧化应激，氧化自由基（ROS）生成未见增多，线粒体膜电位未见明显降低，而且细胞内 Ca^{2+} 水平无显著升高。因此，MWCNT 抑制 PC12 细胞 3 种钾电流并不是经由经典氧化应激途径，从侧面证实了这种通道抑制作用是一种非传统的作用模式。

3. 纳米颗粒的入胞途径、影响因素及入胞后归宿　目前有很多研究报道了各种纳米材料与细胞之间的相互作用，但从这些研究中很难得到一个归纳性的结论，细胞摄取方式与速率不仅和研究的细胞类型有关，还依赖于纳米材料的尺寸、电荷及表面化学等性质。

纳米颗粒的内化过程非常复杂，包括很多种内吞机制，如网格蛋白（clathrin）介导的突触囊泡内吞机制、细胞膜穴样内陷介导的内吞机制以及不受网格蛋白和细胞膜穴样内陷影响的内吞机制。纳米颗粒的粒径、表面修饰、分子性质、在细胞中的定位以及细胞的不同类型都是影响细胞内吞机制的因素。细胞可以通过内吞作用、胞饮作用、噬菌作用等内化外来的大分子。

（1）纳米颗粒的入胞途径

1）机械穿膜方式：以碳纳米管的穿膜机制研究为例，研究者发现碳纳米管以类似于纳米针的方式通过不同类型细胞的细胞膜，甚至原核细胞的细胞膜，并且与其结合的各种分子无关。透射电镜可观察到碳管直接插到了哺乳细胞的细胞膜中，并分散于核周围的胞质中。研究者在比较碳纳米管与细胞膜的力学强度等其他物理化学性质后，认为碳纳米管可以依赖其力学强度及其纳米尺度效应，在细胞膜上打孔，直接穿过细胞膜，同时将结合于碳管表面的各种分子带入到细胞内。经 1，3- 开环加成改性得到的水溶性氨基碳纳米管 CNT 可以直接穿越细胞膜进入细胞内部。

2）内吞的方式：内吞是细胞摄入细胞外营养成分、信号物质等的重要途径之一，是细胞赖以生存的重要生理活动。多数研究认为纳米颗粒进入细胞的主要途径是内吞，即以能量依赖的方式进入细胞。该过程需要借助一系列相关膜蛋白的介导完成，如网格蛋白、陷窝蛋白等。物质进出细胞的转运过程包括由膜包裹、形成囊泡以及与膜融合或断裂等一系列过程。内吞作用又称胞吞作用或入胞作用。根据胞吞物质大小可分为吞噬作用和胞饮作用两种类型。

A. 吞噬作用：是细胞摄入直径大于 500nm 固体颗粒物质的过程，是细胞消化外源性物质的直接途径，是最重要的免疫防护机制之一。在哺乳动物体内吞噬作用只能由特定分化的细胞来完成，如巨噬细胞、中性粒细胞等单核细胞系统的吞噬细胞。吞噬细胞表面有多种与吞噬机制相关的表面受体，如免疫球蛋白的 Fc 受体、补体受体及模式识别受体（PRR）等。细胞表面的模式识别受体包括甘露糖受体（MR）、清道夫受体（SR）、Ton 样受体（TLR）及磷脂酰丝氨酸受体（PsR）。吞噬作用是一个触发过程，当细胞膜表面受体与相应配体结合后即可启动下游信号转导，引起摄入部位质膜下肌动蛋白聚合，肌动蛋白收缩使吞噬细胞的质膜突出形成伪足包绕吞噬物，伪足融合形成囊泡。在胞质内，动力蛋白在囊泡颈部装配成环，并水解与其结合的 GTP。动力蛋白收缩使囊泡自颈部与细胞膜断离形成吞噬体，吞噬体再与溶酶体融合，溶酶体的酸性水解酶对吞噬物进行消化处理。肺泡巨噬细胞在机体防御抵抗并清除环境内颗粒物质过程中发挥着至关重要的作用。研究表明，肺泡巨噬细胞表面的 MARCO 受体介导的吞噬作用是细胞摄入颗粒物质的主要途径。受调理素作用的粒子可经特异受体如 FcR 或 CR 介导被吞噬，而非调理素化的粒子可经非特异清道夫受体介导被吞噬进入细胞。

B. 胞饮作用：根据入胞机制的不同可分为网格蛋白介导机制、陷窝蛋白介导机制、非网格蛋白和陷窝蛋白介导机制，以及巨胞饮等胞饮作用。网格蛋白介导的胞饮作用是研究得较为清楚的经典内吞机制，为受体介导式入胞，是指细胞外的溶质分子（配体）与细胞膜上受体相结合，然后以网格蛋白包被囊泡进入细胞内的过程。这种胞吞作用提供了一种选择性浓缩机制，能使细胞选择性地摄取细胞外含量很低的物质，而不需要摄入大量的细胞外液。

网格蛋白介导的内吞途径生成的囊泡直径大小为 100～150nm，经由该途径进入细胞的物质可以避开溶酶体降解。多数研究认为，纳米颗粒主要经由网格蛋白介导的胞饮作用进入非吞噬性细胞。相关研究者发现在骨肉 MNNG/HOS 细胞内，荧光素标记的层状双氢氧化物（FITC-LDH）纳米颗粒能与网格蛋白途径中的几个重要蛋白质共定位，且其内吞作用可被该途径特异抑制剂氯丙嗪抑制。Lai 等发现 43nm 羧基修饰的聚苯乙烯纳米颗粒也主要以网格蛋白介导的内吞方式进入 HeLa 细胞及人脐静脉上皮细胞，氯丙嗪抑制作用可达 43%，而菲里平等抑制剂对该过程没有影响，而且纳米颗粒内吞入胞后定位在溶酶体。以 A549 细胞为模型，Huang 研究发现高渗氯丙嗪及钾缺失处理均可抑制壳聚糖纳米颗粒的入胞，而菲里平对其无影响。诸多研究表明，网格蛋白介导的内吞途径可能是细胞摄入纳米颗粒的重要途径。

陷窝蛋白介导的内吞较网格蛋白途径慢，且为胆固醇依赖的。陷窝蛋白分布非常广泛，几乎存在于人体所有细胞中，参与形成质膜上富含胆固醇和鞘磷脂的微结构域，定位或存在于细胞质膜附近，以 50～80nm 烧瓶状内陷囊泡的形态存在，与细胞骨架蛋白肌动蛋白间接偶联来维持它的内陷形态。陷窝蛋白 -1 是分子量为 21～24kDa 的多功能信号蛋白，为小凹蛋白家族中最重要的成员，富集于细胞膜特异结构小凹、内质网和高尔基体等处，并可在胞质和胞膜之间穿梭。Luhmann 利用流式细胞术、共定位、免疫荧光染色等方法，探讨了多聚阳离子与 DNA 组成的 PLL-g-PEG-DNA 纳米颗粒进入 cos-7 细胞的机制。他们发现此纳米颗粒入胞是能量依赖的，与细胞孵育 2h 后入胞，6h 以后积聚于核周，且可在细胞质内稳定存在至少 24h，共定位结果表明是非胞内体途径，陷窝蛋白途径抑制剂染料横酮（genistein）对纳米颗粒入胞的抑制作用达到 50%。Deniger 将鼠白血病病毒壳蛋白连接到纳米颗粒表面，模拟自然病毒感染细胞，观察其结合进入细胞的可能机制，结果表明此纳米颗粒模拟病毒以陷窝蛋白介导的途径入胞，并避开内吞体 / 溶酶体（endosome/lysosome）路径进入胞质。由上述研究结果可推测陷窝蛋白介导的内吞途径也可能是参与纳米颗粒入胞的途径之一。

巨胞饮是内吞的另一种形式，为细胞非选择性地内吞细胞外营养物质和液相大分子提供了一条有效途径。首先细胞膜皱褶形成大且不规则的原始内吞泡，继而形成大小不一、直径一般为 0.5～2μm，有时可达 5μm 的巨胞饮体。巨胞饮体没有网格蛋白或陷窝蛋白包被，其在早期形成阶段与肌动蛋白密切相关。巨胞饮体能被细胞松弛素 D 和秋水仙碱显著抑制，说明微管和微丝在这个过程中扮演重要角色。Walsh 研究了 C1K30-PEG-DNA 纳米颗粒跨膜进入 cos-7 细胞的机制，发现此粒子极少与早期内体抗原 1（EEA1）共定位，与网格蛋白途径标志物转铁蛋白入胞后分布及晚期内体标志蛋白均无重叠，而且氯丙嗪或菲里平对其入胞无影响，而巨胞饮的抑制剂盐酸阿米洛利显著抑制了入胞作用，表明巨胞饮可能作为其主要的入胞途径。以原代培养的兔结膜上皮细胞为模型，Qaddoumi 等发现钾缺失抑制了 PLGA 粒子进入细胞，而菲里平及制菌霉素则无作用，提示网格蛋白介导的内吞途径起重要作用。然而，利用核苷酸反义技术低表达网格蛋白重链后，内吞的转铁蛋白的减少并未对纳米颗粒入胞产生影响，他们推测巨胞饮可能参与了其入胞过程。

3）其他入胞方式：纳米颗粒的相关研究有助于研究者发现其他一些新的物质入胞机制及其主要特征。Chung 等研究发现表面带正电荷的介孔二氧化硅纳米颗粒进入人间充质干细胞的过程不受网格蛋白、陷窝蛋白途径抑制剂影响，与肌动蛋白及微管聚合无关。而 Geiser 等报道发现超微颗粒依然可以进入细胞松弛素 D 处理的红细胞，表明其入胞与肌动蛋白聚合无关，他们推测可能的机制是扩散或吸附性内吞作用。综上所述，纳米颗粒进入细胞的途径机制是错综复杂的，有待于大量实验进一步探索验证。

4）举例：将金纳米棒（AuNR）与乳腺癌细胞孵育，15min 后，可观察到 AuNR 吸附到细胞表面（图 3-9A），或是进入到了囊泡结构内。如图 3-9B 所示，AuNR 所定位的囊泡结构周围具有一圈电子密度较高的阴影，这层高电子密度物质属于囊泡外的电子密度较高的网格蛋白，说明 AuNR 可能通过受体介导的内吞进入细胞。囊泡外的网格蛋白解聚后进一步变成内吞小泡（图 3-9C）。30min 后，AuNR 开始出现在更多的细胞超显微结构中，包括早期内吞体（early endosome，EE）、晚期内吞体（late endosome，LE）和溶酶体（lysosome，Ly）。这一系列超显微结构具有时间和空间的先后顺序，因此证明 AuNR 经过内吞之后进入了经典的溶酶体成熟途径。6h 后，AuNR 开始出现在致密不均匀的溶酶体结构即残余小体（residual body，RB）中。残余小体是溶酶体成熟过程的终点，其包含的致密不均匀物质主要为不能被溶酶体消化的成分。由于构成 AuNR 的金元素高度惰性不能为细胞所消化，故 AuNR 最终定位至 RB。RB 中的成分最终可能在细胞内蓄积，并部分通过外排而排出细胞（图 3-9）。

（2）纳米颗粒入胞途径的影响因素：不同纳米颗粒进入细胞的方式可能各不相同（图 3-10），甚至不同理化性质的同种纳米颗粒可能也以不同方式入胞。另外，不同细胞类型对物质入胞机制的选择存在差异，甚至同种细胞不同生理条件下物质进入细胞的机制也可能有所不同。物质内吞方式的不同，可直接影响其入胞后的亚细胞水平的分布及其在细胞内的稳定性等。

虽然目前对于纳米颗粒进入生物体细胞的机制还没有达到共识，但随着新手段新技术的不断出现，研究的不断深入，研究成果的不断积累，这一科学问题终将得到解决，以下

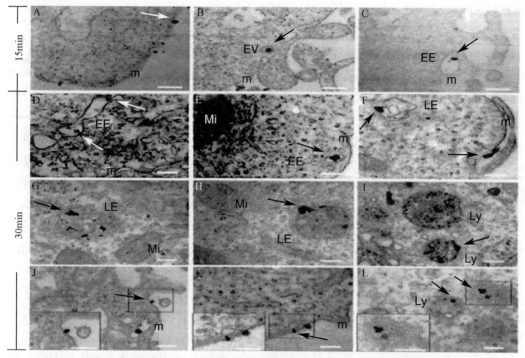

图 3-9　细胞与 AuNR 孵育 15min 和 30min 后的代表性超显微结构

A. AuNR 吸附于细胞膜表面；B. AuNR 位于由网格蛋白（囊泡外高电子密度层）包裹的内吞小泡中；C. AuNR 位于内吞小泡中；D、E. AuNR 位于早期内吞体中；F ~ H. AuNR 位于晚期内吞体中；I. AuNR 位于溶酶体中；J. AuNR 与电子密度致密的物质一起位于细胞表面；K. AuNR 正以纵轴方向横跨细胞膜结构；L. 个别的 AuNR 位于细胞质中。EV，内吞小泡；EE，早期内吞体；LE，晚期内吞体；Ly，溶酶体；Mi，线粒体；m，细胞膜。白色箭头指示含 AuNR 的超显微结构。标尺为 200nm

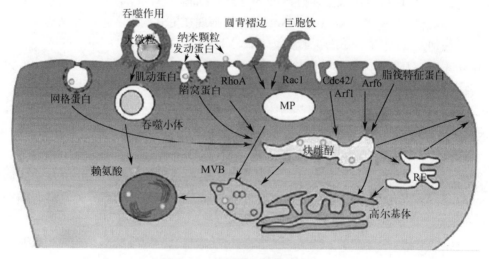

图 3-10　物质进入细胞的方式

MVB，细胞多泡体；RhoA、Rac1、Cdc42 均为小 G 蛋白超家族的亚家族成员；Arf1、Arf6 分别为 ADP 核糖基化因子 1、ADP 核糖基化因子 6

对目前学者们在这方面的研究做一介绍。

1）粒径：研究表明，纳米颗粒的尺寸大小是影响细胞摄入的重要因素，半径小于 50nm 的粒子比半径大于 50nm 的更容易被摄入细胞。Chithrani 等发现，14 ~ 100nm 的金纳米颗粒中，50nm 的金纳米颗粒更容易进入 HeLa 细胞。Aoyama 等研究认为受体介导的内吞途径是有尺寸依赖的，且最佳尺寸约为 25nm。Zhang 等建立了受体介导配体包覆的纳米粒内吞的热动力学模型，认为在生理相关参数下，纳米颗粒通过受体介导的内吞途径被细胞摄入的量最多时的最佳半径为 25 ~ 30nm。

Lai 等报道发现 43nm 羧基修饰的荧光聚苯乙烯纳米颗粒经由网格蛋白介导的途径进入 HeLa 细胞，最终经内吞体溶酶体降解。而尺寸小于 25nm 纳米颗粒可迅速到达核周，存在于非酸化的囊泡内，且此入胞途径为非降解的，不依赖胆固醇、网格蛋白和陷窝蛋白。他们后续还进一步研究了 24nm 粒子入胞后囊泡的动力学特征，研究发现其动力学有很大的异质性，如扩散受抑及串珠样轨迹，表明囊泡转运的过程是微管依赖的主动转运，并且此非酸化囊泡的整体平均胞内转运速度较酸化的晚期内吞体及溶酶体转运速度显著低。

Cheng 等推断，碳纳米管能够聚集于细胞核内主要是因为碳纳米管能够与特异结合的核蛋白或核酸结合。一般而言，核孔复合体（NPC）是一种特殊的跨膜运输蛋白复合体，是细胞核与外界物质交换的唯一途径，它的内外口径在 30 ~ 60nm。TiO_2-NT 的平均直径小于 10nm，TiO_2-NT 很容易通过 NPC 进入细胞核。从溶酶体小泡中逃离的纳米颗粒，慢慢聚集于细胞核周围，纳米颗粒与 NPC 之间的物理接触对其从胞质进入细胞核也有一定的促进作用。

2）形状：纳米材料的形状不仅影响其与细胞膜的相互作用，还影响细胞的摄入和内吞。

研究表明，纳米颗粒的形状是影响其进入细胞的重要因素。AuNR 的细胞内吞效率要低于其相应的球形颗粒，而短 AuNR 的细胞内吞效率要高于长纳米棒。棒状金纳米颗粒与球形金纳米颗粒的内吞效率存在差异，可能是由于两者的曲率差异而导致它们与细胞膜具有不同的接触面积。例如，当不同的纳米颗粒的纵向轴与细胞膜上的受体接触时，棒状的纳米颗粒相较于球形的颗粒与细胞膜有更大的接触面积，这样就需要更多细胞膜受体与其结合，才能完成内吞过程。而球形纳米颗粒的接触面积小，受体需求量较少，因此比较容易完成内吞。根据 Gao 等提出的模型，纳米颗粒形状决定的细胞内吞效率取决于颗粒的扩散常数与颗粒和细胞之间的作用能量之间的平衡。他们用流体力学半径来解释与纳米颗粒形状有关的细胞内吞。Strona 及其合作者运用了 Gao 之前的棒状纳米颗粒模型，引进了"捕捉半径"的有效伸缩度来解释这种与纳米颗粒形状有关的细胞内吞。这种模型不仅可以用来解释碳纳米管的内吞，还可以用来解释 AuNR 的内吞情况。Wang 等发现 AuNR 的细胞摄入水平受其长径比的影响。

Champion 等以肺泡巨噬细胞作为吞噬细胞模型，不同尺寸及形状的聚苯乙烯纳米粒子作为吞噬目标物，实验结果表明被吞噬物与吞噬细胞最初接触点的形状决定了吞噬是继续还是仅在被吞噬物表面单纯伸展，此局部形状决定了启动吞噬的肌动蛋白结构的复杂性，如果肌动蛋白结构未能形成，则吞噬作用无法发挥，与被吞噬物的尺寸无关，而且尺寸主要影响吞噬是否能够完成，如果被吞噬物体积大于细胞体积则吞噬受抑制。

3）表面电荷：可影响纳米材料对离子和生物分子的吸附，进而影响细胞和生物体对纳米材料的反应。

由于正常细胞膜表面带负电荷，对带正电荷的分子有较高的亲和力，因此纳米颗粒表面的电负性可能对其入胞产生重要影响。Harush-Frenkel 等研究了不同电负性对纳米颗粒跨过极性细胞膜顶端及其亚细胞分布的影响，发现正负电荷纳米颗粒均主要经由网格蛋白途径入胞，部分可能通过巨胞饮入胞，多数负电荷纳米颗粒主要进入溶酶体降解。在树突状细胞中，Foged 等研究了荧光标记的聚苯乙烯纳米颗粒进入细胞的可能机制，研究表明，1nm 的未修饰带正电荷的纳米颗粒的入胞量是经过毒素修饰而带负电荷的纳米颗粒的 10 倍。在另一项研究中，共聚焦及流式细胞术结果均表明，正电性的聚乙二醇纳米颗粒进入 HeLa 细胞较负电性的粒子多且快，且前者是经由网格蛋白介导的途径入胞，后者是以网格蛋白及陷窝蛋白非依赖的途径进入细胞。

4）表面修饰：纳米颗粒表面的修饰基团可决定粒子的入胞机制。纳米颗粒表面连接靶分子，可使粒子具有细胞靶向性，增加摄入效率，或改变其细胞内的分布情况。粒子表面若修饰蛋白质跨膜转运区序列，兼性的氨基酸序列可协助粒子快速穿过细胞。Fuente 将 HIV-Tat 蛋白跨膜转导区序列连接到尺寸为 2.8nm 的金纳米颗粒表面，透射电子显微镜（TEM）结果显示粒子穿过人成纤维细胞膜定位于细胞核，而未连接肽链的粒子则分布于线粒体周围区域及胞质内的囊泡内。Tkachenko 将 HIV-Tat 序列连接到尺寸为 20nm 的金纳米颗粒表面，TEM 结果显示粒子主要分布在 HeLa 细胞胞质而不是定位于细胞核。经过DNA、高分子或蛋白质修饰的 SWCNT 采用内吞的方式进入细胞。

Peetla 等利用混合脂类及 Langmuir 平衡模拟内皮细胞膜，监测其表面压力变化，研究不同表面修饰及不同尺寸的聚苯乙烯纳米颗粒与其相互作用。研究发现 60nm 胺化的粒子能增加模拟细胞膜的表面压力，无修饰的粒子使压力减小，而羧化的粒子无影响。对小于 20nm 的粒子而言，表面修饰与否及其种类均不影响粒子对模拟细胞膜的表面压力。

（3）纳米颗粒入胞后的归宿：物质内吞方式的不同可直接影响其入胞后的亚细胞水平的分布及其在细胞内的稳定性。许多内吞入胞的物质均经由早期内吞体及晚期内吞体等一系列发展过程后进入溶酶体被消化降解。网格蛋白介导的内吞，溶酶体未能完全降解纳米颗粒形成的残余体；陷窝蛋白介导的内吞形成囊泡后，不经溶酶体消化甚至可能经由细胞外吐作用出胞。纳米颗粒入胞后受到以上两种途径的共同作用（图 3-10）。

金属或金属氧化物类纳米颗粒进入细胞后能够迅速反应、溶解，其产物在生物系统中有很高的氧化活性，有可能进一步导致自由基生成，或直接进入某些细胞器甚至细胞核内，继而引发细胞超微结构功能的损伤。在相同作用时间和作用剂量条件下，粒径相似的 Nano-Ni$_{60}$ 颗粒比 Nano-Si$_{68}$ 颗粒产生更严重的细胞膜毒性和蛋白质氧化损伤，除了颗粒自身产生 ROS 能力的不同以外，溶解于细胞内液中的金属镍离子的存在也可能是产生差异的原因。

聚乳酸纳米颗粒、类似聚合物的纳米颗粒，如白蛋白纳米颗粒或脂质体等可降解材料，一般都在溶酶体内发生降解。

　　AuNR 可以通过内吞过程进入乳腺癌细胞，从而进入溶酶体成熟途径，并最终定位在残余小体中。尽管 AuNR 可以通过外排途径排出胞外，但外排的 AuNR 可以通过内吞途径重新进入细胞。小部分的 AuNR 能够逃逸出溶酶体，但是会通过细胞的保护性自噬而被重新吞噬到溶酶体内。因此，AuNR 一直被局限在溶酶体等囊泡结构内，并随细胞分裂而稀释。

　　荧光染料吖啶橙（AO）修饰的 AO-SWCNT 主要通过网格蛋白介导的内吞方式进入细胞并最终富集于具有酸性环境的溶酶体内。当 SWCNT 进入溶酶体内后，可长期存在于其中（＞7 天），但对细胞的增殖分裂影响很小，并且会随着细胞的生长和持续的增殖分裂而使单个细胞内的 SWCNT 含量不断减少。

　　在生长缓慢的细胞内，磁性纳米颗粒可持续存留在细胞质内，而在生长快速的细胞内，当细胞进行有丝分裂时，随胞质一分为二成为两个子细胞，胞质内的纳米颗粒也会随之被分配至两个子细胞内。正常生理条件下，细胞内运输小泡通过与细胞膜的融合将内容物释放到细胞外基质的过程即为胞吐。关于纳米颗粒的胞吐，目前相关研究尚少，Chithrani 等发现运铁蛋白（transferrin）包被的金纳米颗粒外排与其粒径呈线性关系，粒子越小越易排出。Chan 等报道，14nm 的纳米颗粒在 HeLa 细胞内 1h 的排出量是 35%，50nm 的是 10%，74nm 的是 5%。CdSe 量子点（发射光 605nm）在摄入后的 52 天内一直存在于人间充质干细胞内，而相同化学组成、尺寸更小的 CdSe 量子点（发射光 525nm，尺寸是发射光 605nm 量子点的一半），在摄入后 2～7 天就被排出细胞。Panyam 等发现 PLGA 纳米颗粒的胞吐在细胞外粒子浓度梯度降低时才发生。Jin 等利用单粒子示踪技术发现在 NIH-3T3 细胞内吞及胞吐 SWCNT 的速度相当。目前，关于纳米颗粒排出细胞的报道并不多，普遍认为纳米颗粒排出细胞的速率比摄取速率慢很多，而小粒径颗粒的排出速率要比大粒径颗粒快一些。除此之外，有关纳米颗粒胞吐过程的形态学证据和分子机制等还需进一步研究。

4. 纳米颗粒的生物药剂学行为

　　（1）纳米颗粒的体内过程：碳纳米管的小尺寸使其可以通过多种途径（内吞途径和非内吞途径）进入细胞，也可以通过皮肤渗透、血液循环和呼吸系统等方式进入体内。

　　当纳米材料进入生物体后首先是通过体液流动渗透进入血液循环系统，通过内循环进入组织液，淋巴等。随着体液的流动，纳米材料将进入其他的器官或在组织中蓄积。纳米材料十分微小，如 10nm 左右的粒子仅与蛋白质分子大小相当。因此，人体的保护屏障如血脑屏障、血眼屏障从尺寸上已不能对其进行限制，纳米颗粒极有可能在这些地方蓄积并起破坏作用。

　　二氧化硅纳米颗粒进入机体后容易被网状内皮系统所吞噬，进而沉积于实验动物的肝及脾中，肝是纳米二氧化硅颗粒毒性作用的主要靶器官。Park 等连续 14 天给小鼠口服银纳米颗粒，研究其生物分布、毒性及炎症反应，发现只有粒径较小的纳米颗粒（22nm、42nm、71nm）能够分布于脑、肺、肝、肾等脏器，而较大的颗粒（323nm）则不能被小肠吸收进入血液循环。

　　Yang 等采用同位素（^{13}C）标记法研究未经过表面修饰的 SWCNT 在体内的分布，发现碳纳米管在 24h 内通过血液迅速扩散至各个器官和组织中，包括心、肺、肝、脾、胃、肾、肠、脑、肌、骨骼、皮肤等，其中肺、肝、脾中 28 天后的含量仍相当高，SWCNT 最终主要通过淋巴循环排出体外，在尿液和粪便中未检测到 SWCNT 的存在。Singh 等研究了氨基化修饰的水溶性 SWCNT，通过在碳纳米管表面修饰络合物分子，然后用铟作为成像示踪原子，发现静脉注射后碳纳米管没有在任何网状内皮系统器官内残留，而是很快通过血液循环从肾排出，进一步对小鼠尿液进行分析发现，修饰前后碳纳米管在体内均不能被分解。

纳米颗粒在肿瘤组织的积累取决于纳米颗粒的大小和其表面的化学修饰情况。Yang 等曾利用 20nm、40nm、60nm 的聚合物颗粒研究不同尺寸颗粒在肿瘤组织中的积累，结果发现直径为 60nm 的颗粒在肿瘤中积累得最多。Ishida 等利用大小为 $100 \sim 400nm$ 的脂质体进行研究，发现 100nm 的脂质体较大尺寸的脂质体在肿瘤中积累得多。Chan 及其合作者在血液和肿瘤细胞中研究小于 100nm 颗粒的内吞时发现，颗粒在肿瘤中的积累取决于颗粒的尺寸，较大颗粒只停留在脉管系统中，而小的纳米颗粒可以穿过肿瘤基质进入深层组织。

孙岚等将纳米活性炭或印度墨水经静脉注入小鼠体内，在注射后不同时间收集胆汁和尿液，在透射电镜下观察有无纳米颗粒的排出，并在停药后不同时间取动物肝、肠和肾等脏器组织进行光镜病理检查。结果显示，经静脉注射的纳米颗粒可随血液分布到肝、肠和肾等脏器组织中，胆汁及尿液中含有大量高密度粒子。研究表明纳米颗粒可能随胆汁、尿液排出体外，肺、小肠、大肠也可能是纳米颗粒排泄的途径。

（2）纳米颗粒的降解

1）碳纳米材料：包括富勒烯、碳纳米管和石墨烯等。富勒烯分子由于其形状的弯曲度导致锥形结构的形成，碳原子杂化平面发生变化而产生较高的反应活性。碳纳米管的碳管长度 / 直径比较大，管壁上容易产生 Stone-Wales 的五边形 – 七边形对缺陷、SP^3 杂化缺陷及碳管晶格内的空隙等，这些使其具有一定反应活性。此两种碳纳米材料在强酸、强氧化剂等存在的条件下可发生氧化还原反应，生成含不同官能团的衍生物，但这些转化在温和的机体条件下难以发生。Schreiner 等唯一正式报道了白腐真菌对富勒醇 $C_{60}(OH)_{19 \sim 27}$ 的生物降解，但该研究目前尚未得到公认。Allen 等发现，在 H_2O_2 存在条件下，辣根过氧化物酶对 c-SWCNT 具有降解能力。Vlasova 等首先发现中性粒细胞髓过氧化物酶（MPO）在体外能够降解 c-SWCNT，后来又有人证实 MPO 在小鼠体内复杂的环境中也能对碳管起到很好的清除作用。

2）金属单质及其氧化物纳米材料：金属单质纳米材料由于具有巨大的比表面积，很容易与外周环境的物质发生反应，如纳米铜在空气中就很容易发生激烈的燃烧。机体内普遍含有钠、钾、钙、镁阳离子和氯、碳酸氢、磷酸、硫酸阴离子及有机酸，这些电解质的存在会引起金属电极电位的变化而导致电化学腐蚀的产生，引起金属的降解。碱性的氧化锌、氧化铜、二氧化钛等纳米颗粒在内含体等酸性环境中，可以发生酸碱中和反应而溶解产生金属离子。这些产生的金属离子可能由于干扰了酶的正常功能而具有一定的毒性。

氧化铁纳米颗粒用作造影剂已经有 20 年的历史，采用静脉注射的方法也比较安全。

研究它在大鼠体内的降解发现，在没有酶的情况下，它可以在类似内吞体和溶酶体的 pH 下溶解，氧化铁纳米颗粒的代谢很可能在溶酶体内进行。

3) 陶瓷（无机非金属）：陶瓷材料具有较好的抗降解性能。陶瓷的原子间结合键以离子键为主，存在部分共价键。这些原子间结合键具有很强的方向性，且发生离解需要大量的能量。因此，在正常条件下，陶瓷如 Al_2O_3、TiO_2 和 SiO_2 等是很稳定的。陶瓷的降解与其化学成分和显微结构相关。例如，磷酸三钙相对降解较快，而羟基磷灰石相对较稳定；相同化学成分的 α 磷酸三钙和 β 磷酸三钙在结构上存在差异，表现为 α 型较 β 型降解得快。孔隙率对陶瓷的降解也有影响，致密的陶瓷降解慢，而含微孔的陶瓷易迅速发生降解。

4) 有机聚合物：聚合物是由简单重复单元通过共价键连接组成的长链分子，包括单一重复单元的均聚物与含两个及两个以上重复单元的共聚物。它们在体内降解的机制有：体液中的水分引起材料水解反应（酯键、酰胺键基）而导致材料降解、交联或相变；体内的自由基引起氧化反应（烷烃链）而降解；酶的催化作用而导致降解。一般认为，酶解和酶促氧化反应是材料在体内降解的重要因素。

5) 纳米药物载体：脂质体的双分子层结构和成分与生物膜有较大的相似性，易于被组织吸收，因而脂质体具有良好的生物相容性和生物可降解性。脂质体与细胞的作用过程可分为吸附、脂交换、内吞、融合四个阶段。脂质体进入血液循环后，网状内皮系统将会从血液中吞噬大量的脂质体，使得脂质体在血液中的循环时间较短。肝、脾和骨髓等网状内皮细胞比较丰富的器官对脂质体的捕获较多。由于脂质体的优良性能，目前已有阿霉素、紫杉醇、阿糖胞苷、长春新碱、两性霉素 B 等上市制剂。

聚乳酸－羟基乙酸共聚物（PLGA）是一种生物相容性良好的可降解材料，在体内降解生成的乳酸单体可作为能量代谢物质参与三羧酸循环，不引起明显的炎症反应、免疫反应和细胞毒性反应。

白蛋白是一种应用于临床的生物可降解高分子聚合物，它在体内的最终代谢产物对人体无毒性，生物相容性极佳，无免疫原性。

5. 机体的稳态维系　细胞和组织在多种轻度有害因素作用下，可以通过调整自身功能代谢和形态结构，以适应内环境变化的过程，这种能力被称为适应（adaptation）。这种反应能力可保证细胞和组织的正常功能，维护细胞、器官乃至整个机体的生存。适应在形态上表现为萎缩、肥大、增生、化生等。

当致损伤因素较弱时，主要是通过细胞和组织的增生、化生等变化以适应。当致损伤因素较强时将对细胞和组织产生可逆性损伤（变性）。当刺激的性质、强度和持续时间超越了一定的界限时，细胞和组织受到的有害刺激因子作用超过其适应能力，可引起细胞和组织的损伤，如变性、细胞的死亡等。

正常的和发生了适应性改变及损伤的细胞，在结构和功能上并无截然的界限。在可复性的和不可复性的改变之间，也常难以截然区分。总而言之，这些变化、改变过程都是逐渐过渡的，只有待刺激作用一定的时间后，细胞和组织出现明确的结构变化后，才能从形态上加以判断。过渡期的长短决定于刺激因子的性质和强度，也取决于受累细胞和组织的种类。例如，肝、肾、肺等器官的缺氧耐受力就各不相同。

机体由许多功能不同的细胞组成，功能不同的组织、系统构成人体各生理机能。自然界是人赖以生存的环境，为了保证机体各种生命活动的正常进行，人体必须通过相应的组织、器官从自然界不断摄取所需的各种营养物质，又要通过相应的组织、器官不断将代谢产物排出体外。人体细胞不能直接与自然界进行物质交换，一切所需物和代谢物只能通过细胞外液进行交换。细胞外液是机体的内环境，是细胞与外界环境进行物质交换的媒介。

机体内环境中各种化学成分、离子、温度、酸碱度、渗透压等理化因素保持相对稳定状态称为内环境稳态。内环境稳态是保证细胞、组织器官功能正常的必需条件，也是维持生命活动的必需条件。当干扰内环境稳态的因素出现时，为了维持内环境相对稳定，体内各组织、系统在神经、体液因素的调节下，保持内环境中各种理化因素稳定，从而保证细胞、组织、器官及各种生命活动的正常进行。内环境的稳态是细胞维持正常生理功能的必要条件，也是机体维持正常生命活动的必要条件。内环境稳态失衡时，细胞及整个机体的功能将发生严重障碍，导致疾病。对细胞而言，其稳态维系机制主要有细胞周期阻滞、细胞衰老、细胞凋亡、细胞坏死和细胞自噬反应等。

6. 机体的自净　机体生长和代谢过程中不断产生衰老与死亡的细胞以及某些衰变的物质，它们均可被单核吞噬细胞吞噬、消化和清除，从而维持内环境稳定。

单核吞噬细胞系统（mononuclear phagocyte system，MPS）又称单核巨噬细胞系统，是高等动物体内具有强烈吞噬能力的巨噬细胞及其前身细胞所组成的一个细胞系统，是机体防御结构的重要组成部分。该系统包括单核细胞、结缔组织和淋巴组织中的巨噬细胞、肝的库普弗细胞、肺的尘细胞、神经组织的小胶质细胞、骨组织的破骨细胞、表皮的朗格汉斯细胞和淋巴组织中的交错突细胞，单核细胞穿出血管壁进入其他组织中，分别分化为上述各种细胞。MPS 除吞噬、清除异物和衰老伤亡的细胞外，还有抗原呈递、参与免疫应答和分泌多种生物活性物质（如溶菌酶、补体、肿瘤生长抑制因子）等功能。初步估计，1L 人血液中大约含有 60 亿个吞噬细胞。

MPS 中的主力即巨噬细胞，其细胞质内含有丰富的溶酶体、线粒体及粗面内质网，细胞表面具有小突起和胞膜皱褶。静止时称为固着巨噬细胞，有趋化因子时便成为游走巨噬细胞，能进行变形运动及吞噬活动。人的巨噬细胞能存活数月至数年，其功能为吞噬清除体内病菌异物、衰老伤亡细胞及活化 T/B 淋巴细胞免疫反应，在细菌或其他因子刺激下能分泌酸性水解酶、中性蛋白酶、溶菌酶和其他内源性热原等。许多疾病能引起 MPS 大量增生，表现为肝、脾淋巴结肿大。

病原微生物侵入机体后，在激发免疫应答以前即可被 MPS 细胞吞噬并清除，这是机体非特异免疫防御机制的重要环节。病原微生物激发机体产生特异性抗体后，覆盖于病原体表面的 IgG 及补体激活片段 C3b 可与 MPS 细胞表面的 FcR 及 CR1 结合，发挥调节作用，使病原体更易被吞噬。被吞入的病原体可被细胞内的某些酶类或活性氧所杀灭；另外，在对异物颗粒的吞噬、杀灭过程中，可能出现酶体外漏现象，从而造成对邻近正常组织的损伤。需要注意的是，有些病原微生物在被 MPS 细胞吞噬后，能在自身表面形成一层保护膜而免被破坏、杀死，这些病原体可随 MPS 细胞四处游走，当该吞噬细胞死亡或发生胞吐反应时，病原体又可重新出来危害机体（图 3-11）。

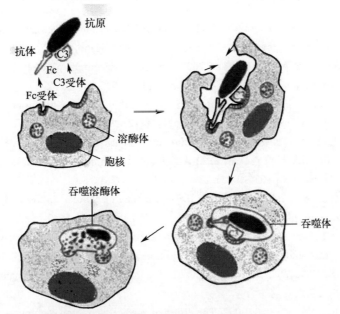

图 3-11　吞噬细胞对外来物质的吞噬作用

参 考 文 献

马建中，储芸，高党鸽，2004. 表面活性剂在纳米材料领域中的应用. 日用化学工业，34(6): 374-376.

孙岚，杨留中，张英鸽，2006. 机体对纳米粒子的排泄作用及其可能途径. 中国药学杂志，41(5): 363-367.

岳芳宁，罗水明，张承东，2013. 人工碳纳米材料在环境中的降解与转化研究进展. 应用生态学报，24(2): 589-596.

张卫奇，2003. 纳米材料作为 siRNA 载体及其与细胞的相互作用研究. 北京协和医学院.

张亚琴，孙玉霞，2003. 整体观与人体内环境稳态中的整体性调节. 陕西中医学院学报，26(2): 16-17.

Allen BL, Kotchey GP, Chen YN, et al, 2009. Mechanistic investigations of horseradish peroxidase-catalyzed degradation of single-walled carbon nanotubes. Journal of the American Chemical Society, 131: 17194-17205.

Anand G, Sharma S, Dutta AK, et al, 2010. Conformational transitions of adsorbed proteins on surfaces of varying polarity. Langmuir, 26(13): 10803-10811.

Bakker-Woudenberg IAJM, ten Kate MT, Storm G, et al, 1998. Administration of liposomal agents and the phagocytic function of the mononuclear phagocyte system. International Journal of Pharmaceutics, 162: 5-10.

Briley-Saebo KC, Johansson LO, Hustvedt SO, et al, 2006. Clearance of iron oxide particles in rat liver: effect of hydrated particle size and coating material on liver metabolism. Investigafive Radiolog, 41(7): 560.

Brown DM, Kinloch IA, Bangert U, et al, 2007. An *in vitro* study of the potential of carbon nanotubes and nanofibres to induce inflammatory mediators and frustrated phagocytosis. Carbon, 45:1743-1756.

Champion JA, Mitragotri S, 2006. Role of target geometry in phagocytosis. Proc Natl Acad Sci USA, 103 (13): 4930.

Chang JS, Chang KL, Hwang DF, et al, 2007. *In Vitro* Cytotoxicitiy of silica nanoparticles at high concentrations strongly depends on the metabolic activity type of the cell line. Environ Sci Technol, 41(6):

2064-2068.

Chen J, Irudayaraj J, 2009. Quantitative investigation of compartmentalized dynamics of ErbB2 targeting gold nanorods in live cells by single molecule spectroscopy. ACS Nano, 3: 4071-4079.

Cheng J, Fernando KAS, Veca LM, et al, 2008. Reversible accumulation of PEGylated single-walled carbon nanotubes in the mammalian nucleus. ACS Nano, 2(10): 2085-2094.

Chhowalla M, Unalan HE, Wang Y, et al, 2005. Irreversible blocking of ion channels using functionalized single-walled carbon nanotubes. Nanotechnology, 16(12):2982-2986.

Chibowshi S, Paszkiewicz M, Krupa M. 2000. Investigation of the influence of the polyvinyl alcohol adsorption on the electrical properties of AL_2O_3-solution interface, thickness of the adsorption layers of PVA. Powder Technology, 107(3): 251-225.

Chithrani BD, Chan WC, 2007. Elucidating the mechanism of cellular uptake and removal of protein-coated gold nanoparticles of different sizes and shapes. Nano Letters, 7(6):1542-1550.

Chithrani BD, Ghazani AA, Chan WCW, 2006. Determining the size and shape dependence of gold nanoparticle uptake into mammalian cells. Nano Letters, 6(4): 662-668.

Chou LY, Ming K, Chan WC, 2011. Strategies for the intracellular delivery of nanoparticles. Chem Soc Rev, 40: 233-245.

Chung TH, Wu SH, Yao M, et al, 2007. The effect of surface charge on the uptake and biological function of mesoporous silica nanoparticles in 3T3-L1 cells and human mesenchymal stem cells. Biomaterials, 28(19): 2959-2966.

Corot CP, Robert JM, Port M, 2006. Recent advances in iron oxide nanocrystal technology for medical imaging. Advanced Drug Delivery Reviews, 58(14): 1471-1504.

De M, Miranda OR, Rana S, et al, 2009. Size and geometry dependent protein-nanopaticle self-assembly. Chem Commun, 16(16):2157-2159.

Deguchi S, Yamazaki T, Mukai S, et al, 2007. Stabilization of C_{60} nanoparticles by protein adsorption and its implications for toxicity studies. Chemical Research in Toxicology, 20: 854-858.

Deng ZJ, Liang M, Toth I, et al, 2012. Plasma protein binding of positively and negatively charged polymer-coated gold nanoparticles elicits different biological responses. Nanotoxicology, 7: 314-322.

Deniger DC, Kolokoltsov AA, Moore AC, et al, 2006. Targeting and penetration of virus receptor bearing cells by nanoparticles coated with envelope proteins of Moloney murine leukemia virus. Nano Letters, 6(11): 2414-2421.

Desai MP, Labhasetwar V, Walter E, et al, 1997. The mechanism of uptake of biodegradable microparticles in Caco-2 cells is size dependent. Pharm Res, 14(11):1568-1573.

Fitzpatrick JA, Andreko SK, Ernst LA, et al, 2009. Long-term persistence and spectral blue shifting of quantum dots in vivo. Nana Letters, 9(7): 2736-2741.

Foged C, Brodin B, Frokjaer S, et al, 2005. Particle size and surface charge affect particle uptake by human dendritic cells in an in vitro model. Int J Pharm, 298(2): 315-322.

Frank JA, Anderson SA, Kalsih H, et al, 2004. Methods for magnetically labeling stem and other cells for detection by in vivo magnetic resonance imaging. Cytotherapy, 6(6):621-625.

Fuente JM, Berry CC, 2005. Tat peptide as an efficient molecule to translocate gold nanoparticles into the cell nucleus. Bioconjugate Chem, 16: 1176-1180.

Gagner JE, Lopez MD, Dordick JS, et al, 2011. Effect of gold nanoparticle morphology on adsorbed protein structure and function.Biomaterials, 32: 7241-7252.

Gao H, Shi W, Freund LB, 2005. Mechanics of receptor-mediated endocytosis. Proceedings of the National

Academy of Sciences of the United States of America, 102(27): 9469-9474.

Gao LH, Nie LH, Wang T, et al, 2006. Carbon nanotube delivery of the GFP gene into mammalian cells. Chembiochem, 7:239-242.

Geiser M, Rothen-Rutishauser B, Kapp N, et al, 2005. Ultrafine particles cross cellular membranes by nonphagocytic mechanisms in lungs and in cultured cells. Environ Health Perspect, 113(11): 1555-1560.

Harush-Frenkel O, Debotton N, Benita S, et al, 2007. Targeting of nanoparticles to the clathrin-mediated endocytic pathway. Biochem Biophys Res Commun, 353(1):26-32.

Huang XL, Teng X, Chen D, et al, 2010. The effect of the shape of mesoporous silica nanoparticles on cellular uptake and cell function. Biomaterials, 31: 438-448.

Imamura K, Shimomura M, Nagai S, et al, 2008. Adsorption characteristics of various proteins to a titanium surface. Journal of Bioscience and Bioengineering, 106: 273-278.

Ishida O, Maruyama K, Sasaki K, et al, 1999. Size-dependent extravasation and interstitial localization of polyethyleneglycol liposomes in solid tumor-bearing mice. International Journal of Pharmaceutics, 190(1): 49-56.

Jia G, Wang HF, Yan L, et al, 2005. Cytotoxicity of carbon nanomaterials: single-wall nanotube, multi-wall nanotube, and fullerene. Environmental Science & Technology, 39: 1378-1383.

Jiang W, Yang K, Vachet RW, et al, 2010. Interaction between oxide nanoparticles and biomolecules of the bacterial cell envelope as examined by infrared spectroscopy. Langmuir, 26 (23): 18071-18077.

Jin H, Heller DA, Sharma R, et al, 2009. Size-dependent cellular uptake and expulsion of single-walled carbon nanotubes: single particle tracking and a generic uptake model for nanoparticles. Acs Nana, 3(1): 149-158.

Jin H, Heller DA, Strano MS, 2008. Single-particle tracking of endocytosis and exocytosis of single-walled carbon nanotubes in NIH-3T3 cells. Nano Letters, 8(6):1577-1585.

Kagan VE, Tyurina YY, Tyurin VA, et al, 2006. Direct and indirect effects of single walled carbon nanotubes on RAW 264.7 macrophages: role of iron. Toxicology Letters, 165:88-100.

Kam NWS, Jessop TC, Wender PA, et al, 2004. Nanotube molecular transporters: internalization of carbon nanotube-protein conjugates into mammalian cells. Journal of the American Chemical Society, 126:6850-6851.

Kam NWS, Liu ZA, Dai HJ, 2006. Carbon nanotubes as intracellular transporters for proteins and DNA: an investigation of the uptake mechanism and pathway. Angewandte Chemie-International Edition, 45:577-581.

Kostarelos K, Lacerda L, Pastorin G, et al, 2007. Cellular uptake of functionalized carbon nanotubes is independent of functional group and cell type. Nature Nanotechnology, 2(2):108-113.

Kumar P, Bohidar HB, 2010. Aqueous dispersion stability of multi-carbon nanoparticles in anionic, cationic, neutral, bile salt and pulmonary surfactant solutions. Colloids and Surfaces A: Physicochemical and Engineering Aspects, 361: 13-24.

Lahiji RR, Dolash BD, Bergstrom DE, et al, 2007. Oligodeoxyribonucleotide association with single-walled carbon nanotubes studied by SPM. Small, 3(11):1912-1920.

Lai SK, Hida K, Man ST, et al, 2007. Privileged delivery of polymer nanoparticles to the perinuclear region of live cells via a non-clathrin, non-degradative pathway. Biomaterials, 28(18):2876-2884.

Lam C, James JT, MeCluskey R, et al, 2006. A review of carbon nanotube toxieity and assessment of potential occupational and environmentai health risks. Critieal Reviews in Toxieology, 36: 189-217.

Leroueil PR, Hong S, Mecke A, et al, 2007. Nanoparticle interaction with biological membranes: does nanotechnology present a janus face? Acc Chem Res, 40(5): 335-342.

Lin D, Liu N, Yang K, et al, 2009. The effect of ionic strength and pH on the stability of tannic acid-facilitated carbon nanotube suspensions. Carbon, 47(12): 2875-2882.

Lin YJ, Wang L, Lin JH, et al, 2003. Preparation and properthes of poly(acrylic acid)-stabilized magnetite nanopartides. Synthetic Metal, 135-136: 769-770.

Lopez CF, Nielsen SO, Moore PB, et al, 2004. Understanding nature, design for a nanosyringe. Proc Nat Acad Sci USA, 30:101(13): 4431-4434.

Luhmann T, Rimann M, Bittermann ACS, et al, 2008. Cellular uptake and intracellular pathways of PLL-g-PEG-DNA nanoparticles. Bioconjug Chem, 19 (9): 1907-1916.

Lynch I, Dawson KA, 2008. Protein-nanoparticle interactions. Nano Today, 3: 40-47.

Matsuura K, Saito T, Okazaki T, et al, 2006. Selectivity of water-soluble proteins in single-walled carbon nanotube dispersions. Chemical Physics Letters, 429: 497-502.

Mazzatenta A, Giugliano M, Campidelli S, et al, 2007. Interfacing neurons with carbon nanotubes: electrical signal transfer and synaptic stimulation in cultured brain circuits. J Neurosci, 27(26): 6931-6936.

Mwenifumbo S, Shaffer MS, Stevens MM, 2007. Exploring cellular behaviour with multi-walled carbon nanotube constructs. Journal of Materials Chemistry, 17:1894-1902.

Nabiev I, Mitchell S, Davies A, et al, 2007. Nonfunctionalized nanocrystals can exploit a cell's active transport machinery delivering them to specific nuclear and cytoplasmic compartments. Nano Letters, 7: 3452-3461.

Oberdörster G, Ferin J, Lehnert BE, 1994. Correlation between particle size, *in vivo* particle persistence, and lung injury. Environ Health Persp, 102: 173-179.

Osaki F, Kanamori T, Sando S, et al, 2004. A quantum dot conjugated sugar ball and its cellular uptake. On the size effects of endocytosis in the subviral region. J Am Chem Soc, 126(21):6520-6521.

Palomaki J, Valimi E, Sund J, et al, 2011. Long, needle-like carbon nanotubes and asbestos activate the NLRP3 inflammasome through a similar mechanism. ACS Nano, 5: 6861-6870.

Panyam J, Labhasetwar V, 2003. Dynamics of endocytosis and exocytosis of poly(D, L-lactide-co-glycolide) nanoparticles in vascular smooth muscle cells. Pharm Res, 20(2): 212-220.

Park EJ, Bae E, Yi J, et al, 2010. Repeated-dose toxicity and inflammatory responses in mice by oral administration of silver nanoparticles. Environ Toxicol Pharmacol, 30: 162-168.

Park KH, Chhowalla M, Iqbal Z, et al, 2003. Single-walled carbon nanotubes are a new class of ion channel blockers. J Biol Chem, 278: 50212-50216.

Peetla C, Labhasetwar V, 2008. Biophysical characterization of nanoparticle-endothelial model cell membrane interactions. Mol Pharm, 5(3):418-429.

Perrault SD, Walkey C, Jennings T, et al, 2009. Mediating tumor targeting efficiency of nanoparticles through design. Nano Letters, 9(5): 1909-1915.

Poland CA, Duffin R, Kinloch I, et al, 2008. Carbon nanotubes introduced into the abdominal cavity of mice show asbestos-like pathogenicity in a pilot study. Nature Nanotechnology, 3: 423-428.

Pulskamp K, Worle-Knirsch JM, Hennrich F, et al, 2007. Human lung epithelial cells show biphasic oxidative burst after single-walled carbon nanotube contact. Carbon, 45:2241-2249.

Qaddoumi MGS, Gukasyan HJ, Davda J, et al, 2003. Clathrin and caveolin-1 expression in primary pigmented rabbit conjunctival epithelial cells: role in PLGA nanoparticle endocytosis. Mol Vis, 9: 559-568.

Rimai DS, Quesnel DJ, Busnaia AA, 2000. The adhesion of dry particles in the nanometer to micrometer-size range. Colloids Surf A: Physicoehem Eng Aspects, 165:3-10.

Roberts AP, Mount AS, Seda B, et al, 2007. *In vivo* Biomodification of lipid-coated carbon nanotubes by aphnia magna. Environmental Science & Technology, 41(8): 3025-3029.

Roiter Y, Ornatska M, Rammohan AR, et al, 2008. Interaction of nanoparticles with lipid membrane. Nano Letters, 8(3): 941-944.

Ryaman-Rasmussen JP, Riviere JE, Monteiro-Riviere NA, 2007. Surface coatings determine cytotoxicity and irritation potential of quantum dot nanoparticles in epidermal keratinocytes. J Invest Dermatol, 127(1): 143-153.

Sabokbar A, Pandey R, Athansou NA, 2003. The effect of particle size and electrical charge on macrophage-osteoclast differentiation and bone resorption. J Mater Sci Matered, 14: 731-738.

Saleh NB, Pfefferle LD, Elimelech M, 2010. Influence of biomacromolecules and humic acid on the aggregation kinetics of single-walled carbon nanotubes. Environmental Science & Technology, 44 (7): 2412-2418.

Samoshina Y, Diaz A, Becker Y, et al, 2003. Adsorption of cationic, anionic and hydrophobically modified polyacrylamides on silica surfaces. Physicochemical and Engineering Aspects, 231(1-3): 195-205.

Sato Y, Yokoyama A, Shibata K, et al, 2005. Influence of length on cytotoxicity of multi-walled carbon nanotubes against human acute monocytic leukemia cell line THP-I *in vitro* and subcutaneous tissue of rats *in vivo*. Molecular Biosystems, 1:176-182.

Schreiner KM, Filley TR, Blanchette RA, 2009. White-rot basidiomycete-mediated decomposition of C_{60} fullerol. Environmental Science & Technology, 43: 3162-3168.

Seleverstov O, Zabirnyk O, Zscharnack M, et al, 2006. Quantum dots for human mesenchymal stem cells labeling, a size-dependent autophagy activation. Nano Letters, 6(12): 2826-2832.

Shi W, Wang J, Fan X, et al, 2008. Size and shape effects on diffusion and absorption of colloidal particles near a partially absorbing sphere: implications for uptake of nanoparticles in animal cells. Physical Review E, 78(6): 61914-61921.

Shvedova AA, Kapralov AA, Feng WH, et al, 2012. Impaired clearance and enhanced pulmonary inflammatory /fibrotic response to carbon nanotubes in myeloperoxidase-deficient mice. PLoS One, 7: e30923.

Simon-Deckers A, Gouget B, Mayne-L'Hermite M, et al, 2008. *In vitro* investigation of oxide nanoparticle and carbon nanotube toxicity and intracellular accumulation in A549 human pneumocytes. Toxicology, 253:137-146.

Singh R, Pantarotto D, Lacerda L, et al, 2006. Tissue biodistribution and blood clearance rates of intravenously administered carbon nanotube radiotracers. Proc Natl Acad Sci USA, 103(9): 3357-3362.

Teegarden JG, Hinderlither PM, Orr G, et al, 2007. Particokinetics *in vitro*: dosimetry considerations for *in vitro* nanoparticle toxicity assessments. Toxicol Sci, 95(2): 300-312.

Thakur SA, Hamilton RF, Pikkarainen T, et al, 2009. Differential binding of inorganic particles to MARCO. Toxicol Sci, 7(1):238-246.

Tian FR, Cui DX, Schwarz H, et al, 2006. Cytotoxicity of single-wall carbon nanotubes on human fibroblasts. Toxicology in Vitro, 20:1202-1212.

Tkachenko AG, Xie H, Coleman D, et al, 2003. Multifunctional gold nanoparticle-peptide complexes for nuclear targeting. J Am Chem Soc, 125(16):4700-4701.

Tkachenko AQ, Xie H, Franzen S, et al, 2005. Assembly and characterization of biomolecule-gold nanoparticle conjugates and their use in intracellular imaging. Methods Mol Biol, 303: 85-99.

Torchilin VP, 2006. Multifunctional nanocarriers. Advanced Drug Delivery Reviews, 58(14): 1532-1555.

Vasir JK, Labhasetwar V, 2007. Biodegradable nanoparticles for cytosolic delivery of therapeutics. Advanced Drug Delivery Reviews, 59(8): 718-728.

Verma A, Stellacci F, 2010. Effect of surface properties on nanoparticle-cell interactions. Small, 6: 12-21.

Verma A, Uzun O, Hu YH, et al, 2008. Surface-structure-regulated cell-membrane penetration by monolayer-protected nanoparticles. Nat Mater, 7: 588-595.

Vertegel AA, Siegel RW, Dordick JS, 2004. Silica nanoparticle size influences the structure and enzymatic activity of adsorbed lysozyme. Langmuir, 20(16): 6800-6807.

Vlasova II, Vakhrusheva TV, Sokolov AV, et al, 2011. Peroxidase-induced degradation of single-walled carbon nanotubes: hypochlorite is a major oxidant capable of *in vivo* degradation of carbon nanotubes. Journal of Physics: Conference Series, 291: 012056.

Walkey CD, Chan WCW, 2012. Understanding and controlling the interaction of nanomaterials with proteins in a physiological environment. Chem Soc Rev, 41: 2780-2799.

Walsh M, Tangney M, O'Neill MJ, et al, 2006. Evaluation of cellular uptake and gene transfer efficiency of pegylated poly-L-lysine compacted DNA: implications for cancer gene therapy. Mol Pharm, 3(6):644-653.

Wang Y, Hussain S, krestin GP, 2001. Superparamagnetic iron oxide contrast agents. Eur J Radiol, 11: 2319-2331.

Warheit DB, Sayes CM, Frame SR, et al, 2010. Frame pulmonary exposures to sepiolite nanoclay particulates in rats: resolution following multinucleate giant cell formation. Toxicology Letters, 192: 286-293.

Warheit DB, Webb TR, Sayes CM, et al, 2006. Pulmonary instillation studies with nanoscale TiO_2 rods and dots in rats: toxicity is not dependent upon particle size and surface area. Toxicol Sci, 91(1): 227-236.

Wick P, Manser P, Limbach LK, et al, 2007. The degree and kind of agglomeration affect carbon nanotube cytotoxicity. Toxicology Letters, 168:121-131.

Xu H, Bai J, Meng J, et al, 2009. Multi-walled carbon nanotubes suppress potassium channel activities in PC 12 cells. Nanotechnology, 20(28):285102.

Yang K, Xing B, 2009. Adsorption of fulvic acid by carbon nanotubes from water. Environmental Pollution, 157: 1095-1100.

Yang ST, Guo W, Lin Y, et al, 2007. Biodistribution of pristine single-walled carbon nanotubes *in vivo*. J Phys Chem C, 111(48): 17761-17764.

Yang Z, Leon J, Martin M, et al, 2009. Pharmacokinetics and biodistribution of near-infrared fluorescence polymeric nanoparticles. Nanotechnology, 20(16): 11-18.

Zhang DW, Yi CQ, Zhang JC, et al, 2007. The effects of carbon nanotubes on the proliferation and differentiation of primary osteoblasts. Nanotechnology, 18:75102.

Zhang S, Li J, Lykotrafitis G, et al, 2009. Size-dependent endocytosis of nanoparticles. Advanced Materials, 21:419-424.

Zhang W, Ji Y, Meng J, et al, 2012. Probing the behaviors of gold nanorods in metastatic breast cancer cells based on UV-vis-NIR absorption spectroscopy. PLoS One, 7(2): e31957.

Zhao J, Bowman L, Zhang X, et al, 2009. Titanium dioxide nanoparticle induce JB6 cell apoptosis through activation of the caspase-8/Bid and mitochondrial pathways. J Toxicol Environ Health A, 72(19): 1141-1149.

Zhu RR, Wang WR, Sun XY, et al, 2010. Enzyme activity inhibition and secondary structure disruption of nano-TiO_2 on pepsin. Toxicology in Vitro, 24: 1639-1647.

第 4 章
纳米毒性与物理损伤

纳米材料的生物学效应与安全性是纳米技术可持续发展的核心，其既具有基础科学意义，又事关纳米科技在生物医药领域应用前景的关键问题。现如今，制约纳米技术未来发展的因素主要有四点：一是纳米安全性知识体系与评价方法不完善；二是纳米材料的可控加工难达到；三是纳米载体载药量低、成本高；四是纳米尺度上的大规模生产技术不成熟。针对第一点，国外提出了"没有安全数据，就没有市场"（No Data, No Market）的方针，为保障科技和市场的优先权，"科技要领先，产品要安全"已成为发达国家的国家战略。为此，在短短几年内就已经形成"纳米毒理学"这个新兴学科。纳米毒理学发展迅速，美国和欧洲国家分别创办"纳米毒理学"专业学术刊物 *Nanotoxicology* 和 *Particle & Fibre Toxicology*，两刊很快就进入 SCI 期刊行列，并且其影响因子超过了毒理学领域具有 60 年历史的两大代表性刊物：*Toxicol Sci* 和 *Toxicol Lett*，在两刊上发表的研究论文也是每年成倍增长。

尽管如此，此领域目前能够归纳出的具有系统性、普遍性的规律性知识还很有限，某些纳米颗粒的毒理学行为与经典毒理学规律相悖，出现了完全逆转的毒理学行为，甚至有时候得出的实验数据相互矛盾，无规律可循。根据现有的全球化学品分类标准（GHS），无论是 20nm 还是 120nm 的 ZnO 纳米材料，均属无急性毒性级别。然而血液学结果显示，低、中剂量的 20nm 的 ZnO 和高剂量的 120nm 的 ZnO 均会诱导血液黏度的升高。不仅如此，病理学结果表明，120nm 的 ZnO 暴露导致小鼠胃、肝、心肌和脾组织病理损伤呈现"正的剂量 - 效应关系"，然而，在 20nm 的 ZnO 组，小鼠的肝、脾、胰腺和心肌的损伤均呈现"负的剂量 - 效应关系"，即剂量越大，损伤越小。化学组成相同、剂量相同的纳米颗粒，出现了完全逆转的毒理学行为！这些现象的出现，不得不引发我们深思：既然纳米毒理学是毒理学的一个分支，那为什么经典毒理学的规律不能应用到纳米毒理学中呢？为什么采用经典毒理学的研究方法得出的实验结果会与已有的毒性效应规律相矛盾呢？本章将从生物学和物理化学的角度回答这些问题，并据此揭示纳米毒性的本质。

第1节　纳米粒子与生物系统的相互作用

（一）物理作用与化学作用

物理作用是指物体（质）之间通过电场、磁场、重力场、机械力等方式发生相互作用，是物体整体之间的作用。物理作用仅改变物体的物理参数，如形状、空间位置等，不改变物体的化学成分，该过程自始至终没有新物质的生成，而且物理作用没有选择性，在满足前提条件（如合适的空间距离、碰撞等）的情况下，物理作用均会在条件之内的物体之间发生。正因为物理作用方式的无选择性，导致其作用结果的非特异性。例如，碳纳米管刺穿细胞磷脂膜的过程中没有产生新的物质，只是磷脂膜中分子的排列次序发生了改变，故是物理作用过程，而且碳纳米管既可以刺穿上皮细胞的磷脂膜，也可以刺穿内皮细胞的磷脂膜。随着体液的流动，碳纳米管不仅可以刺穿腿部细胞的磷脂膜，还可以刺穿脏器细胞的磷脂膜。但不管是刺穿何种类型的细胞、何处部位的细胞，最终导致的直接结果均是细胞膜的损伤，只是损伤的程度不一定一致。

化学作用是指物质间通过化学键相互作用，更确切地说，是组成物质的分子通过分子与分子间的化学键发生相互作用。化学作用过程中发生了化学键的变化，即有旧键的断裂和新键的生成，整个过程结束后将产生新的物质。发生化学作用也需要满足一定的条件，如活化能、键角、化学键类型等，并非所有物质间都能发生反应。与物理作用不同，化学作用方式具有选择性、专一性，作用结果具有特异性。受体与配体之间相互作用、抗原与抗体之间相互作用、酶与底物之间相互作用均是典型的例子，它们作用的特异性均源于配对分子之间空间结构的互补性。例如，蛋白质受体与信号分子配体通过氢键、离子键、范德华力特异性结合后即发生分子构象变化，从而引起细胞反应，包括介导细胞间信号转导、细胞间黏合、细胞吞噬等过程。G 蛋白偶联受体是体内应用最为广泛的受体之一，G 蛋白是由 α、β、γ 三种亚单位组成的三聚体，静息状态时与 GDP 结合。当受体激活时 GDP-αβγ 复合物在 Mg^{2+} 参与下，结合的 GDP 与胞质中 GTP 交换，GTP-α 与 βγ 亚单位分离并激活效应器蛋白，同时配体与受体分离。

化学作用的实质是一种或多种物质变化成为化学组成、性质和特征与原来都不相同的另一种或多种物质，而物理作用的实质只是使物质的状态和外形发生改变，只是组成成分之间的相对位移有所变化。化学作用和物理作用虽然是两种不同的作用，但两者又是相互联系、相互渗透的。有许多变化既是物理作用的结果，又受化学作用的影响，例如金属钠颗粒放入水中，在化学反应的过程中产生的气体和热将推动颗粒剩余的部分与水发生相对运动，即物理作用。化学作用发生时需要两分子间相互接近，而这一分子接近、撞击过程也是一种物理作用，化学反应是物理作用之后的结果。总之，物理作用是时刻存在的，而化学作用是条件选择性存在的，两者有密切联系。

因此，当我们在研究物质与物质的相互作用时，一定要注意区分是化学作用还是物理作用，或者两者兼而有之。因为作用类型不同，作用方式不同，将导致不同的作用结果。

（二）基于分子相互作用的经典毒理学规律

1. 经典毒理学原理　现代毒理学是研究所有外源因素（如化学、物理和生物因素）对生物系统的损害作用、生物学机制、安全性评价与危险性分析的科学。但经典的毒理学主要研究内容仍然是化学物质对机体的生物学作用及其机制。外源性化学物质是存在于人类生活的外界环境中，可能与机体接触并进入机体，在体内呈现一定的生物学作用的化学物质。外源性化学物质并非人体的组成成分，也非人体所需的营养物质，而且也不是维持机体正常生理功能和生命所必需的物质，但它们可由外界环境通过一定的环节和途径与机体接触并进入机体，在机体内呈现一定的生物学作用。外源性化学物质分为天然的和合成的，常见的外源性化学物质有农用化学品、工业化学品、药物、食品添加剂、日用化学品、各种环境污染物及霉菌毒素等。

外源性化学物质与生物体系之间的相互作用就像生命体的基本活动一样（如第 2 章所述），均是以溶于水中的分子为基础的，外源性化学物质受自身理化因素影响，或部分或全部溶解于体液中再被吸收入血，然后以分子态与内源性靶分子相互作用产生毒性，最后被代谢、转化成极性更大的化合物而排出体外，整个毒理作用过程都是一种溶解在水介质中的分子 - 生命体相互作用模式，是在水中的化学过程。

2. 经典毒理学的基本法则：剂量 - 效应关系　毒理学鼻祖 Paracelsus 的经典名言："All substances are poisons, there is none which is not a poison. The right dose differentiates a poison and remedy."其意思是所有物质都是有毒的，不存在没有毒性的物质。剂量决定其为毒物还是药物。也就是说，剂量是决定物质是否有毒的关键因素：即使是对于生命所必需的物质来说，剂量很低，不会对生物体的生理、生化过程产生明显的作用；剂量在合适的范围内，对生命体的基础活动产生有利的作用；剂量过高，则会导致生物体稳态的紊乱。如糖类，适当的糖分是机体所需的营养物质，但若长期摄入过量也会引发糖尿病。必须说明的是，此处所指的剂量是内剂量（化学物质被吸收入血的量）或靶剂量（也称生物有效剂量，指到达靶器官并与其作用的量），对于大部分化学物质来说，内剂量和靶剂量是同一个浓度，即血液中溶解该物质的浓度，其直接决定了化学物质对机体产生影响的性质与强度。基于上述原理，临床上使用药物都有一个治疗窗或剂量范围，使其在发挥效应的同时而不至于产生毒性。如图 4-1 所示，上虚线代表最低中毒浓度（MTC），下虚线代表最

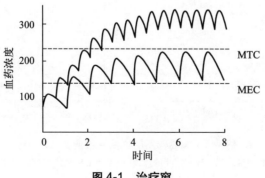

图 4-1　治疗窗

低有效浓度（MEC），只有当血药浓度在此治疗范围内时才有药效且安全。

外剂量（机体接触化学物质的量或在试验中给予机体受试物的量）虽然检测起来较内剂量简便，但其具有很大的不真实性。如暴露途径不同会影响吸收入血的量，溶解度、渗透系数不同也会很大程度地影响血药浓度。例如，一些毒性很大的难溶性物质，即使口服到克级时都没有产生毒副作用或药效，并不是因为其本身没有生理学效应，而是由于其在胃肠道内不溶解而吸收很少，以致血液中的浓度很低，达不到最低中毒浓度或最小有效浓度。

因此，需要一个准确的、真实的剂量-效应关系来界定某一物质的无效范围、有效范围和毒性范围。生物学效应与剂量在一定范围内成正比，这就是剂量-效应关系。以效价强度为纵坐标，物质剂量或浓度为横坐标作图则得量-效曲线（dose-effect curve）。生物学效应按性质可以分为量反应和质反应。效应的强弱呈连续增减的变化，可用具体数量或最大反应的百分率进行描述的反应称为量反应。如果效应不是随着剂量或浓度的增减呈连续性量的变化，而表现为反应性质的变化，如死亡与生存，则称为质反应。但不管是量反应还是质反应，其效应均与内剂量在一定范围内成正比。常见的量-效曲线有以下几种形式："S"形曲线（包括对称"S"形曲线和非对称"S"形曲线）、直线、抛物线。图4-2～图4-4分别为：药物作用的剂量-效应关系图、质反应的量效曲线图及"S"形量效曲线向直线的转换图。

3. 经典毒理学毒效应规律　大多数毒物的作用来自于毒物与机体生物大分子之间的相互作用，这种相互作用引起了机体生理、生化功能的变化。已知的毒物作用机制涉及受体、酶、离子通道、核酸、载体、免疫系统和基因等。此外，有些毒物通过其理化作用或引入机体不存在或限量的物质而发挥作用。其中作用于受体和酶的毒物占80%以上，本章将重点以毒物通过受体机制和酶机制产生的毒理学效应为例，对经典毒理学理论进行介绍。

受体是一类介导细胞信号转导的功能蛋白质，能识别周围环境中某种微量化学物质。体内能与受体特异性结合的物质称为配体，也称第一信使。配体与受体大分子结合才能被

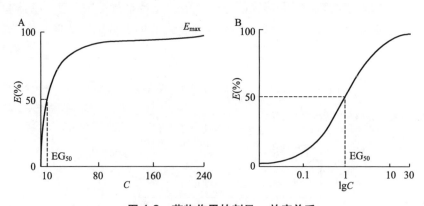

图 4-2　药物作用的剂量 - 效应关系

A. 药量用真数剂量表示；B. 药量用对数剂量表示；E. 效应强度；C. 药物浓度

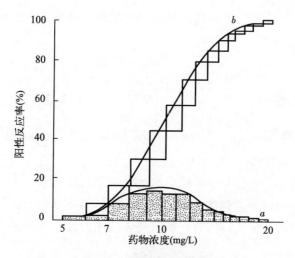

图 4-3　质反应的量效曲线

a 为区段反应率；*b* 为累计反应率

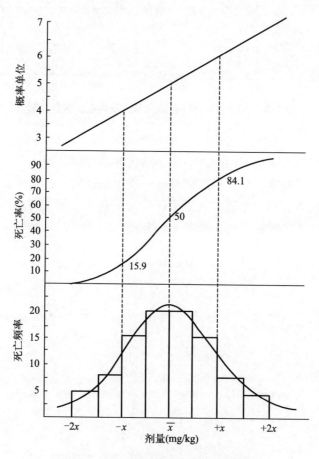

图 4-4　"S"形量效曲线向直线的转换

激活并产生效应，而效应的强度与被占领的受体数目成正比，全部受体被占领时出现最大效应。据公式

$$\frac{E}{E_{max}} = \frac{[DR]}{[R_T]} = \frac{[D]}{K_D + [D]} \tag{4-1}$$

其中 D 为毒物，R 为受体，DR 为毒物 – 受体复合物，E 为效应强度，K_D 为解离常数。由上式可知，当 $[D] \gg K_D$ 时，$\frac{[DR]}{[R_T]} = 100\%$，达最大效能，即 $[DR]_{max} = [R_T]$；当 $\frac{[DR]}{[R_T]} = 50\%$ 时，即 50% 的受体与毒物结合时，$K_D = [D]$，此时 K_D 表示毒物与受体的亲和力，其值越大，毒物与受体的亲和力越小。毒物与受体结合产生效应不仅要有亲和力，还要有内在活性，后者决定毒物与受体结合时产生效应大小的性质。当两毒物亲和力相等时，其效应强度取决于内在活性强弱，当内在活性相等时，则取决于亲和力大小（图 4-5）。

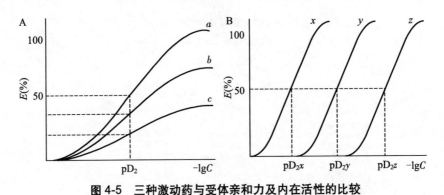

图 4-5　三种激动药与受体亲和力及内在活性的比较
A. 亲和力 $a=b=c$，内在活性 $a > b > c$；B. 亲和力 $x < y < z$，内在活性 $x=y=z$

引起同一类型受体兴奋反应的配体的化学结构非常相似，同一类型的激动药与同一类型的受体结合时产生的效应类似，但即使是同一类型的药物，其结构上的微小差异也可导致与受体的亲和力或内在活性不同，从而引起效应的强度不同。例如，环戊噻嗪、氢氯噻嗪和氯噻嗪，它们的分子式和结构式如图 4-6 所示。

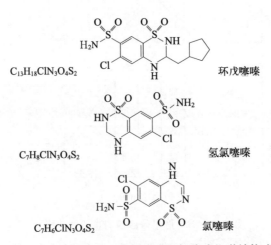

图 4-6　环戊噻嗪、氢氯噻嗪和氯噻嗪化学结构式

它们的化学结构类似，只是侧链基团发生了细微变化，其产生的利尿效应存在显著差异（图 4-7），因为结构的细微差异导致其与远曲小管近端 Na^+-Cl^- 共转运子的亲和力不同，足以见受体的高度特异性。另外，不同光学异构体的反应也可以完全不同，如 (S, S) 型乙胺丁醇是一种抗结核药物，而 (R, R) 型却能引起导致失明的视神经炎；氨氯地平的左旋体能治疗高血压和心绞痛，其右旋体却没有这种活性。即使是极小的结构差异也能够引起毒效应的不同，说明受体与配体之间具有高度的特异性。

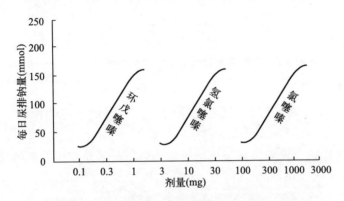

图 4-7　三种利尿药的效应强度及最大效应比较

同时，受体对相应的配体有极高的识别能力，受体只需与很低浓度的配体结合就能产生显著的效应，即受体的灵敏性。在一定范围内，随着毒物配体浓度升高，毒效应愈加显著，但受体数目是一定的，因此配体与受体结合的剂量反应曲线具有饱和性。

生物体内的各种化学反应几乎都是在特异的生物催化剂的催化下进行的。迄今为止，已发现两类生物催化剂：酶和核酶。前者是能对其特异底物起高效催化作用的蛋白质，是机体内催化各种代谢反应最主要的催化剂；后者是具有高效、特异催化作用的核酸，主要参与 RNA 的剪接。有很多毒物通过作用于酶而引发一系列毒效应，如有机磷酯类可抑制胆碱酯酶的活性，导致乙酰胆碱在体内大量蓄积。酶与一般催化剂一样，在化学反应前后都没有质和量的变化，但其本质是蛋白质，又具有一般催化剂所没有的生物大分子特性。酶促反应最大的特点是具有高度的特异性，酶对其所催化的底物具有较严格的选择性，即一种酶仅作用于一种或一类化合物，或一定的化学键，催化一定的化学反应并产生一定的产物，如脲酶仅能催化尿素水解生成 CO_2 和 NH_3，乳酸脱氢酶仅催化 L-乳酸脱氢，而不作用于 D-乳酸。除旋光异构体外，有些酶对几何异构体也显示出特异性，如延胡索酸酶仅催化反丁烯二酸与苹果酸之间的裂解反应，对顺丁烯二酸则无作用。此外，底物浓度对酶促反应也有较大影响（图 4-8），遵循米-曼氏方程式，简称米氏方程式。

$$V = \frac{V_{\max}[S]}{K_m+[S]}$$

该式中 $V_{\max}$ 为最大反应速度，$[S]$ 为底物浓度，K_m 为米氏常数，V 是在不同 $[S]$ 时的反应速度。当底物浓度很低（$[S] \ll K_m$）时，$V = V = \dfrac{V_{\max}}{K}[S]$，反应速度与底物浓度成正比。当底物

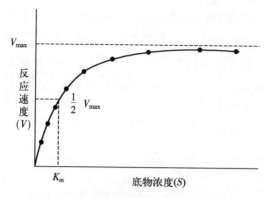

图 4-8 底物浓度对酶促反应速度的影响

浓度很高（[S]>>K_m）时，$V \approx V_{max}$，反应速度达最大，再增加底物浓度也不再影响反应速度。

综上所述，经典毒理学毒效应最显著的规律为基于分子水平的高度特异性，其次为饱和性。

（三）纳米毒性的特异现象与理论误区

1. 纳米毒理学研究对象 纳米毒理学研究的对象是纳米颗粒（纳米颗粒与分子的特点在第 3 章已有陈述），主要研究纳米颗粒与生物系统界面之间的相互作用，即在"纳米 - 生物界面"中包含有纳米材料表面与生物成分表面（如蛋白质、膜、内吞小泡、细胞器、和 DNA 等）之间的物理化学相互作用的动态过程。这里的"纳米 - 生物界面"由 3 个交互部分组成：①纳米颗粒的表面，纳米颗粒的物理化学组成决定其表面特性；②固 - 液界面，由纳米颗粒与周围介质接触并发生相互作用而形成，并随之而变化；③固 - 固界面，与生物体系中生物膜等的接触界面，纳米颗粒与生物大分子（如蛋白质分子、DNA 分子）、生物膜、细胞器和细胞接触发生界面相互作用，导致大分子功能障碍、构型构象改变、膜稳定性变化或结构破坏，从而可能产生对生物有害的结果。纳米颗粒的毒性机制应该是一种物理颗粒 - 生命体相互作用模式。

2. 剂量 - 效应关系的不确定性 剂量 - 效应关系是毒理学的基本规律，具有重要的毒理学意义。它可用于比较不同化学物的毒性，有助于发现化学物的毒效应性质，有助于确定机体易感性分布，是判断外源化学物与机体损伤之间有因果关系的证据，是安全性评价和危险度评估的重要内容。然而，纳米颗粒的剂量 - 效应关系却没有遵循此规律，实验证明，在纳米毒理学的研究中，不存在明确的剂量 - 效应关系。如表 4-1 所示，用不同剂量的纳米二氧化硅与不同的细胞孵育，均能产生类似的生物学效应，尤其是对于 HEK293 细胞，分别给予 80μg/ml 和 140μg/ml 的剂量孵育 24h 后，其对细胞的增殖影响程度一致，细胞存活率均约为 50%（表 4-1、表 4-2）。

表 4-1　不同细胞暴露在不同剂量及时间下的生物效应

细胞类型	尺寸（nm）	剂量（μg/ml）	暴露时间(h)	生物学效应
A549	15	50	48	细胞存活率均为对照组的 76.0%
	46	50	48	细胞存活率均为对照组的 76.0%
	30	50	24	EC₅₀ 为 50μg/ml
EAHY926	30	150	24	EC₅₀ 为 150μg/ml
RAW264.7	—	40	24	细胞存活率约为对照组的 50.0%
HEK293	20	80	24	细胞存活率约为对照组的 50.0%
	50	140	24	细胞存活率约为对照组的 50.0%

表 4-2　在特定的硅纳米颗粒浓度下经谷胱甘肽（GSH）处理 48h 后的抗氧化酶水平

暴露条件	GR（nmol NADPH/min/mg 蛋白）		GPx（nmol NADPH/min/mg 蛋白）	
	二氧化硅（10nm）	二氧化硅（80nm）	二氧化硅（10nm）	二氧化硅（80nm）
对照组	98.0±3.0	98.0±2.4	20.2±2.3	20.2±2.3
50*	98.0±3.0	99.0±3.0	20.2±2.3	19.2±3.1
100*	98.0±3.0	95.0±3.0	19.2±3.1	18.2±2.1
200*	95.0±3.0	98.0±3.0	20.2±2.3	20.2±2.3
400*	90.0±3.0	88.0±2.2	18.2±2.1	19.2±3.1

*. 50～400 指的是硅纳米颗粒的浓度（单位：g/ml）。

注：GR，谷胱甘肽还原酶；GPx，谷胱甘肽过氧化物酶。

　　表 4-2 的实验结果也存在类似情况，用不同剂量的二氧化硅纳米颗粒与 A549 细胞孵育 48h 后检测谷胱甘肽还原酶（GR）、谷胱甘肽过氧化物酶（GPx）水平发现，除 400μg/ml 的剂量外，其余剂量组对 GR、GPx 水平的影响均无显著性差异，提示不同剂量的二氧化硅纳米颗粒对 A549 细胞的氧化损伤程度的影响无显著性差异。这两个例子说明，对于某一种物质，即使给予不同剂量的纳米颗粒，其造成的损害强度却一致，明显不遵循经典的剂量 - 效应关系规律。

　　又如本章开始提到的，小鼠暴露于 20nm 的 ZnO 环境中，其肝、脾、胰腺和心肌的损伤均呈非线性负相关，即 ZnO 的剂量越大，损伤越小；而对胃的损伤又呈非线性正相关，即剂量越大，损伤越大。由此可见，同一化学组成的纳米颗粒在相同的暴露途径下，随着剂量的增大，同一个体不同器官表现出的毒效应强度却不一致，有的毒效应强度增强，有的毒效应减弱（表 4-3），表明不存在经典的"剂量 - 效应"关系。

表 4-3　在 20nm 的 ZnO 环境中（N1～N5）给药后小鼠的病理变化

分组	胃	肝	胰腺	肾	脾	心脏
N1	+	+ +	+	−	+	+ +
N2	+	+ +	+	−	−	−
N3	+	+ +	+	−	−	−
N4	+	+	−	−	−	−
N5	+ +	+	−	±	−	−

注：+、−代表毒效应；+代表毒性增强；−代表毒性减弱。N1～N5 剂量不断增大。

3. 毒效应的非特异性　根据经典毒理学理论，毒性效应具有高度特异性，不同结构材料产生的毒效应的性质不同，如有机磷酯类亲电子性的磷原子能与乙酰胆碱酯酶（AChE）酯解部位丝氨酸羟基上具有亲核性的氧原子以共价键结合，使 AChE 失去水解 ACh 的能力，造成中毒症状，而以 β-苯乙胺为基本化学结构的化合物因与肾上腺素结构类似可以激活肾上腺素受体而引发一系列效应。这些现象均是由化合物分子的结构特征所决定的，然而，从纳米结构出发，其本身结构特点决定其无特异性，如马力等采用非暴露式器官滴注的方式探讨了纳米四氧化三铁、纳米二氧化硅、单壁碳纳米管对大鼠肺的毒性效应，病理结果显示，3 种纳米材料均可造成大鼠肺间质性炎症，大鼠肺泡结构受到破坏且发生纤维组织增生，形成小结节。尽管这些纳米材料的化学组成完全不同，但它们对大鼠肺的毒性作用一致，不存在毒效应的高度特异性。

美国 NASA Johnson 空间中心的 Lam 等采用气管注射方式，将 3 种不同的碳纳米管分别以 3 种剂量注入老鼠体内，同时设置相同剂量的石英作为参照组，分别在第 7 天和第 90 天进行病理学研究。7 天后所有的老鼠都出现了与碳纳米管剂量相关的上皮肉芽肿，甚至出现细胞间质炎症。第 90 天损害持续存在甚至更为严重，有些老鼠还出现了外周支气管炎和坏疽。注入高剂量石英的则表现出了轻到中度的炎症。尽管碳纳米管的结构不同，但其都能使老鼠出现炎症反应，损伤性质一致，也不存在毒效应的高度特异性。

纳米颗粒的毒效应无特异性不但体现在动物整体水平，在细胞水平也存在类似现象。不同化学组成的纳米颗粒均可以引起不同类型细胞氧化应激水平的升高，从而导致细胞毒性。

Sayes 等的研究表明，二氧化钛暴露于人皮肤成纤维细胞和肺上皮细胞后，颗粒产生相似的细胞毒性和炎症反应。王雯等的研究表明，纳米二氧化硅和纳米镍对 HL-7702 和 R3/1 细胞的毒性作用均与细胞氧化应激有关。

（四）纳米毒理学的异化及其本质

纳米毒理学是纳米科学与生命科学交叉产生的一个新的分支学科，属于毒理学的范畴，但是在纳米毒理学中出现了很多独特的现象，与经典毒理学产生了异化，最显著的就是不存在明确的剂量-效应关系以及毒效应的非特异性。比较纳米毒理学与经典毒理学的原理与特点，出现异化现象的主要原因是由于纳米毒理学不同于经典的毒理学，主要体现在三个方面：首先，纳米毒理学研究的外源性物质是以分子或原子的聚集物的形态与机体接触，而经典毒理学研究的对象是直接以分子或离子的形态与机体相互作用；其次，物质因纳米化后新出现的纳米特性和穿透效应使其与机体的作用方式、作用途径和作用机制均发生了改变，是一种颗粒模式的 ADME 过程，而不是经典的化学识别、分子相互作用过程；最后，纳米材料的性能及生物活性，是由包括其化学组成在内的尺寸、形状、表面电荷等多方面的特征共同调控的，这使得纳米材料在生命体内的行为更加扑朔迷离，如果没有对上述多重性状的准确限定（而经典毒理学则不需考虑这些因素），就很难准确有效地标定剂量。了解了纳米毒理学与经典毒理学的不同，以上提到的异化现象就不难理解。

在纳米毒理学研究中，"内剂量"的精确测定是很难实现的。纳米颗粒在体内的行为与分子不同：分子溶于溶剂形成均相溶液，浓度均一，是热力学稳定体系，被吸收入血后，其各处的血液浓度是相等的，当其血液浓度增加时，各处的浓度也成相应倍数地增加。而纳米颗粒是由大量离散的粒子组成，具有相对较高的表面自由能，当其分散在分散介质中时形成的是非均相体系，是热力学、动力学不稳定体系。纳米颗粒进入机体后不能溶解，其性质导致其在体内的行为与分子不同，如当血液中纳米颗粒浓度增加 1 倍时，各处的浓度并不会像分子一样也增加相应的倍数，有的部位浓度可能增加得更多，聚集更严重，颗粒粒径变大。纳米颗粒和分子性质的不同，不仅会影响其暴露剂量，还会使其在体内的分布也不尽相同，如同一细胞对分子和颗粒的摄取率和摄取方式、同一脏器分子和颗粒的沉积数等，这些都是影响体内真实剂量的因素，且即使剂量相同，但纳米颗粒不具备分子的特异性，可随机与途经的分子结合，结合的量也不能如分子般定量，所以产生的效应强度每次都有可能不同。

因而，在纳米毒理学中，可认为剂量 - 效应呈相关性，但不具线性，与经典毒理学中剂量 - 效应关系的定义，即生物学效应与剂量在一定范围内成正比不符。

而纳米颗粒无特异性毒效应的现象可以反映在氧化应激学说和炎症反应学说上。纳米材料能够通过不同的机制产生活性氧（ROS），对于含有过渡金属如 Fe^{2+} 的纳米材料，可以通过 Fenton 反应：$Fe^{2+} + H_2O_2 \longrightarrow Fe^{3+} + OH \cdot + OH^-$ 产生 OOH·和 OH·自由基。惰性纳米材料本身不能诱导自由基的产生，但是可以通过与细胞线粒体的作用，增加线粒体中 ROS 的产生。过量的 ROS 引起细胞氧化应激反应，包括脂质过氧化、蛋白质和 DNA 损伤、信号通路紊乱，最终诱发肿瘤、神经退行性疾病和心血管病变。在炎症反应方面，纳米材料通过活化免疫细胞内的炎症小体，产生促炎性因子 IL-1β，从而诱导细胞炎症，如氨基修饰的聚苯乙烯纳米颗粒、银纳米颗粒及氢氧化铝纳米颗粒。纳米材料可以引起氧化应激和炎症反应，进而对细胞和机体产生毒性作用，但是氧化应激和炎症反应并不是产生毒效应的根本原因，而是毒效应的一种表现形式，很有可能是纳米颗粒与生物大分子、细胞膜等接触发生界面相互作用后引发的后续效应。

纳米毒理学虽然是毒理学的一个分支，但其研究对象和作用机制与经典毒理学均不同，经典毒理学研究的是分子与生物体系之间的相互作用，化学作用占主导地位，而纳米毒理学研究的是颗粒与生物体系之间的相互作用，物理作用占主导地位。所以，经典毒理学的理论与规律不能准确地反映纳米毒理学的本质。

第2节　尺寸效应与表面效应

（一）尺寸效应与纳米尺寸的"相当相应"法则

在化学领域，相似相溶（like dissolves like）原理是我们所熟知的一个关于物质溶解性的经验规律，"相似"是指溶质与溶剂在结构上相似；"相溶"是指溶质与溶剂彼此互溶。对于气体和固体溶质来说，"相似相溶"也适用。而在物理学领域是否也存在类似的规律呢？我们知道，衍射是波的重要特性之一，只有缝、孔的宽度或障碍物的尺寸跟波长相差不多时才能观察到明显的衍射现象。再例如，动量定理是最早被发现的一条定律，也是自然界中最重要最普遍的定律之一，它既适用于宏观物体，也适用于微观粒子；既适用于低速运动的物体，也适用于高速运动物体。对两物体典型的相互作用——碰撞而言，在碰撞理想条件下，两物体 m_1、m_2 发生完全弹性碰撞时，碰撞前后系统的总动能不变，对于两物体组成的系统的正碰情况满足：

$$m_1v_1+m_2v_2=m_1v_1{}'+m_2v_2{}'$$
$$1/2m_1v_1{}^2+1/2m_2v_2{}^2=1/2m_1v_1{}'{}^2+1/2m_2v_2{}'{}^2$$

通过研究能量的转化率，我们知道，若 $m_1>>m_2$，即第一个物体的质量比第二个物体大得多，这时 $m_1-m_2 \approx m_1$，$m_1+m_2 \approx m_1$，则有 $v_1 \approx v_1{}'$，$v_2 \approx 2v_1{}'$，即碰撞后球1速度不变，球2以2倍于球1的速度前进，如铅球碰乒乓球。若 $m_1<<m_2$，即第一个物体质量比第二个物体小得多，这时 $m_1-m_2 \approx -m_2$，$2m_1/(m_1+m_2) \approx 0$，则有 $v_1{}' \approx -v_1$，$v_2{}' \approx 0$，即碰撞后球1原速率反弹，球2不动，如乒乓球撞铅球。当 $m_1=m_2$ 时，这时 $v_1{}'=0$，$v_2{}'=v_1$，碰撞后实现了动量和动能的全部交换。由此可见，在密度相近的情况下，两个空间体积相当或空间结构互补的物体相互作用时，会产生接触扰动的应答效果，我们将其称为"相当相应"法则。这个法则看似显而易见，但如同用一个巨大的扳手想要拧动小它很多的螺丝（图4-9）是非常困难的。然而在实际应用中，这一情况经常被忽略。

图4-9　"相当相应"法则

纳米材料与生物体的相互作用存在"相当相应"法则。"相当相应"法则并不是一个简单的模型,它是两物体之间相互物理作用的规律,"相当相应"法则发生在每个尺寸量级。在宏观上讲,在厘米量级而言,子弹会对组织及器官产生损伤。在微米尺度上,颗粒团聚可能堵塞血管产生结构障碍。在 100nm 左右的尺度上,不可生物降解的颗粒材料与细胞、亚细胞、生物大分子大小相当,因而发生接触时,会产生显著的相互作用,如造成卡嵌、穿刺等物理损伤,即使小于 10nm 的粒子,也可能卡嵌于离子通道、核孔、生物大分子疏水腔穴等部位,影响其功能(如有研究发现富勒烯可以卡嵌于溶菌酶的疏水腔而影响其酶的活性)。具体而言,纳米尺寸的确是影响其毒性的因素之一,但这种"尺寸效应"的本质是因为纳米颗粒的尺寸与生物大分子、细胞器与细胞膜的基本单元结构处在同一量级水平上,具备了发生相互扰动作用的基础。

很多研究证明在颗粒尺寸减小到一定程度时,原本无毒或毒性不强的物质或材料开始出现毒性或毒性明显加强。例如,Oberdorster 等用粒径为 20nm 和 200nm 的二氧化钛颗粒进行大鼠亚慢性吸入实验,发现 20nm 组的炎症反应显著强于 200nm 组;王天成等观察到纳米铁粉还可使染毒小鼠血清血糖水平明显降低,而微米铁粉染毒组小鼠血清血糖水平与对照组相比差异无统计学意义,显示纳米粒径铁粉对小鼠血糖的影响明显要大于微米粒径铁粉。Service 等使大鼠吸入纳米聚四氟乙烯进行染毒实验,当聚四氟乙烯直径为 20nm 时,染毒 15min,多数大鼠在 4h 内死亡,而直径为 130nm 时,大鼠则不受影响。在纳米毒理学研究中,人们已普遍承认"尺寸 - 效应"关系的重要作用,甚至有许多学者认为纳米尺寸就是纳米毒性的根源,有人还提出为避免纳米灾难,应禁止一切纳米相关产品,尤其是禁止其在生物医药领域的应用。

确实,纳米尺寸是影响其毒性的因素之一,因为生物体内从生物大分子如蛋白质、DNA,到生物膜、细胞器再到细胞,均处于数纳米至数微米的范围内,而颗粒物质的纳米尺寸使得其与生物体内的基本单元结构处在同一量级水平上(表 4-4),具备了发生相互作用的基础。我们都知道"铁杵磨成针""杀鸡焉用牛刀"的引申意义,但为什么铁杵要磨成针,杀鸡不能用牛刀呢?说的就是一个量级的关系。

表 4-4　生理尺寸与纳米尺寸对比关系表

生命物质	尺寸	纳米物质	尺寸 (nm)
K^+ 通道孔洞	1nm	富勒烯 (C_{60})	0.71
胰蛋白酶	$(34.9 \times 41.3 \times 28.9)\ nm^3$	量子点 (纳米晶)	$1 \sim 10$
血红蛋白	$(6.4 \times 5.5 \times 5.0)\ nm^3$	单壁碳纳米管管径	$0.6 \sim 2$
细胞核孔	$50 \sim 80nm$	多壁碳纳米管管径	$2 \sim 100$
核小体	10nm	市售 SiO_2 纳米粒	$5 \sim 50$
线粒体	$500 \sim 10\,000nm$	市售 Fe_2O_3 纳米粒	< 80

续表

生命物质	尺寸	纳米物质	尺寸（nm）
细胞膜厚度	7～8nm	纳米混悬液	200～800
原核细胞	1 000～10 000nm	聚合物纳米粒	10～1 000
真核细胞	3 000～30 000nm	纳米乳	10～100
细胞间隙连接孔道	1.5nm	纳米脂质体	20～80
有孔毛细血管孔径	60～80nm	Rexin-G 纳米粒	100

纳米尺寸虽然为毒性的产生提供了基础，但它却不是一个必然因素，因为并不是所有处于纳米级别的外源性颗粒物质都会对生命体产生毒性，如美国 FDA 2005 年批准上市的白蛋白结合紫杉醇纳米粒注射混悬液（paclitaxel，ABRAXANE）；2003 年被批准上市的阿尔扎/先灵葆雅公司开发的 PEG 修饰的阿霉素脂质体楷莱®（Caelyx®）；菲律宾食品与药品管理局 2007 年批准的载突变细胞周期控制基因纳米粒注射剂（Rexin-G）。

这些同在纳米尺度的已上市的白蛋白纳米粒、脂质体纳米粒，与前文提到的具有所谓尺寸效应的二氧化钛纳米颗粒、纳米铁粉、纳米聚四氟乙烯最大的不同在于材料本身是否具有生物可降解性：白蛋白是属于球蛋白的一种蛋白质，遵循蛋白质代谢途径；脂质体由磷脂构成，遵循脂类代谢途径；而二氧化钛、铁、聚四氟乙烯纳米颗粒很容易通过各种途径如吸入、皮肤吸收等进入机体，却因化学惰性或没有合理的代谢途径难以在机体内降解和分解。

当外源性的纳米材料通过一定途径进入机体后，它将与对应体积的组织、细胞和细胞器发生生化、物理等方面的相互作用，其毒性表现可基本分为两种情况。①生物可降解性纳米颗粒进入机体后，若被细胞吞噬则将在细胞内降解、代谢变成小分子，为细胞再利用或成为废物被排出；若未被吞噬，亦可在体液代谢降解或自身溶解分散后代谢排出体外，此类材料毒性相对较小。②生物不可降解性纳米颗粒进入机体后，虽然同样可以进入细胞，却因代谢途径的缺失难以在细胞中降解和分解，滞留在细胞内影响细胞功能，最终导致细胞功能障碍甚至死亡；未被吞噬的纳米材料或因聚集等情况阻碍组织微循环。当细胞死亡后这些颗粒仍会入侵下一个健康细胞，如此引发一系列后继反应，最终引起机体的炎症、毒性反应。虽然纳米颗粒在体内会被巨噬细胞吞噬中和，由于无法降解和排出该粒子，巨噬细胞的功能仅仅是成为一个"垃圾储存点"。同时巨噬细胞的吞噬功能也会被削弱，并且自身被损伤。而氧化应激很有可能是细胞尝试"消化"纳米颗粒失败后的一种表现。

生物不可降解性纳米颗粒与生物大分子、生物膜、细胞器和细胞接触发生界面相互作用，导致大分子功能障碍，以及构型、构象改变，膜稳定性变化或结构破坏，从而可能产生对生物有害的结果。纳米颗粒的毒性机制应该是一种物理颗粒－生命体相互作用模式，物理作用占主导地位。

基于生命系统运作的特点，基于非生物降解性纳米颗粒与细胞、生物大分子的作用方式，可以看出，纳米颗粒进入人体后与生命系统之间相互作用的模式明显与化学物质不同，其作用方式具有随机性、不确定性、低选择性，并且作用结果具有非特异性。

纳米颗粒是具有宏观物理实体的颗粒，由于其在体内"非法"存在及与机体不相容，其整体无法被拆解代谢，也不能有效参与机体的分子级别的相互作用，这是纳米颗粒对机体造成损伤的根源。纳米颗粒本身具有宏观的颗粒性，借由其与目标间力的相互作用和所处空间位置关系，对目标产生的结构形变或破坏，以及进一步的功能丧失，其物理作用方式是重要特点。纳米材料与生物体的相互作用符合"相当相应"法则，对于生物相容性和生物可降解的粒子而言，由于生物系统内具有清除、分解这类颗粒的能力，所以这种接触扰动作用的影响是可逆的、可消除的；而对于生物不相容性、不可生物降解的粒子而言，由于体内不具有清除、分解这类颗粒的能力，所以这种接触扰动作用的影响是破坏性的、持续且累积的。

综上所述，很多纳米材料的毒性多取决于与其本身是否具有降解特性，而不是取决于其所处的尺度范围，所以尺寸效应存在的意义在于为颗粒物质与生物体搭起一座"桥梁"，使颗粒物质具备与生物大分子如蛋白质、DNA 及生物膜、细胞器和细胞相互作用的基础，而其在生物活性水平上的意义是不存在的。

（二）表面效应的片面性

当纳米颗粒的尺寸与光的波长、电子德布罗意波长、超导相干波长和透射深度等物理特征尺寸相当或更小时，其周期性边界条件将被破坏，它本身和由它构成的纳米固体的声、光、热、电、磁和热力学等物理性质，体现出传统固体所不具备的许多特殊性质，如表面效应。表面效应是纳米毒理学中争议比较大的一个方面。

有些学者认为，尺寸影响毒性的根源可以归因于纳米尺度下的巨大比表面积引起的超高反应活性。根据图 4-10 可知，1nm 的总表面积是 1cm 的 1000 万倍，根据巨大比表面积会引起超高反应活性理论，若将 1nm 的立方体分解成分子（相当于溶液），总表面积将更

图 4-10　表面积与体积关系

大，反应活性将更强，催化剂和吸附剂等应用大比表面积的产品应制成溶液。可是事实却未如此，吸附剂通常制成球形、圆柱形或无定形的颗粒或粉末，催化剂也是固体状态。而且按照此原理，只要是纳米尺度的物质均具有超高反应活性，但其实不然，当物质的粒径或体积变小时，其表面的原子数不断增多，会造成许多悬空键，为了稳定下来，表面的原子会与其界面接触的分子发生相互作用，此间的相互作用不一定是化学键结合，也有可能是范德华力，如物理吸附，尤其是极性吸附剂，如硅胶、活性氧化铝，它们是通过氢键来进行吸附。硅胶通常用 $SiO \cdot xHO$ 表示，在其表面的孔穴中存在许多活性羟基（硅醇基），即活性中心（图4-11），其能与极性化合物或不饱和化合物形成氢键而具有吸附性，若在水体系中，吸附活性则会丧失，因为水既会与吸附质形成氢键，又会与吸附剂上的活性中心形成氢键，从而屏蔽了硅胶活性羟基氢键的吸附作用。也就是说，即使是具有非常大比表面积的小尺寸吸附剂，如果处在水体系中，也不会有有效的吸附活性，因为其活性中心已被水饱和。由此可见，并不是所有具有大比表面积的小尺寸颗粒在任何情况下都具有超高反应活性。换句话说，催化剂能催化化学反应是源于特殊材料的性质，而非粒径或表面积所决定。因此，把纳米毒性的根源归因于纳米尺度下的巨大比表面积引起的超高反应活性，即"表面效应"，具有片面性。

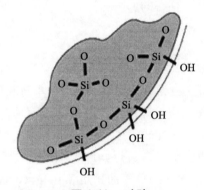

图4-11 硅胶

表4-5所示为硅胶、氧化铝的活度、含水量与吸附力的关系，说明即使是具有超大比表面积，但要利用此特性，也需要一定条件。

表4-5 硅胶、氧化铝的活度、含水量与吸附力的关系

活度级别	含水量（%）		吸附力
	硅胶	氧化铝	
V	20	15	↑
IV	15	10	
III	12	6	减弱
II	10	3	
I	—	—	

催化剂的使用也是基于大的比表面积原理。吴鸣等用 MoS_2 作为光催化剂进行苯酚的光氧化时，当颗粒尺寸为 4.5nm 时，可以利用 ≥ 450nm 的光进行反应，而采用直径为 8 ~ 10nm 的 MoS_2 不能反应，表明并不是所有的纳米尺度的金属材料都可以有超高的反应活性，而且光催化剂大多是 n 型半导体材料，其具有区别于金属或绝缘物质的特别的能带结构，即在价带和导带之间存在一个禁带。由于半导体的光吸收阈值与带隙具有 $K=1240/Eg$（eV）的关系，因此常用的宽带隙半导体的吸收波长阈值大都在紫外区域。当光子能量高于半导体吸收阈值的光照射半导体时，半导体的价带电子发生带间跃迁，从而产生光电子（e^-）和空穴（h^+）。此时吸附在纳米颗粒表面的溶解氧俘获电子形成超氧负离子，而空穴将吸附在催化剂表面的氢氧根离子和水氧化成氢氧自由基。而超氧负离子和氢氧自由基具有很强的氧化性，能将绝大多数有机物氧化至最终产物，甚至也能彻底分解一些无机物。由此可见，材料表面的光催化作用基于其具有大的比表面积，但不是任何材料都具有超高氧化活性和光催化作用。

综上所述，纳米毒理学中的"表面效应"，即尺寸影响毒性的根源可以归因于纳米尺度下的巨大比表面积引起的超高反应活性，具有片面性，因为并不是所有具有大比表面积的纳米尺度的材料都具有超高反应活性，否则，纳米级药物载体或纳米药物晶体均会因其超高反应活性被催化，氧化或分解而不能稳定存在。

第 3 节　非生物降解性纳米材料的体内宿命

（一）"非法"侵入，无法代谢

纳米颗粒因其小尺寸更易经各种途径进入机体内，如吸入、皮肤渗透、经口、注射等。当纳米颗粒进入生物体后，首先是通过体液流动渗透进入血液循环系统，通过内循环进入组织液、淋巴等。当纳米颗粒到达器官、组织时，其进入细胞的方式与颗粒性外源性物质大致相同，都是通过吞噬作用完成，但进入细胞后的非生物降解性纳米颗粒的命运却与生物可降解的颗粒物质及外源性分子不同，外源性分子可以通过 I 相反应（氧化反应、还原反应、水解反应）和 II 相反应（结合反应）等一系列化学变化形成其衍生物及分解产物，通常形成的衍生物和分解产物的极性或水溶性增大，更容易排出体外。而生物可降解的颗粒物质被吞噬细胞吞噬进细胞后，即形成由膜包裹的吞噬小体，初级溶酶体很快同吞噬体融合形成次级溶酶体，随后被酶水解，水解后，那些可溶性小分子可通过溶酶体进入胞质，为细胞再利用或成为废物被排出。我们知道，不管是生物转化还是溶酶体水解，之所以能高效有序地完成，其中很关键的一部分是酶的作用，如细胞色素 P-450 氧化酶、细胞色素 P-450 还原酶、酯酶等，在这些酶的帮助下，生物可降解的颗粒物质和外源性化学物质最终都能较快地排出体外。而非生物降解性纳米颗粒在生物体内的处置规律却并非如此，因为机体内没有与之相对应的酶系来对其进行处理与转化，由于代谢途径的缺失，它们或者可以在酸性或碱性环境中缓慢溶解、电离，或者残留在细胞内，或者因其小粒径以非常缓慢的速度排出体外。当机体长期暴露在非生物降解性纳米颗粒较多的环境或者摄入量达到一定数量后，纳米颗粒将会在体内各个可能的部位富集或蓄积。

如 AuNR 可以通过内吞过程进入乳腺癌细胞，从而进入溶酶体成熟途径，并最终定位在残余小体中。尽管 AuNR 可以通过外排途径排出胞外，但外排的 AuNR 可以通过内吞途径重新进入细胞。小部分的 AuNR 能够逃逸出溶酶体，但是会通过细胞的保护性自噬而被重新吞噬到溶酶体内。因此，AuNR 一直被局限在溶酶体等囊泡结构内，并随细胞分裂而稀释。AO-SWCNT 主要通过网格蛋白介导的内吞方式进入细胞并最终富集于具有酸性环境的溶酶体内。当 SWCNT 进入溶酶体内后，可长期（＞7天）存在于其中，但对细胞的增殖分裂影响很小，并且会随着细胞的生长和持续的增殖分裂而使单个细胞内的 SWCNT 含量不断减少。

在生长缓慢的细胞内，磁性纳米粒子可持续存留在细胞质内，而在生长快速的细胞内，当细胞进行有丝分裂时，随胞质一分为二成为两个子细胞，胞质内的纳米粒子也会随之被分配至两个子细胞内。正常生理条件下，细胞内运输小泡通过与细胞膜的融合将内容物释放到细胞外基质的过程即为胞吐。关于纳米粒子胞吐的研究目前尚少，Chithrani 等发现转铁蛋白包裹的金纳米粒被排出与其粒径呈线性关系，粒子越小越易排出，Chan 等报道，14nm 的纳米颗粒在 HeLa 细胞 1h 内的排出量是 35%，50nm 的是 10%，74nm 的是 5%。CdSe 量子点（发射光 605nm）在 52 天内一直存在于人间充质干细胞内，而相同化学组成、尺寸更小的 CdSe 量子点（发射光 525nm，尺寸是发射光 605nm 量子点的一半），在摄取后 2～7 天就被排出细胞。目前关于纳米颗粒排出细胞的报道并不多，普遍认为纳米颗粒排出细胞的速率比摄取速率慢很多。

（二）"非法"存在导致机能障碍

纳米颗粒十分微小，如 10nm 左右的粒子仅与蛋白质分子大小相当，因此人体的保护屏障如血脑屏障、血眼屏障从尺寸上已不能对其进行限制。纳米颗粒在体液中游动时有可能会与细胞表面的载体通道、各种受体等结合，使蛋白质结构构象发生转变，活性体等变性，在分子水平上引起细胞功能的受阻。进入细胞内的纳米颗粒的破坏作用则更加强烈，它一方面可以直接与大量的生物代谢酶作用，还可以通过二次氧化或还原的方式产生大量有害自由基团，破坏细胞内有序结构和正常的代谢功能，如果这些自由基与遗传物质如 DNA、RNA 等结合或反应，则会引起基因突变或遗传信息的错误解读，最终引发细胞的坏死或程序性死亡，使细胞膜结构中的不饱和脂肪酸及蛋白质中巯基氧化并发生蛋白质的交联、变形、酶的失活等。

纳米颗粒在体内因代谢途径的缺失导致其在体内"非法"存在，其主要通过黏附与触变、穿刺与破膜、缠绕与形变、吸附与聚集、卡嵌与失活五种方式与细胞、生物大分子相互作用，将在不同程度上导致机体的功能障碍。

第4节　纳米毒性源于物理损伤

（一）物理损伤是纳米毒性的根源

基于生命系统运作的特点以及非生物降解性纳米颗粒与细胞、生物大分子的作用方式，可以看出，纳米颗粒进入体内后与生物系统之间相互作用的模式明显与化学物质不同，具有尺寸量级依赖性，且其相互作用方式具有随机性、不确定性、低选择性。根据物理作用与化学作用的定义，纳米颗粒与细胞、生物大分子之间的相互作用属于物理作用范畴，由纳米颗粒进入生物体后因"非法"存在导致机体的功能障碍，我们将之定义为物理损伤。此处需特别提出，由纳米材料本身释放的毒性不在此讨论范围内，如 CdSe 纳米晶体，其释放的 Cd^+ 离子本身就具有毒性，将其表面涂布 ZnS 涂层后能阻止 Cd^+ 释放，从而使其毒性降低。

1. 物理损伤的定义　纳米材料的物理损伤的定义包括三个方面。第一，纳米颗粒是具有宏观物理实体性的颗粒，由于其在体内"非法"存在及与机体不相容，其整体无法有效参与分子级别的相互作用和拆解代谢，是造成损伤的根源；第二，由于纳米颗粒本身具有宏观的颗粒性，借由其与目标间（生物大分子、亚细胞器、细胞、组织）力的相互作用和所处空间位置关系，对目标造成结构形变或破坏，以及进一步的功能丧失，其物理作用方式是重要特点；第三，继物理损伤之后引起的炎性生化反应是纳米毒性的后效应。

如尿酸是体内嘌呤类物质代谢的终产物，当机体处于正常状态时，尿酸溶解在血液中，并可以通过细菌分解随肠道排泄或随尿排泄代谢，此时的尿酸处于分子态，具有生物可降解性；但当机体处于病理状态时，血中尿酸浓度超过其饱和浓度，与离子结合（主要是钠离子）析出晶体并沉积在关节软骨等处形成痛风，此时的尿酸是一种颗粒物质，具有生物不可降解性（图 4-12、图 4-13）。

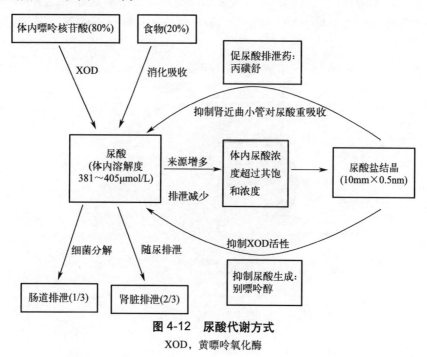

图 4-12　尿酸代谢方式

XOD，黄嘌呤氧化酶

图 4-13　痛风结节中尿酸盐晶体形态　　　　扫一扫见
彩图 4-13

　　也就是说，具有生物可降解性的尿酸分子经机体排泄代谢后对人体是没有毒性的，可是具有生物不可降解性的尿酸盐结晶对机体来说相当于一个入侵者，因其无法参与机体内基于分子水平的代谢，残留于体内并沉积在关节等部位，造成损伤，并且这种损伤会随着尿酸盐结晶的溶解而消失。无论是从生物可降解到生物不可降解，还是从无毒到痛风的形成再到痛风症状的消除，引发整个过程变化的就是尿酸的形式变化，即分子态的尿酸与颗粒状的尿酸盐结晶的转变，也就是说尿酸盐结晶的形成与溶解是毒性产生和消失的决定性因素，说明毒性的根源来自于尿酸盐结晶的颗粒性依赖毒性，即物理损伤（图 4-14）。

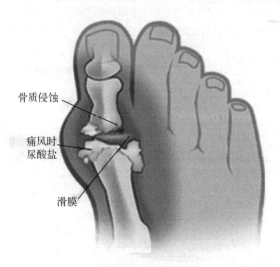

骨质侵蚀

痛风时
尿酸盐

滑膜

图 4-14　关节损伤

为此，我们将尿酸溶液和不同粒径（50nm、200nm、400nm）的尿酸钠（MSU）结晶分别与比格犬多形核白细胞（PMN）和 HepG2 肿瘤细胞孵育，得到了以下结果（图 4-15～图 4-17）。

如图 4-15 所示，不论是在 1h、6h 还是 24h，MSU 溶液对 PMN 细胞的毒性均较小，而 MSU 结晶对 PMN 细胞的毒性均较大，且结晶粒径是影响毒性的因素之一。不难发现，粒径在亚微米水平时，毒性差异不大，而当粒径在纳米级时，毒性增大，且随着染毒时间的延长，毒性加大，说明粒子粒径越小，接触时间越长，被吞噬进细胞的 MSU 颗粒越多，毒性越大。

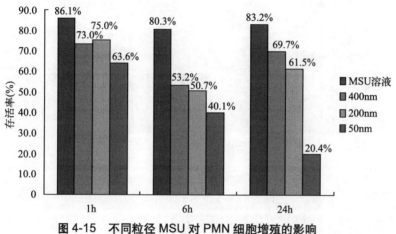

图 4-15　不同粒径 MSU 对 PMN 细胞增殖的影响

如图 4-16 所示，MSU 溶液对 HepG2 细胞在 6h 和 24h 的毒性差异不大，通过对比发现，不管是某一时间点不同粒径 MSU 结晶的毒性趋势还是某一粒径不同时间点的毒性均与 PMN 细胞组结果一致。

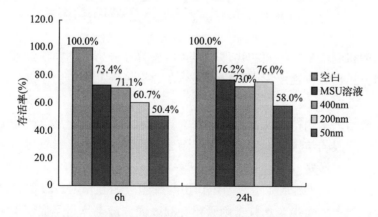

图 4-16　不同粒径 MSU 对 HepG2 细胞增殖的影响

如图 4-17 所示，虽然 MSU 溶液和 MSU 结晶对 PMN 细胞和 HepG2 细胞的毒性趋势整体一致，但是对 HepG2 细胞的毒性影响普遍小于对 PMN 细胞的影响。尿酸是极性分子，不能自由通过细胞膜，因此 MSU 溶液带来的微小毒性是在细胞外部产生的，而当培养基中析出 MSU 结晶时，PMN 细胞具有吞噬功能，能将 MSU 结晶吞进细胞内，从而产生更大的毒性，但 HepG2 细胞不具有吞噬功能，MSU 结晶只能停留在细胞外，所以其对 HepG2 细胞产生的毒性比对 PMN 细胞的小。综上所述，由 MSU 结晶吞噬进细胞带来的毒性增大即颗粒性依赖毒性是物理损伤，且结晶粒径越小更易被吞噬，因此毒性也越大。

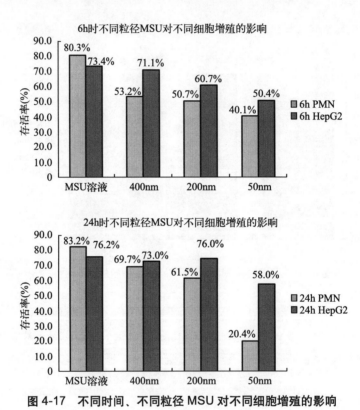

图 4-17　不同时间、不同粒径 MSU 对不同细胞增殖的影响

2. 物理损伤的机制　从物体间的物理作用角度解释、分析机体损伤过程，根据机械作用的方式、作用力和相对位置及大小，物理损伤主要有以下几种机制：黏附、卡嵌、划刺和空间阻碍。

（1）黏附：是指纳米颗粒因电荷及亲水性、疏水性、非共价键（范德华力等）吸附在细胞表面，引起细胞膜的结构发生变化而引起细胞的反应，或者是指机体的生物大分子吸附于纳米材料上并产生形变。

纳米颗粒可通过亲水/疏水作用或静电作用与细胞膜相互作用。Li 等研究发现，疏水纳米粒子可被吞入膜内，而半亲水粒子则吸附在膜表面。静电作用可促使纳米粒子与膜相互吸引，随着粒子的电性增加，其被细胞膜包裹能力增强。纳米颗粒的浓度对生物膜结构及纳米颗粒的穿膜过程也有影响。Jing 等研究了置于石英基板上的脂双层膜与半疏水的纳米颗粒的相互作用，研究发现当纳米颗粒浓度大于一个临界值时，其能够将生物膜吸附于其表面，在膜中形成孔状结构，破坏生物膜的结构。

蛋白质可以通过静电、疏水作用、氢键及特定化学作用等吸附在纳米颗粒表面。通过计算机模拟实验数据发现，与极性表面相比，纳米颗粒的非极性表面可以降低蛋白质分子中"硬"（hard）结构的能垒，增加蛋白质在纳米颗粒表面的吸附量。纳米颗粒的形态、晶体结构和表面化学性质等决定了其表面配体的空间排列（图 4-18），从而影响蛋白质分子与纳米颗粒的结合方式，进而影响蛋白质分子结构和功能，以及纳米颗粒-蛋白质冠的潜在毒性效应。

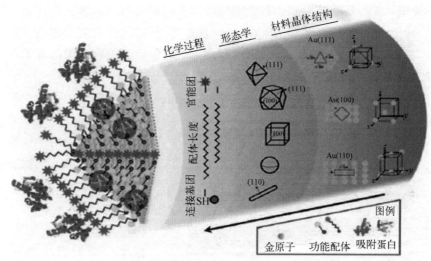

图 4-18　不同形态、晶体结构和表面化学性质的纳米颗粒与蛋白质分子的结合

通过圆二色谱分析发现，吸附于单壁碳纳米管表面的溶菌酶和牛血清白蛋白分子发生了结构变化，它们通过疏水性作用力与碳纳米管结合。Zhu 等发现胃蛋白酶在 TiO_2 颗粒上的吸附虽然属物理吸附，但除此之外，胃蛋白酶本身的二级结构也发生了变化，导致蛋白质的解构和失活。Jiang 等利用傅里叶红外光谱（FTIR）研究了细菌表面的生物大分子与 Al_2O_3、TiO_2 和 ZnO 等纳米粒的相互作用，研究发现细胞表面的脂多糖和脂膜酸能够通过氢键作用和配体交换结合到纳米粒表面；同时，纳米粒可造成蛋白质和磷脂功能的改变，这可能是纳米粒抑菌作用的重要原因之一。ZnO 能够破坏磷脂的磷酸二酯键，形成磷酸单酯，这种磷脂分子结构的改变可导致膜的破坏和渗漏，从而产生毒性作用。

蛋白质的特殊功能在很大程度上来源于其结构和活性位点，蛋白质吸附在固体表面时会发生一定程度的形变，当形变超过一定限度时有可能发生蛋白质变性，同时如果活性位点被掩藏于蛋白质分子和表面之间则不能很好地发挥作用。蛋白冠的形成将会改变纳米颗粒的尺寸和表面组成，进而影响纳米颗粒的吸收、转运及毒性。

（2）卡嵌：是指极小的纳米颗粒或颗粒表面的空间结构在空间形状上对于生物大分子的活性空穴、亲水/疏水区域形成空间上的互动，产生对于上述空间的占据，或者是对于膜表面离子通道的占据。

Park 等研究羧基化 SWCNT 能可逆地抑制细胞超极化激活环核苷酸门控阳离子通道，而将此 SWCNT 采用 2-氨基乙基甲烷硫代磺酸盐（MTSET）修饰后，抑制作用为不可逆，他们推测是 MTSET 与离子通道的半胱氨酸残基相互作用而导致蛋白结构、构象变化所致。Xu 等研究发现羧基化的 MWCWT 抑制了未分化 PC12 细胞上 3 种钾电流，但该 MWCWT 并未能引起 PC12 细胞发生氧化应激，氧化自由基（ROS）生成未见增多，线粒体膜电位未见明显降低，而且细胞内 Ca^{2+} 水平无显著升高。因此，MWCWT 抑制 PC12 细胞 3 种钾电流并不是经由经典氧化应激途径，从侧面证实了这种通道抑制作用是一种非传统的作用模式。

（3）划刺：包括划破和穿刺，是指由于纳米颗粒的形状、大小、电荷和刚性特点，其极易经物理及电荷作用力与生物膜、细胞骨架、细胞间隙物等柔性结构结合或产生贯穿、刺破等现象。图 4-19 为碳纳米管穿刺细胞图。图中细胞为小鼠肺细胞，它试图通过伸缩来消化进入体内的碳纳米管，但是由于碳纳米管的不可降解性，细胞对碳纳米管始终无能为力。图 4-20 为由镍构成的纳米针对巨噬细胞的穿刺。

（4）阻塞：是指纳米颗粒在细胞外，以单一或聚集体的形式阻塞微循环，影响正常物质交换，或在细胞内占据有限的胞内空间，影响物质流动

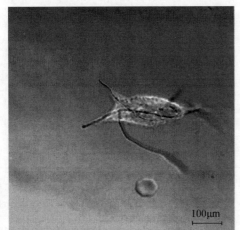

100μm

扫一扫见
彩图 4-19

图 4-19　碳纳米管穿刺小鼠肺细胞

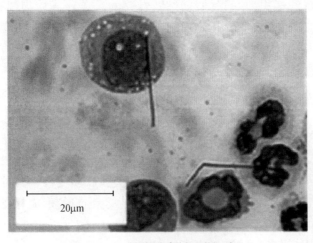

20μm

图 4-20　纳米针穿刺巨噬细胞

扫一扫见
彩图 4-20

效率，干扰正常细胞功能。

　　以上这些单独或协同作用都会使目标结构破坏、功能异常，这些异常信号都会使机体的调控机制启动，进而导致氧化应激、炎症、器官坏死、免疫反应及其他毒性症状的产生和加剧。当纳米材料与生物大分子作用时，可能对原有生物大分子或亚细胞结构和功能产生根本改变，造成功能障碍，从而引起一系列的生理生化毒性。同时，由于部分纳米颗粒的高聚集性及疏水性，其注射和口服给药时经常因产生严重的聚集，造成急性阻塞而致死。另一影响颗粒依赖性毒性大小的因素还包括其以颗粒形态存在的时间的长短。因此，从粒子的物理性质出发，与机体产生相应的物理作用是尺寸量级依赖性毒性的主要方面，此为物理损伤，如图 4-21 所示。

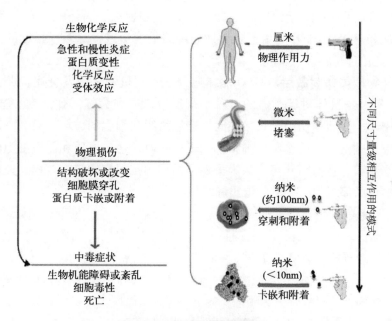

图 4-21　物理损伤机制图

　　3. 物理损伤的特点　结合纳米材料颗粒性质及机体处置规律，其产生的物理损伤特点为：目标选择性低，毒性随机性强，以结构破坏为主，具有物理参数依赖性。

　　（1）由于纳米颗粒形态的非均一性和多样性，每一颗粒都具有独立的结构和形态（富勒烯类除外），与目标结构和大分子作用时无法遵守结构契合的特异性。任何具有表面亲疏水性、电荷等广泛物理性质的生物大分子及结构都可与其发生相互作用。

　　（2）纳米颗粒与目标作用时因接触的方向、位置、概率和相对大小等因素，造成的损伤程度不同，对不同部位的损伤造成的结果不同。同时，纳米颗粒受宏观力和目标结构的影响显著，在体内运动呈随机性，这些微观的随机性亦会影响宏观的毒性性质。

　　（3）纳米颗粒在机体内与目标作用多会造成结构性的损坏，如膜完整性缺失和蛋白构象改变等。

　　（4）纳米颗粒的物理参数对其体内的毒性和行为有着巨大的影响，如粒径对体内分布的生物物理结构的选择性、形状对毒性的影响等。

这些综合特征与传统的化学分子造成的毒性有本质的区别，是物理颗粒与机体物理结构的相互作用，是颗粒特有的物理损伤特性。如文献中报道，在比较 SWCNT 和 MWCNT 被巨噬细胞吞噬的情况时发现，MWCNT 更易直接穿入细胞质，而其中仍发现有吞噬不完全，以及直接机械性刺入细胞质、亚细胞器及细胞核中的现象，这与其刚性及形状有着直接的关系。因此，这样的粒子在运动的巨噬细胞和心肌细胞中就会有不一样的毒性表现。

（二）物理损伤的后效应

经物理损伤刺激后会引发一系列的生理、生化改变，而这些改变均属于物理损伤的后效应，如炎症反应、ROS 水平升高等，这些均是毒性表现形式，并不是引发毒性的直接原因，而且炎症反应和 ROS 水平升高也不是毒性表现的最终形式，这两项指标的持续异常将会引起更严重的损伤。

例如，经物理损伤刺激后，MSU 晶体通过一系列机制易引发炎症，炎症即平时人们所说的"发炎"，是机体对于刺激的一种防御反应，表现为红、肿、热、痛和功能障碍。在炎症过程中，一方面损伤因子直接或间接造成组织和细胞的破坏，另一方面通过炎症充血和渗出反应，以稀释、杀伤和包围损伤因子。同时，通过实质和间质细胞的再生使受损的组织得以修复和愈合。因此可以认为炎症是损伤和抗损伤的统一过程。炎症的基本病理变化通常概括为局部组织的变质、渗出和增生。

致炎因子引起的损伤与机体抗损伤反应决定着炎症的发生、发展和结局。如损伤过程占优势，则炎症加重，并向全身扩散，急性炎症通常会改变血流动力学，由于组胺、缓激肽、P 物质等化学介质的释放，会使血管通透性增高，血管内富含蛋白的液体乃至细胞成分得以逸出进入周围组织内；如抗损伤反应占优势，则炎症逐渐趋向痊愈。若损伤因子持续存在，或机体的抵抗力较弱，则炎症转变为慢性。甚至，如张学敏院士在炎症诱发肿瘤的机制探索中提到的，如果炎症反应持续存在，将可能导致机体过度应激和组织损伤，并导致肿瘤的发生。

因此，不管是氧化应激还是炎症反应，均是物理损伤刺激产生的后效应，这一点在本章前面部分也已提到。而炎症反应如果长期存在，将对机体产生更大的损伤，如诱发肿瘤；而氧化应激也会引起脂质过氧化、蛋白质和 DNA 损伤、信号通路紊乱，最终诱发肿瘤、神经退行性疾病和心血管病变。这些后续效应远比最初的物理损伤严重，所以应该引起高度的重视。

（三）物理损伤的影响因素

1. **生物可降解性、生物相容性** 生物可降解是缓解纳米材料的颗粒性质最有效的手段，细微颗粒在体内以颗粒形态存在的时间越短，其毒性风险越低。降解性为纳米颗粒与机体代谢机制建立了分子化的通路，使颗粒高效参与机体处理、稳态平衡成为可能。同时，颗粒降解性使颗粒维度降低，因维度产生的复杂性也被简单化。如文献报道，纳米颗粒表面的修饰与电荷性质决定了其穿透生物屏障和细胞膜系统的能力，因此纳米颗粒和表面基团在体内代谢过程中发生改变会完全影响其生物行为，造成二次暴露和最终状态的不可预测性，但是较高的生物降解能力会在一定程度上避免这种情况的发生。纳米药物载体系统中应用的 DNA、蛋白质、天然或人工合成的聚合物，或者由以上材料形成的纳米级别的结构都是可降解的生物相容性载体，对人体适用，降解后的材料不具有显著毒性。

生物相容性对于纳米材料的安全性至关重要，由于纳米颗粒的小粒径、低质量、多变的表面和物理化学性质，其在体内呈现动态分布，各参数对体内行为影响巨大。通过改变纳米材料的理化性质，可以影响机体对微粒的处置和相互作用，降低纳米材料对机体正常功能的干扰，减少与生物大分子相互作用，提高清除效率等，这都是纳米材料生物相容性的重要方面。

2. 颗粒尺寸 相对于传统材料，纳米材料由于其粒径急剧减小而展现出全新的理化性质及生物学性质。

首先，尺寸影响纳米颗粒进入细胞的内吞方式。例如，HeLa 细胞对金纳米颗粒的摄取依赖于其尺寸大小。而一些金属氧化物如氧化铁纳米颗粒，在细胞外培养体系中稳定存在，而进入细胞之后存在不同程度的团聚、颗粒的尺寸变大，这种在细胞内的团聚效应能够增加其作为磁共振显像对照试剂的信号强度。研究认为，较大的颗粒（$> 5\mu m$）主要通过经典的吞噬作用和巨胞饮作用，而亚微米的颗粒主要通过受体介导的内吞机制，其依赖的受体类型与尺寸有关。

其次，细胞或脏器对纳米材料的摄取也存在尺寸选择性。两种主要的抗原呈递细胞——巨噬细胞和树突状细胞（DC）对颗粒的摄取也与尺寸有关。DC 和巨噬细胞均能摄取小于 $1\mu m$ 的颗粒，而较大的颗粒只有巨噬细胞能够处理，即 DC 能更有效地摄取尺寸与病毒相当的纳米颗粒，而巨噬细胞主要摄取与细菌尺寸相当的微米颗粒。肝与脾由于其本身的结构特点，可将不同大小的颗粒进行有效截留（肝：$100 \sim 150nm$，脾：$> 250nm$）。

3. 形状 形状和长径比也是决定纳米材料毒性的影响因素。纳米材料可以制备成各种形状，包括球状、管状、纤维状、环形及平板状。

纳米材料的形状首先影响其与细胞膜的相互作用，进而影响细胞的摄入和内吞。哺乳动物细胞对纳米材料的摄入主要通过内吞的主动转运方式，即通过细胞质膜内陷形成囊泡，将外界物质包裹，随后从膜上脱落将物质输入细胞的过程。纳米材料的形状影响内吞过程中细胞膜的弯曲。Champion 等发现球形纳米颗粒比杆状和纤维状纳米材料更易被细胞内吞。对于具有一定长径比的纳米材料，长径比对其生物效应和毒性也有显著的影响。Meng 等采用大鼠肾上腺嗜铬细胞瘤细胞 PC12（一种类神经元细胞系）比较了不同长短的 MWCNT 的毒性作用，发现长度较短（$0.5 \sim 2\mu m$）的碳纳米管在 $10\mu g/ml$ 及 $30\mu g/ml$ 浓度时，不仅对细胞没有明显的毒性效应，而且具有显著的促神经细胞分化的作用。深入研究显示，相比于长的 MWCNT，短的 MWCNT 具有较多的细胞内吞，且有外排过程，并在分子水平上影响神经生长因子信号通路，进而促进神经细胞的分化。Chithrani 等也报道了 $74nm \times 14nm$ 的 AuNR 的细胞摄取速率小于直径 $74nm$ 或 $14nm$ 的球形纳米颗粒。对 TiO_2 的研究也有类似的结果，即具有较大长径比的纤维状结构比球形结构具有更大的细胞毒性。

其次，纳米材料的形状使得它与对应的目标之间（细胞、亚细胞器、生物大分子）的作用关系发生根本性的改变。由于纳米材料的体积接近生物大分子等目标结构，其极有可能干扰到目标结构的正常生理功能，最终纳米颗粒结合其他物质可以组合出多种不同的生物学效应。

4. 表面电荷 影响纳米材料对离子和生物分子的吸附，进而影响细胞和生物体与纳米材料的相互作用。同时，表面电荷是纳米颗粒胶体行为的主要决定因素，通过影响纳米颗粒的聚集和团聚行为影响纳米材料的生物学效应。Geys 等研究了氨基化的正电荷量子点和羧基化的负电荷量子点的体内毒性，通过静脉注射，羧基化量子点引起更为严重的肺部脉管栓塞。通常认为，阳离子表面比阴离子表面的纳米材料具有更大的毒性，并且进入血液循环之后更易引起溶血和血小板沉积，而中性表面的纳米材料表现出较好的生物相容性，这是由于纳米材料的阳离子表面更易与细胞膜的负电荷磷脂头部结合。纳米材料的表面电荷通过影响其对体内蛋白质等生物大分子的吸附，进而影响其在体内的组织分布和清除。

Liu 等以人子宫颈癌 HeLa 细胞和正常的小鼠胚胎成纤维细胞 NIH3T3 为模型，研究了羧基和氨基表面修饰的聚苯乙烯（PS）纳米颗粒对细胞周期的影响，发现 50nm 的氨基化 PS 引起细胞周期 G1 期延迟和降低细胞周期蛋白 D、E 的表达。同时，氨基化 PS 表现出更高的细胞毒性，能够破坏细胞膜完整性。Saxena 等报道羧基修饰的 SWCNT 相比于未修饰 SWCNT，对 CD1 小鼠表现出更大的体内毒性，这种毒性可能归因于修饰的 SWCNT 具有更好的分散性和表面负电荷。

纳米材料的电荷性质也影响其穿透生物屏障的能力。研究发现，50nm 和 500nm 的表面正电荷颗粒可以渗透进入皮肤，而同样尺寸的表面带负电荷的颗粒及中性颗粒均不能渗透进入皮肤。纳米颗粒的表面电荷可以影响血脑屏障的完整性和通透性，高浓度的带电荷纳米颗粒能导致血脑屏障的完整性受到损伤。

5. 暴露途径 纳米材料在生物体内暴露途径的选择是规避物理损伤的另一有效途径。不同暴露方式，决定了纳米载体材料摄入、降解、耐受和清除效率的不同。对于皮肤暴露，皮肤为体内器官提供了严格的保护屏障，纳米材料经过皮肤暴露后的主要吸收是通过淋巴系统和局部淋巴结。对于口服暴露，纳米材料进入体内后会遇到两个障碍：胃肠道的黏液和上皮细胞。黏液是依附于上皮细胞上的一层凝胶状的液体，它是大分子和纳米材料通过的主要障碍。黏液通过排泄分泌不断更新，并且能携带滞留在其中的物质移动到胃肠道的下游，然后通过粪便排出。上皮细胞也是阻碍纳米材料吸收的一大因素。通过腹腔、皮下、肌肉等途径暴露的纳米材料，在进入器官之前，也要在注射部位先通过局部淋巴结被吸收进入血液，这通常是纳米材料进入淋巴系统的几种暴露方式。通过对鼻腔暴露方式的研究发现，纳米材料在鼻腔部位吸收，然后进入神经系统。而对于静脉注射来说，纳米颗粒直接进入血液循环，无任何屏障。

一定的纳米颗粒在不同的处理方式下会有不同的毒性结果。例如，口服碳纳米颗粒安全而静脉注射却是致命的。消化道相比血液循环系统，具有更强的降解能力和剧烈的理化环境，仍属于外环境，可以允许未同化的颗粒物存在。一般情况下，按照对应的风险等级排列为注射（静脉、皮下、腹腔）、黏膜、口服、经皮，如图 4-22 所示。

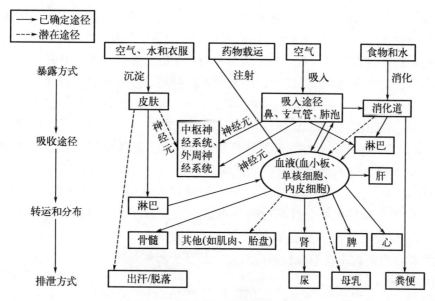

图 4-22　暴露途径

6. 表面修饰　通过表面修饰可以调节纳米材料的生物效应。首先，表面修饰的首要作用是稳定纳米颗粒的胶体溶液，减少或防止其团聚和聚沉，以利于对其生物效应的研究和应用；其次，可以减少纳米材料组成过程中离子的释放，减少不良生物效应；最后，纳米材料的合理表面修饰可以减少其与生理介质中生物大分子的相互作用，减少蛋白冠的形成，例如，减少血清蛋白质对纳米颗粒的"调理作用"，进而减少网状内皮系统对纳米颗粒的捕获，增加其生物利用度。

聚乙二醇（PEG）是美国 FDA 批准的生物相容性聚合物，被用于多种纳米材料的表面修饰，以提高纳米颗粒在血液中的循环时间，减少系统清除。Ballou 等用不同分子量的 PEG 修饰量子点，发现低分子量 PEG（750Da）修饰的量子点在静脉注射 1h 之后迅速从系统清除，但是高分子量（5000Da）修饰的量子点在 3h 之后仍存在于血液循环中。表面修饰同样对碳纳米管的生物效应影响显著。Yang 等用 PEG 修饰 SWCNT，可以显著改善其药物动力学性质，延长其血液半衰期。另外，Lacerda 等将二亚乙基三胺五乙酸修饰的 MWCNT 通过尾静脉注射到小鼠体内，能够达到很高的清除效率。

7. 疏水性　对于纳米材料的疏水性而言，首先，疏水性不但影响结合蛋白的数量，还影响结合蛋白的种类。一般情况下，疏水性的纳米材料比亲水性的纳米材料蛋白调理化快，主要是因为疏水性的纳米材料更易吸附蛋白。Cedervall 用两种不同亲疏水性的聚合物纳米材料（异丙基丙烯酰胺和丁基丙烯酰胺按不同比例形成的共聚物）进行研究发现，亲水性纳米材料除了少量的牛血清白蛋白（BSA），几乎不吸附蛋白，而疏水性聚合物纳米材料优先吸附载脂蛋白家族、人血清白蛋白（HSA）、纤维蛋白原及其他多种蛋白。

其次，亲疏水性还会影响纳米材料的稳定性。田聪等用硼氧化钠还原氯金酸的方法合成了三种不同亲疏水性的金纳米材料，这些纳米材料呈球形，并且粒径都在 4～6nm，比较均一。这三种纳米材料的 log P 依次为 2.4、−0.88、−2.6，分别可以代表疏水型、中间型、亲水型纳米材料。这三种纳米材料在水溶液中都不是单分散的，而是有一定的聚集。疏水型金纳米颗粒在pH为2的水中会慢慢发生聚集，当pH变为7或8时，材料又会逐渐分散开；中间型金纳米颗粒的水合离子粒径在pH为2的水溶液中急剧增大，其最终尺寸甚至超出仪器测量范围，而在其他两个pH下，随着时间的推移，水合离子粒径变化不是很大，说明溶液较稳定；亲水型金纳米颗粒在这三种pH下，随着时间的推移，水合离子粒径基本在200～400nm范围内变化，说明材料有一定的稳定性。Zeta-电位反映中间型金纳米颗粒在pH为2时很不稳定，其他几种溶液都能稳定存在，并且pH越大，电位越低。

最后，纳米材料的亲疏水性还影响其在生物体内的分布情况。田聪等通过对小鼠体内的研究发现：①对于口服暴露来说，纳米材料进入血液中的量很少；0.5h和6h时不同亲疏水性纳米材料在大部分脏器中的分布基本上没有差异，而在小肠和肺中则表现出疏水材料积累得少，而亲水材料积累得多；随着时间的推移，纳米材料逐渐排出体外。②通过尾静脉注射的纳米材料在肝和脾这两个器官中积累最多。

参 考 文 献

Bolt HM, Marchan R, Hengstler JG, 2013. Recent developments in nanotoxicology. Arch Toxicol, 87(6): 927-928.

Clift M JD, Gehr P, Rothen-Rutishauser B, 2011. Nanotoxicology: a perspective and discussion of whether or not *in vitro* testing is a valid alternative. Arch Toxicol, 85:723-731.

Connolly M, Fernández-Cruz ML, Navas JM, 2013. Metal nanoparticle (NP) toxicity testing *in vitro* and questions surrounding the oxidative stress paradigm. Nanotoxicology, 7(5): 935-952.

Dhawan A, Sharma V, Devendra P, 2009. Nanomaterials: a challenge for toxicologists. Nanotoxicology, 3(1): 1-9.

Donaldson K, Aitken R, Tran L, et al, 2006. Carbon nanotubes: a review of their properties in relation to pulmonary toxicology and workplace safety. Toxicol Sci, 92(1): 5-22.

Donaldson K, Schinwald A, Murphy F, et al, 2013. The biologically effective dose in inhalation nanotoxicology. Acc Chem Res, 46(3):723-732.

Greish K, Thiagarajan G, Ghandehari H, 2012. *In vivo* methods of nanotoxicology. Methods Mol Biol, 926: 235-253.

Huang X, Li L, Liu T, et al, 2011.The shape effect of mesoporous silica nanoparticles on biodistribution, clearance, and biocompatibility *in vivo*. ACS Nano, 5(7): 5390-5399.

Hubbs AF, Mercer RR, Benkovic SA, et al, 2011. Nanotoxicology-a pathologist's perspective. Toxicol Pathol, 39(2): 301-324.

Hurt RH, Monthioux M, Kane A, 2006. Toxicology of carbon nanomaterials: status, trends. Carbon, 44(6): 1028-1033.

Kim JS, Lee K, Lee YH, et al, 2011. Aspect ratio has no effect on genotoxicity of multi-wall carbon nanotubes. Arch Toxicol, 85(7):775-786.

Knaapen AM, Bor PJA, Albrech C, et al, 2004. Inhaled particles and lung cancer. Part A: mechanisms. Int J Cancer, 109(6): 799-809.

Lewinski N, Colvin V, Drezek R, 2008. Cytotoxicity of nanoparticles. Small, 4(1): 26-49.

Lin W, Huang YW, Zhou XD, et al, 2006. *In vitro* toxicity of silica nanoparticles in human lung cancer cells.

Toxicol Appl Pharmacol, 217: 252-259.

Listed N, 2011. The dose makes the poison. Nature Nanotech, 6(6):329.

Lison D, Thomassen LCJ, Rabolli V, et al, 2008. Nominal and effective dosimetry of silica nanoparticles in cytotoxicity assays. Toxicol Sci, 104(1): 155-162.

Monteiro-Riviere NA, Inman AO, Zhang LW, 2009. Limitations and relative utility of screening assays to assess engineered nanoparticle toxicity in a human cell line. Toxicol Appl Pharm, 234(2): 222-235.

Nel A, Xia T, Mädler L, et al, 2006. Toxic potential of materials at the nanolevel. Science, 311(5761): 622-627.

Ong KJ, MacCormack TJ, Clark RJ, et al, 2014. Widespread nanoparticle-assay interference: implications for nanotoxicity testing. PLoS One, 9(3): e90650.

Petros RA, DeSimone JM, 2010. Strategies in the design of nanoparticles for therapeutic applications. Nat Rev Drug Discov, 9(8): 615-627.

Shvedova AA, Pietroiusti A, Fadeel B, et al, 2012. Mechanisms of carbon nanotube-induced toxicity: focus on oxidative stress. Toxicol Appl Pharmacol, 261(2): 121-133.

Stern ST, McNeil SE, 2008. Nanotechnology safety concerns revisited. Toxicol Sci, 101(1): 4-21.

Stone V, Donaldson K, 2006. Nanotoxicology: signs of stress. Nature Nanotech, 1(1): 23-24.

Takhar P, Mahant S, 2011. *In vitro* methods for nanotoxicity assessment: advantages and applications. Archives of Applied Science Research, 3(2): 389-403.

Touitou E, Bergelson L, Godin B, et al, 2000. Ethosomes-novel vesicular carriers for enhanced delivery: characterization and skin penetration properties. J Control Release, 65(3): 403-418.

Wörle-Knirsch JM, Pulskamp K, Krug HF, 2006. Oops they did it again! Carbon nanotubes hoax scientists in viability assays. Nano Letters, 6(6): 1261-1268.

Xu Y, Lin X, Chen C, 2013. Key factors influencing the toxicity of nanomaterials. Chin Sci Bull (Chin Ver), 58(24): 2466-2478.

Yang K, Gong H, Shi X, et al, 2013. *In vivo* biodistribution and toxicology of functionalized nano-graphene oxide in mice after oral and intraperitoneal administration. Biomaterials, 34(11): 2787-2795.

Zhang B, Lu X, Wu S, et al, 2013. International patent analysis on nanodrug. Science Focus, 8(3): 58-63.

第 5 章
尿酸盐纳晶引起的物理损伤

　　基于生命系统运行的特点，以及非生物降解性纳米颗粒与细胞、生物大分子的作用方式，在本书第 4 章中，我们将纳米颗粒对机体产生的功能障碍定义为物理损伤。新学说"物理损伤是纳米毒性的根源"剖析了纳米毒性的本质，从理论上系统论证了纳米材料与生物系统相互作用的规律。

　　通过分析可以得出，纳米颗粒进入体内后与生物系统之间相互作用的模式与化学物质明显不同，具有尺寸量级依赖性，作用方式具有随机性、不确定性、低选择性。基于炎症反应学说和自噬抑制或激活学说，可以发现不论是炎症反应的发生还是对自噬体的抑制或激活都有一个前提，即纳米颗粒被吞入细胞后引发的一系列反应，所以炎症反应和自噬体抑制或激活不是原因，而是由于颗粒物的存在导致的后效应，就如有机磷抑制胆碱酯酶后，导致乙酰胆碱的蓄积，才引起腺体分泌增加、支气管痉挛、全身肌肉抽搐，甚至呼吸衰竭等毒性表现。根据物理作用与化学作用的定义，纳米颗粒与细胞、生物大分子之间的相互作用属于物理作用范畴，而由纳米颗粒进入生物体后因"非法"存在导致机体的功能障碍，我们将之定义为物理损伤，由物理损伤诱发的生化反应（毒性效应）现象是后效应。此处需特别指出，由纳米材料本身释放的毒性不在此讨论范围内，如 CdSe 纳米晶体，其释放的 Cd^+ 本身就具有毒性，而涂布阻止其释放的 ZnS 涂层后毒性减小。

　　尿酸是体内嘌呤类物质代谢的终产物，当机体处于正常状态时，尿酸溶解在血液中，并可以通过细菌分解随肠道或随尿排泄代谢，此时的尿酸处于分子态，具有生物可降解性；但当机体处于病理状态时，血中尿酸浓度超过其饱和浓度，尿酸与离子结合（主要是钠离子）析出晶体并沉积在关节软骨等处形成痛风，此时的尿酸是一种颗粒物质，具有生物不可降解性。然而，当血中尿酸水平降低，不再析出晶体时，痛风症状又可得以缓解或消除。也就是说，具有生物可降解性的尿酸分子经机体排泄代谢后对人体是没有毒性的，可是具有生物不可降解性的尿酸盐结晶颗粒对机体来说相当于一个入侵者，因其无法参与机体内基于分子水平的代谢，残留于体内并沉积在关节等部位，造成损伤，并且这种损伤会随着尿酸盐结晶的溶解而消失。无论是从生物可降解到生物不可降解，还是从无毒到痛风的形成再到痛风症状的消除，引发整个过程变化的就是尿酸形式的变化，即分子态的尿酸与颗粒状的尿酸盐结晶的转变，也就是说尿酸盐结晶的形成与溶解是毒性产生和消失的决定性因素，说明毒性的根源来自于尿酸盐结晶的颗粒性依赖毒性（物理损伤）。

因此，本章将从实验上论证该学说的正确性，通过建立尿酸盐生物学模型，探讨由尿酸盐引发的痛风是源于尿酸钠（MSU）分子的化学毒性还是尿酸盐纳米结晶（以下简称纳晶）的物理损伤，从而揭示纳米毒性的本质。本章实验首先通过浓度控制形成 MSU 纳晶，然后将 MSU 纳晶和 MSU 溶液分别作用于 RAW264.7 和 HepG2 细胞模型，利用 MTT 实验、乳酸脱氢酶（LDH）实验、ROS 染色及凋亡坏死实验比较 MSU 纳晶和溶液对细胞的损伤影响，并用换液和温度控制等方法进行细胞恢复实验加以验证，试图从细胞水平阐述其作用原理，为纳米材料在生物医药领域的应用提供有效信息。

第 1 节　MSU 纳晶的制备与表征

（一）MSU 纳晶的制备

1. MSU 的合成　称取 0.8g 尿酸于 250ml 烧杯中，加入 160ml 蒸馏水，于 80 ～ 90℃ 恒温磁力搅拌器中水浴搅拌 3min，边搅拌边滴加 4.5ml 氢氧化钠溶液（1mol/L），待尿酸完全溶解后流水冷却，冷却至室温后用盐酸溶液（1mol/L）调节 pH 至 8.0，然后将烧杯里的溶液水浴加热至 100℃，保鲜膜封口，室温下静置 24h。

24h 后烧杯中析出大量 MSU 沉淀，真空抽滤，用滤液洗涤沉淀 3 次，收集所得沉淀于玻璃培养皿中，60℃ 干燥过夜。次日，将干燥后的 MSU 重结晶，真空抽滤后 60℃ 干燥过夜，密封室温保存。

2. MSU 纳晶的制备方法　在 37℃ 水浴搅拌下配制 MSU 的 DMEM 细胞培养液 [含 10% 胎牛血清（FBS）] 近饱和溶液（40μg/ml），于超净工作台内过滤除菌，称为 A 液；在 40℃ 水浴搅拌下配制 MSU 水溶液和近饱和水溶液（分别为 1.0g/L、1.5g/L），于超净工作台内过滤除菌，分别称为 B 液、C 液；准确移取 6 份 A 液于西林瓶中，每份 3ml，依次加入不同体积的 B 液（10μl、50μl、100μl）和 C 液（100μl、300μl、500μl），涡旋 5s，分别标号为样品 1 ～ 6。

（二）MSU 纳晶的表征

1. 形态　滴加 10μl 适宜浓度的 MSU 纳晶于铜网中，10min 后用滤纸吸干，再用 3% 的锇酸复染，2 ～ 3min 后用滤纸吸干。用透射电子显微镜（TEM）观察粒子的形态并拍照。

2. 粒径、PDI 和 Zeta-电位　将上述样品 1 ～ 6 于 37℃ 测定其流体力学半径，37℃ 放置 48h 后，再次测定其粒径。将 3ml MSU 纳晶混悬液置于马尔文纳米粒径仪测定 Zeta-电位、多分散系数（PDI）。

3. 稳定性　将 MSU 纳晶混悬液置于稳定性分析仪中，温度设置为 37℃，扫描时间为 48h，扫描频率为前 12h 内每隔 30min 扫描 1 次，剩余时间每隔 1h 扫描 1 次，采集稳定性图谱和稳定性指数。

（三）结果与讨论

1. MSU的合成 MSU具有负性双折光特性，当MSU方向与偏振光方向一致时呈亮色，当MSU方向与偏振光垂直时呈暗色，据此确定所合成的粉末为MSU，见图5-1。

扫一扫见
彩图 5-1

图 5-1　MSU 在偏振光显微镜下的成像

2. MSU 纳晶的制备 成核生长理论是目前较为成熟的结晶理论，主要包括晶胚的生长、晶核的形成和晶核的生长。过饱和度的增加使得成核速率和生长速率均增加，而成核速率与生长速率的比值是控制晶体大小的关键因素。当溶液过饱和时，析出细小的晶体，当过饱和度继续增大时，析出粗大的晶体。根据过饱和析晶的理论，通过向近饱和溶液（40μg/ml 的 MSU-DMEM 溶液）中添加不同的高浓度溶液（1.0g/L 和 1.5g/L 的 MSU-H_2O），形成局部浓度不同的过饱和溶液，导致析出不同大小的晶体。具体结果见表 5-1。同时，实验考察了纳晶放置 48h 后粒径的变化情况，结果发现粒径变化无显著性差异。

表 5-1　MSU 纳晶的制备结果（n=3）

		MSU-DMEM（40μg/ml）3ml	
		0h（粒径：nm）	48h（粒径：nm）
MSU-H_2O（1.0g/L）	10μl	22.43±0.89	43.74±1.62
	50μl	25.00±3.40	46.84±1.48
	100μl	31.96±7.03	42.53±2.26
MSU-H_2O（1.5g/L）	100μl	134.39±1.59	162.93±2.42
	300μl	134.52±0.01	150.84±1.55
	500μl	144.42±5.46	157.89±2.65

3. MSU 纳晶的表征

（1）形状：TEM 结果显示，所制备的 MSU 为针状晶，见图 5-2。

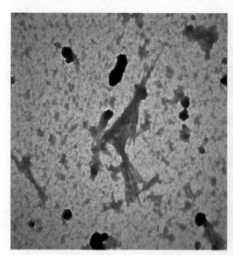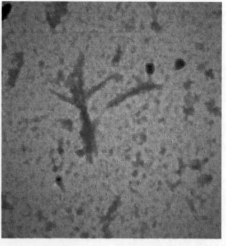

图 5-2　TEM 下的 MSU 纳晶

（2）粒径、PDI、Zeta-电位：MSU 纳晶混悬液的 PDI 在 0.2 左右，表明其分散性较好，Zeta-电位在 $-10mV$ 左右，说明有一定聚集的发生，但不是很严重。根据 MSU 纳晶放置 0h 和 48h 后测定的粒径、PDI、Zeta-电位结果可知，所制备的 MSU 纳晶（包括 MSU-A、MSU-B）在 48h 内各参数变化小，说明在这期间 MSU 纳晶稳定，具体结果见表 5-2。

表 5-2　MSU 纳晶的表征结果（$n=3$）

纳米颗粒	时间（h）	粒径（nm）	PDI	Zeta-电位（mV）
MSU-A	0	26.46 ± 4.93	0.233 ± 0.011	-7.75 ± 0.07
	48	44.37 ± 2.22	0.259 ± 0.011	-11.97 ± 0.21
MSU-B	0	137.78 ± 5.75	0.186 ± 0.020	-11.00 ± 0.06
	48	157.22 ± 6.07	0.272 ± 0.006	-9.04 ± 0.33

（3）稳定性：实验考察了 MSU 纳晶在 37℃无菌条件下 48h 内的稳定性，根据不同时间采集到的数据计算出稳定性指数（Tsi），并制成 Tsi-时间曲线，见图 5-3，Tsi < 1.22，说明所制备的两种粒径的 MSU 纳晶在一定条件下粒径变化小，稳定性良好。

（四）小结

本节实验制备了两种不同粒径（26.46nm 和 137.78nm）的 MSU 针状晶，并测定了其在不同条件下的 PDI、Zeta-电位及稳定性，结果表明，MSU 纳晶在 48h 内 PDI 为 $0.186 \sim 0.233$，Zeta-电位为 $-11.97 \sim -7.75mV$，Tsi < 1.22，说明所制备的两种粒径的 MSU 纳晶在一定条件下粒径变化小，稳定性良好。

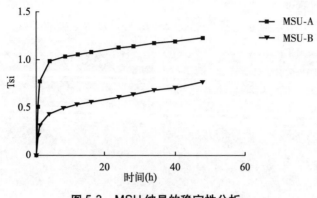

图 5-3　MSU 纳晶的稳定性分析

第 2 节　细胞水平 MSU 纳晶的毒性研究

（一）细胞培养

1. 细胞株　小鼠单核巨噬细胞 RAW264.7、人肝癌细胞 HepG2 均由军事医学科学院毒物药物研究所六室提供。

2. 液体配制　DMEM 细胞培养液配制：Gibco 的 DMEM 培养液，加入 10% FBS，以及青霉素（100U/ml）、链霉素（100μg/ml），分装，4℃保存备用。

磷酸盐缓冲液（PBS）配制：称取 8.0g NaCl、0.2g KCl、2.9g $Na_2HPO_4 \cdot 12H_2O$、0.2g KH_2PO_4，以三次蒸馏水溶解，调 pH 至 7.4，移至 1L 容量瓶，高压灭菌后 4℃保存。

3. 细胞冻存

（1）取对数生长期的细胞，常规消化成单细胞悬液，移至离心管中。

（2）1000r/min 离心 5min，吸弃培养液。

（3）加入配制好的冻存液 [含 20% FBS、10% 二甲基亚砜（DMSO）]。

（4）将细胞悬液分装于无菌冻存管中，每管 1 ~ 1.5ml，细胞数约为 5×10^6 个/ml，于冻存管壁标记细胞名称、冻存日期。

（5）梯度降温法冻存细胞：4℃ 30min，−20℃ 1h，−80℃冻存过夜，次日早晨转入液氮罐中。

4. 细胞复苏

（1）取出冻存管放入 39℃的水浴中快速解冻，轻摇冻存管使其在 1min 内全部融化，移入无菌操作台内。

（2）将细胞悬液移至离心管中，加入新鲜培养液。

（3）1000r/min 离心 5min，吸弃上清液。

（4）加入含 10% FBS 的 DMEM 培养液，轻轻吹打混匀。

（5）放入 CO_2 孵箱中培养（5% CO_2，37℃），第二天换液。

5. 细胞培养　RAW264.7 细胞和 HepG2 细胞培养于含 10% FBS 的 DMEM 细胞培养

液中，置于 37℃、5% CO$_2$ 孵箱中，每天换液，每隔 2 ～ 3 天传代。

（二）MSU 溶液和纳晶对 HepG2 和 RAW264.7 细胞的增殖抑制作用

1. 细胞染毒

（1）将生长至 70% ～ 80% 汇合的细胞用 PBS 清洗 3 次，常规消化、离心、重悬后计数。

（2）调整细胞浓度为 (0.8 ～ 1.2)×10⁵ 个 /ml，以每孔 150μl 的体积接种于 96 孔板。

（3）培养 6 ～ 7h 或过夜，待细胞完全贴壁后进行染毒，染毒浓度见表 5-3。

表 5-3　细胞染毒浓度

	粒径（nm）	染毒浓度（μg/ml）				
		1	2	3	4	5
MSU-A	26.46	3.32	9.90	16.39	25.97	32.26
MSU-B	137.78	48.39	93.75	136.36	176.47	214.29
MSU 溶液	—	0	10	20	30	40

染毒时，小心吸弃各孔中废旧培养液，纳晶组加入 200μl 新鲜配制的 MSU 纳晶悬液；调零孔是无细胞的培养液孔；空白对照组各孔中只加入 200μl 新的 DMEM 细胞培养液；溶液组加入 200μl MSU 浓度为 0、10、20、30、40μg/ml 的 DMEM 细胞培养液；阴性对照组加入 180μl 新鲜 DMEM 细胞培养液和 20μl 生理盐水。不同组每一染毒浓度均设 3 个复孔。

（4）置回孵箱进行不同时间、不同温度的染毒培养。

2. MTT 实验检测细胞活性

（1）取出 37℃细胞染毒培养 24h 的 96 孔培养板，每孔加入 20μl MTT 溶液（5g/L，PBS 溶解），放回孵箱继续孵育。

（2）4h 后，取出 96 培养孔板，从一侧小心吸弃培养液。

（3）每孔加入 150μl DMSO，振荡溶解 10min。

（4）使用酶标仪 492nm 波长测定各孔吸光度（A）。以同样的方法检测 34℃、37℃染毒培养 48h 的细胞活性。

（5）以细胞活性百分比（存活率）作为评价指标，其计算公式为

$$细胞存活率（\%）=\frac{染毒组 A 值}{空白对照组 A 值}×100\% \tag{5-1}$$

3. MTT 实验检测细胞恢复活性

（1）取出 37℃细胞染毒培养 24h 的 96 孔培养板，吸弃原有培养液，用 PBS 洗涤 1 次。

（2）加入等体积的新鲜 DMEM 培养液，继续 37℃培养 24h。

（3）同上述 2 的方法检测染毒 24h，恢复 24h 的细胞活性，计算细胞恢复活性。

（4）取出 34℃细胞染毒培养 24h 的 96 孔培养板，按同样方法处理并检测细胞活性，计算细胞恢复活性。

（三）MSU 溶液和纳晶对 HepG2 和 RAW264.7 细胞膜通透性的影响

1. 细胞染毒

（1）将生长至 70%～80% 汇合的细胞用 PBS 清洗 3 次，常规消化、离心，重悬后计数。

（2）调整细胞浓度为 $(0.8\sim1.2)\times10^5$ 个 /ml，以每孔 150μl 的体积接种于 96 孔板。

（3）培养 6～7h 或过夜，待细胞完全贴壁后进行染毒。染毒终浓度：粒径 (26.46 ± 4.93) nm 的 MSU 纳晶为 3.32μg/ml、16.39μg/ml、32.26μg/ml；粒径 (137.78 ± 5.75) nm 的 MSU 纳晶为 48.39μg/ml、176.47μg/ml、214.29μg/ml。

染毒时，小心吸弃各孔中废旧培养液，纳晶组加入 200μl 新鲜配制的 MSU 纳晶悬液；背景空白对照孔是无细胞的培养液孔；样品对照组各孔中有细胞，但只加入 200μl 新的 DMEM 细胞培养液；溶液组加入 200μl MSU 浓度为 40μg/ml 的 DMEM 细胞培养液；阴性对照组加入 180μl 新鲜 DMEM 细胞培养液和 20μl 生理盐水。不同组每一染毒浓度均设 3 个复孔。

（4）置回孵箱染毒培养 48h。

2. LDH 实验检测细胞膜通透性变化

（1）到达预定时间后，400r/min 离心 96 孔板 5min。

（2）吸取各孔上清液 120μl 加入新的 96 孔板中，按说明书测定细胞外 LDH 水平。

（3）向各孔细胞中加入 150μl LDH 释放剂，孵育 1h 后离心，取 80μl 上清液于另一新的 96 孔板中，按说明书检测细胞内总 LDH 水平。

（4）以细胞存活率作为评价指标，其计算公式为

$$\text{细胞存活率（\%）}=\frac{\text{细胞外 A 值}}{\text{细胞外 A 值 + 细胞内 A 值}}\times100\% \qquad (5\text{-}2)$$

（四）MSU 溶液和纳晶对 HepG2 和 RAW264.7 细胞的氧化应激作用

1. 细胞染毒

（1）将生长至 70%～80% 汇合的细胞用 PBS 清洗 3 次，常规消化、离心，重悬后计数。

（2）调整细胞浓度为 $(5\sim8)\times10^5$ 个 /ml，以每孔 1ml 的体积接种于 6 孔板。

（3）培养 6～7h 或过夜待细胞完全贴壁后进行染毒，染毒终浓度同上述（三）。

染毒时，小心吸弃各孔中废旧培养液，纳晶组加入 1ml 新鲜配制的 MSU 纳晶悬液；空白对照孔加入 1ml 新的 DMEM 细胞培养液；溶液组加入 1ml MSU 浓度为 40μg/ml 的 DMEM 细胞培养液；阴性对照组加入 900μl 新鲜 DMEM 细胞培养液和 100μl 生理盐水。

（4）置回孵箱染毒培养 48h。

2. 细胞内 ROS 的检测

（1）按照 1：1000 用无血清 DMEM 培养液将二氯荧光素双醋酸盐（DCFH-DA）荧光探针稀释，使 DCFH-DA 终浓度为 10μmol/L。

（2）48h 后，去除细胞培养液，各孔加入 1ml 的 DCFH-DA 稀释液，放回细胞孵箱孵育 20min。

（3）无血清 DMEM 培养液洗涤细胞 3 次，充分去除未进入胞内的 DCFH-DA；每孔加入 0.6ml 胰酶消化细胞。

（4）无血清 DMEM 培养液重悬细胞，留 250μl 进行流式检测，激发波长为 488nm，发射波长为 525nm。

（5）以细胞内荧光增加率作为对细胞氧化损伤作用的评价指标，其计算公式为

$$细胞内荧光增加率（\%）=\frac{染毒组荧光值}{空白对照组荧光值}×100\% \tag{5-3}$$

3. 恢复后细胞内 ROS 的检测

（1）取出细胞染毒培养 24h 的 6 孔培养板，吸弃原有培养液，用 PBS 洗涤细胞 1 次；加入等体积的新鲜 DMEM 培养液，继续培养 24h。

（2）以同上述 2 的方法检测染毒 24h，恢复 24h 的细胞内 ROS 的活性，计算细胞内荧光增加率。

（五）MSU 溶液和纳晶对 HepG2 和 RAW264.7 细胞凋亡 / 坏死的影响

1. 细胞染毒

（1）将生长至 70%～80% 汇合的细胞用 PBS 清洗 3 次，常规消化、离心，重悬后计数。

（2）调整细胞浓度为 $(5～8)×10^5$ 个 /ml，以每孔 1ml 的体积接种于 6 孔板。

（3）培养 6～7h 或过夜，待细胞完全贴壁后进行染毒，染毒终浓度同上述（三）。

染毒时，小心吸弃各孔中废旧培养液，纳晶组加入 1ml 的新鲜配制的 MSU 纳晶染毒悬液；空白对照孔加入 1ml 新的 DMEM 细胞培养液；溶液组加入 1ml MSU 浓度为 40μg/ml 的 DMEM 细胞培养液；阴性对照组加入 900μl 新鲜 DMEM 细胞培养液和 100μl 生理盐水。

（4）置回孵箱染毒培养 48h。

2. 细胞凋亡 / 坏死检测

（1）吸出细胞培养液至 2ml 离心管内，用 PBS 洗涤细胞 1 次，然后加入 0.6ml 胰酶消化细胞。室温孵育 2～3min，至轻轻吹打即可使细胞被吹打下来时，吸除胰酶。需避免胰酶的过度消化。

（2）加入（1）中收集的细胞培养液，轻轻混匀，移到离心管内，1000r/min 离心 5min，弃上清液，收集细胞，然后用 PBS 重悬细胞并计数。

（3）取 $(5～10)×10^4$ 个重悬细胞，1000r/min 离心 5min，弃上清液，加入 195μl Annexin V-FITC 结合液重悬细胞。

（4）加入 5μl Annexin V-FITC，轻轻混匀。

（5）加入 10μl 碘化丙啶（PI）溶液，轻轻混匀。

（6）室温避光孵育 15min，其间可重悬细胞 2 次，以改善染色效果。

（7）流式细胞仪检测。

（六）统计分析

利用 GraphPad Prism 5.0 进行单因素方差分析，各组与对照组比较采用 Dunnett-t 检验法，各组间两两比较采用 t 检验法。$P < 0.05$ 时认为差异具有统计学意义。

（七）结果与讨论

1. 细胞增殖抑制作用　本节实验考察了 MSU 溶液和两种粒径的 MSU 纳晶对 RAW264.7 和 HepG2 细胞随时间、浓度的影响。结果表明，不同浓度的 MSU 溶液对两种细胞均无毒性，见表 5-4。而 MSU 纳晶对细胞增殖有影响，但不存在浓度依赖性，同时发现，纳米材料粒径越小，细胞存活率越低，而且对 MSU 纳晶来说，小粒径（26.46nm）的浓度甚至比大粒径（137.78nm）的浓度更低，具体结果见图 5-4。上述现象表明，同一化合物，当其由分子态转化为颗粒态时就产生了毒性，说明毒性是由其粒子实体（物理因素）而非其化学本质造成的，而且粒子粒径越小，毒性越大。

表 5-4　不同浓度 MSU 溶液对细胞的增殖抑制作用结果（n=3）

细胞	MSU 浓度（μg/ml）	存活率（$\bar{x} \pm s$）（%）	
		24h	48h
HepG2	10	110.49±4.58	91.72±7.69
	20	109.90±1.25	92.93±2.32
	30	113.82±26.20	94.82±7.97
	40	107.45±7.08	90.22±0.56
RAW264.7	10	86.10±6.98	87.35±8.37
	20	87.73±13.36	95.85±8.25
	30	91.96±9.11	90.78±8.17
	40	83.17±15.50	87.92±6.61

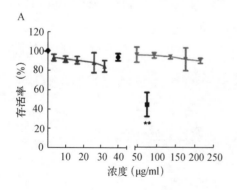
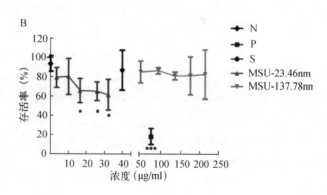

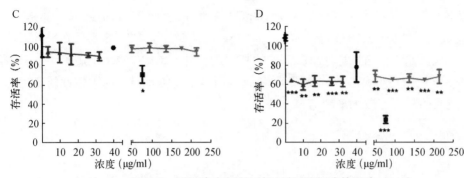

图 5-4　不同浓度 MSU 纳晶对不同细胞的影响（*n*=3）

A、C. 作用 24h；B、D. 作用 48h；A、B. 作用于 HepG2 细胞；C、D. 作用于 RAW264.7 细胞；S. MSU 溶
液；N. 生理盐水；*P < 0.05，**P < 0.01，***P < 0.001（实验组与 N 组相比）

　　根据细胞毒性结果，我们在研究中对细胞染毒过程的时间及浓度进行优化，选取细胞
以表 5-5 所示的各浓度染毒 48h，进行后续实验。

表 5-5　优化后的染毒浓度

	染毒浓度（μg/ml）		
	Ⅰ	Ⅱ	Ⅲ
MSU-A	3.32	16.39	32.26
MSU-B	48.39	176.47	214.29

　　2. 细胞膜通透性影响　细胞存活率越低，表明细胞膜受损越严重，从图 5-5 可知，大、
小粒径的 MSU 纳晶对 RAW264.7 和 HepG2 细胞膜通透性的影响趋势与增殖抑制趋势类
似，即小粒径的 MSU 纳晶比大粒径的 MSU 纳晶对细胞膜的破坏性更大，而 MSU 溶液没
有明显影响。

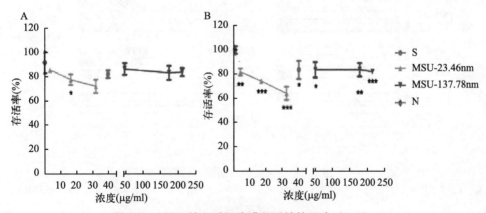

图 5-5　MSU 纳晶对细胞膜通透性的影响（*n*=3）

A. 作用于 HepG2 细胞；B. 作用于 RAW264.7 细胞；S.MSU 溶液；N. 生理盐水；*P < 0.05，** P < 0.01，***P < 0.001
（实验组与 N 组相比）

3. 氧化应激水平 从图 5-6 可知，无论 HepG2 细胞还是 RAW264.7 细胞，都是小粒径 MSU 纳晶造成的氧化应激水平高于大粒径，而 MSU 溶液对细胞内 ROS 水平几乎无影响，而且就整体氧化应激水平而言，除了 MSU-A 的高浓度点外，RAW264.7 细胞 ROS 水平高于 HepG2 细胞。这说明在绝大多数的情况下，氧化应激是基于纳米材料的颗粒性质产生的，而且粒径越小造成的氧化应激水平越高。

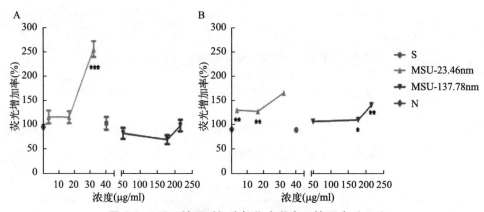

图 5-6　MSU 纳晶对细胞氧化应激水平的影响（$n=3$）

A. 作用于 HepG2 细胞；B. 作用于 RAW264.7 细胞；S. MSU 溶液，N. 生理盐水；$*P < 0.05$，$**P < 0.01$，$***P < 0.001$

（实验组与 N 组相比）

4. 细胞凋亡 / 坏死 从图 5-7 可知，MSU 溶液依旧没有对细胞造成明显损伤，而 MSU 纳晶虽然对 HepG2 和 RAW264.7 细胞损伤程度不同，但损伤模式一致，即坏死、晚凋的细胞比早凋的细胞数量多，与 ROS 结果一致。

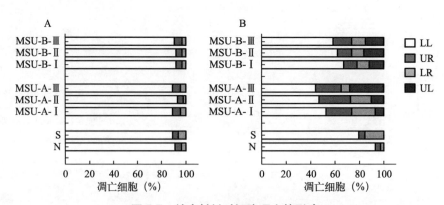

图 5-7　纳米材料对细胞凋亡的影响

A. 作用于 HepG2 细胞；B. 作用于 RAW264.7 细胞；LL，正常细胞；UR，坏死和晚凋细胞；LR，早凋细胞；UL，机械损伤细胞

5. 细胞恢复实验 将 MSU 溶液和纳晶与细胞孵育一定时间后更换新鲜培养液继续培养，因为细胞外饱和环境被破坏，MSU 纳晶溶解，MSU 状态发生了改变，用来比较 MSU 状态对细胞的影响，见图 5-8。

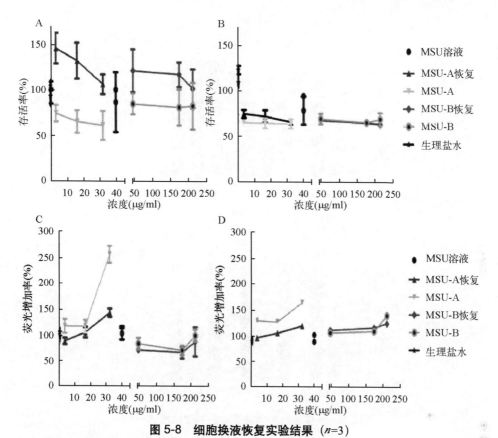

图5-8 细胞换液恢复实验结果（*n*=3）

A、B.增殖抑制结果；C、D.氧化应激水平；A、C.作用于 HepG2 细胞；B、D.作用于 RAW264.7 细胞

在 MSU 纳晶对 HepG2 细胞的 MTT 恢复实验中,换液后细胞有不同程度的恢复(图 5-8A),溶液组存活率上升幅度与阴性对照组基本相同，实验组的恢复程度甚至优于阴性对照组,而且小粒径的 MSU 纳晶组细胞存活率升高幅度大于大粒径组,但 MSU 纳晶对 RAW264.7 细胞的恢复情况与 HepG2 细胞相比相差甚远,大粒径组细胞存活率均无明显变化,小粒径组细胞存活率有轻微的上升（图 5-8B）。

无论哪种细胞,溶液组 ROS 水平变化与阴性对照组相同。在对 RAW264.7 细胞的 ROS 恢复实验中,大粒径细胞组的 ROS 水平基本没有变化,小粒径细胞组 ROS 水平有微小的降低。而对于 HepG2 细胞,大粒径的 MSU 纳晶组细胞内 ROS 水平略有降低,小粒径的 MSU 纳晶组细胞内 ROS 水平相对降低得多。当培养温度降低到 34℃ 时,MSU 溶解度降低,MSU 析晶,改变培养温度后 MSU 状态也发生了改变。比较 MSU 状态对细胞的影响,见图 5-9。

在 34℃ 或 37℃ 时,中浓度 MSU 溶液（20μg/ml）组和阴性对照组细胞存活率变化不大,而 40μg/ml 的 MSU 溶液组,因在 37℃ 时其溶液为近饱和状态,MSU 以分子形式作用于细胞,此时两种细胞的存活率最高,当温度降为 34℃ 时,MSU 的饱和度下降,从而析出晶体,此温度条件下两种细胞的存活率最低。当其从 34℃ 转到 37℃ 时,存活率上升。此现象再次说明,细胞损伤来自 MSU 状态的改变。

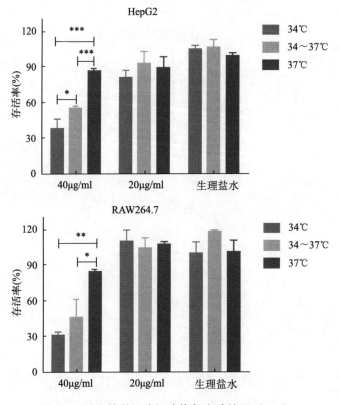

图 5-9　改变培养温度细胞恢复实验结果（$n=3$）

（八）小结

本章内容分别考察了所制备的两种粒径大小的 MSU 纳晶和 MSU 溶液对 HepG2 和 RAW264.7 细胞的增殖抑制作用、膜通透性的影响、氧化应激水平的影响和凋亡 / 坏死的影响，并根据 MSU 可溶解的特性考察了换液和改变培养温度后（改变 MSU 状态）细胞的恢复情况。

从 MTT 和 LDH 实验的结果来看，MSU 溶液基本无毒，这与体内 MSU 在生理状态下无毒的情况相似，从而排除了细胞毒性来源于 MSU 分子的可能，即排除了 MSU 化学毒性的可能，而 MSU 纳晶却会对细胞造成一定程度的损伤，并且粒径越小，损伤越严重。同一化合物，当其由分子态转为颗粒态时就产生了毒性，说明毒性是由其粒子实体（物理因素）而非化学本质造成的，而且粒子粒径越小，损伤越大，推测是因为粒径越小，粒子越容易被吞噬。有研究表明，MSU 在体内析出被吞噬后，细胞内的 NADPH 氧化酶会产生 ROS，从而激活 NLRP3 炎性小体，而后者是 MSU 引发痛风的关键步骤。本章后续实验也证明粒径越小，孵育时间越长，摄取入细胞内的纳晶就越多，ROS 水平越高，细胞的存活率也就越低。凋亡坏死实验也表明相对于早凋细胞，坏死的细胞更容易引发炎症。另外，纳米尺寸的"相当相应"原理也是可能原因之一，即空间体积相当或互补的纳米结构之间易产生接触扰动的相互作用，而且这种由粒子实体带来的毒性没有明确的量效关系，因为"内剂量"的精确测定是很难实现的。

在 HepG2 细胞的换液恢复实验中，实验组的存活率显著上升，上升率甚至超过阴性对照组，而且小粒径组超过大粒径组，而溶液组恢复情况与阴性对照组相似，表明存活率上升不仅仅是因为换液后提供了更多的营养，更多的是因为受损细胞可通过自我修复恢复并增殖，就像痛风可以在 MSU 晶体溶解后得到缓解和治疗。换液后，细胞外 MSU 饱和环境消失导致 MSU 纳晶溶解，而且浓度越低，粒径越小，溶解越快，细胞恢复得越好。这些在 ROS 恢复实验中也得到证实，换液后，ROS 水平降低了，而且小粒径组降低得更多。但是，在 RAW264.7 细胞的恢复实验中，大粒径纳晶组的存活率和 ROS 水平无明显变化，有文献表明，除 NLRP3 炎性小体外，MSU 纳晶还可与巨噬细胞膜上的 CD14 结合激活 P38 蛋白而增强 IL-1β 和 CXCL1 的表达，而这个过程是不可逆的，所以，推测 MSU 纳晶通过此途径对 RAW264.7 细胞造成了不可逆的损伤。另外，在改变培养温度恢复实验中，在 34℃或 37℃时，中浓度 MSU 溶液（20μg/ml）组和阴性对照组细胞存活率变化不大，而近饱和浓度 MSU 溶液（40μg/ml）组在 37℃时存活率最高，在 34℃时存活率最低[体外实验表明此时 MSU 为晶体，粒径为（228.34±19.13）nm]，当其从 34℃转到 37℃时，MSU 纳晶部分溶解，细胞恢复，存活率上升。再次证明，细胞损伤来自于 MSU 状态的改变。

综上所述，结合物理反应和化学反应的定义，我们将这种由粒子实体带来的毒性定义为物理损伤，而且当实体粒子消失后，这种损伤仍可恢复，除非引发了不可逆的后续效应。

（注：本章内容为笔者课题组实验课题，详见相关文献）

参 考 文 献

陈美玲，2016. MSU 纳晶毒性的细胞水平研究与复方美托拉宗缬沙坦的药代动力学研究. 北京：中国人民解放军军事医学科学院.

Chithrani BD, Chan WCW, 2007. Elucidating the mechanism of cellular uptake and removal of protein-coated gold nanoparticles of different sizes and shapes. Nano Letters, 7(6):1542-1550.

Dostent C, Pétrilli V, Bruggen RV, et al, 2008. Innate immune activation through Nalp3 inflammasome sensing of asbestos and silica. Science, 320(5876): 674-677.

Ivask A, Juganson K, Bondarenko O, et al, 2014. Mechanisms of toxic action of Ag, ZnO and CuO nanoparticles to selected ecotoxicological test organisms and mammaliancells in vitro:a comparative review. Nanotoxicology, 8(8):57-71.

Mei XG, Yang ZB, Li MY, et al, 2014. Physical damage-the origin of nanotoxicity. Chinese Journal of Pharmacology & Toxicology, 28(2):154-160.

Scott P, Ma HS, Terkeltaub R, et al, 2006. Engagement of CD14 mediates the inflammatory potential of monosodium urate crystals. Journal of Immunology, 177(9):6370-6378.

Zhou R, Yazdi AS, Menu P, et al, 2011. A role for mitochondria in NLRP3 inflammasome activation. Nature, 469(7329):221-225.

第 6 章
生物医药纳米材料安全分类系统

正如第 4 章提到的，物理损伤是导致纳米毒性的根源，一些纳米材料在动物试验中表现出的安全性问题迅速引起了科学界的高度重视，人们由对纳米材料的向往、期待，逐渐转为对纳米材料的恐惧和拒绝。然而，纳米技术在药物的递送系统中取得了许多意想不到的成果，并成为纳米医药研究的热点。研究发现，药物包载或黏附在纳米尺度的载体上后，可以特定地改变药物在体内的吸收、分布、代谢和释放方式。经过表面修饰的纳米药物载体可实现特定组织及细胞的专一性摄取，改变药物在靶组织（病变、炎症、癌变等特定组织）、细胞中的特异蓄积或释放，可在增强药物治疗效果的同时减轻因全身性用药而带来的毒副作用。此外，纳米载体还可以增强药物的稳定性，提高药物的溶解速度。纳米制剂因其特有的纳米靶向效应，已成为医药行业发展中极具潜力的方向，我们不能因为单纯恐惧某些纳米材料的毒性而放慢前进的步伐，而是需要进一步以科学为武器，探究其本质。当然，在药物递送系统领域挥舞纳米技术这把"双刃剑"时应十分谨慎，在顶层设计之初就应避免有损伤可能性的材料进入应用研究中，这不仅能更有效地利用该技术，也可避免后期出现可预知的毒性而浪费不必要的资源和时间。前面所提到的以物理损害为主的无生物降解途径的或制备成纳米颗粒后产生不相容性损伤的材料，就应当在设计之初进行科学的筛选，将其阻挡在研究和投入的门槛之外。

表 6-1 列出了目前纳米药物递送系统的研究概况，包括几种典型纳米材料的理化性质、研究状态和安全性等特征。首先，表中的二氧化硅、碳化合物、二氧化钛及陶瓷载体的安全性试验结果显示，这些材料制备的纳米药物载体都具有毒性，这与目前人们认为纳米药物载体"有害"的观点一致。其次，表中列出的磷脂、白蛋白、PLGA 及药物本身等纳米材料已广泛用于临床，正常情况下使用安全无害，这与"有害"的观点正好相悖。显然，简单地划分和认为"纳米化"的微粒"有害"的结论并不正确。因此，对于纳米载体建立一个安全分类系统是非常有意义的。这种分类系统应该清晰易懂，并且将各种关键参数都考虑在内，根据前几章中从纳米材料的物理损伤角度阐述的纳米毒性，纳米材料在体内的安全设计应主要侧重和遵循对生物可降解性及生物相容性的考虑。

表 6-1　几种典型纳米材料的理化特征和安全性

名 称	粒径	材 料	载药	给药途径	研究状态	安全性
介孔二氧化硅纳米粒	～100nm	二氧化硅		注射	基础研究	存在肝损伤/肾损伤
富勒烯	＜1nm	富勒烯		注射	基础研究	潜在毒性/肝损伤/低代谢率/ROS损伤/DNA损伤
碳纳米管	0.4～30nm；1～50μm	碳纳米管		注射	基础研究	潜在毒性/肝损伤/致癌性/细胞膜穿透
二氧化钛	＞20nm	TiO_2		注射、吸入	基础研究	炎症效应
陶瓷		陶瓷颗粒			基础研究	低生理溶解度/肝损伤
Doxil®	100nm±	磷脂	阿霉素	注射	FDA 批准上市	正常使用下安全
Rapamune®	＜400nm	药物本身	西罗莫司	口服	FDA 批准上市	正常使用下安全
Emend®	＜400nm	药物本身	阿瑞吡坦	口服	FDA 批准上市	正常使用下安全
Abraxane®	130nm±	白蛋白	紫杉醇	注射	FDA 批准上市	正常使用下安全
Arestin®	0.1～10μm	PLGA	盐酸米诺环素	空腔外用	FDA 批准上市	正常使用下安全
Ambisome®	＜100nm	磷脂	两性霉素B	注射	FDA 批准上市	正常使用下安全

第 1 节　纳米材料生物安全分类系统

由上述讨论可知生物相容性与生物可降解性是体内应用纳米材料筛选的主要因素。纳米颗粒在体内遵循暴露－分布－降解－排泄的基本路线是减轻和规避纳米损伤的最重要的设计手段和根本要求。纳米药物载体系统中应用的 DNA、蛋白质、天然或人工合成的聚合物，或由以上材料形成的纳米级别的结构或药物本身，这些都是可降解的生物相容性载体，都对人体适用。因此，用生物可降解的材料制成的纳米药物释放系统、载体系统在适当的剂量下能够避免或减少身体的物理损伤。从纳米材料物理损伤的角度出发，结合生物可降解性和生物相容性的原理，我们可以得出生物可降解性是纳米材料体内应用的必备条件，同时生物相容性主要决定纳米材料在体内的行为和毒性特征。

纳米材料生物安全分类系统是以纳米材料的生物相容性和生物可降解性为科学架构，

从生物安全角度对纳米材料进行分类的一种系统。根据生物相容性和生物可降解性，将纳米材料的安全性分为四类（图6-1、表6-2）。

第一类：生物相容–生物可降解；第二类：生物相容–生物不可降解；第三类：生物不相容–生物可降解；第四类：生物不相容–生物不可降解。

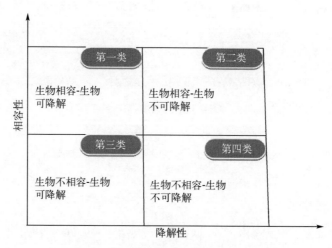

图 6-1 生物相容性和生物可降解性分类

表 6-2 常见材料生物相容性和生物可降解性举例

分类	材料	应用条件
第一类：生物相容-生物可降解	1. 天然来源：胶原蛋白、几丁质、明胶、透明质酸钠、纤维蛋白、聚羟基丁酸酯等 2. 人工合成：聚乳酸（PLA）、原酸酯、聚乙交酯（PGA）、聚乳酸–羟基乙酸共聚物（PLGA）等	纳米形态的以上材料在适当情况下可以安全地应用于人体
第二类：生物相容-生物不可降解	生物陶瓷类纳米材料：二氧化硅（SiO_2）、氮化钛（TiN）、量子点、PEG 修饰的碳纳米管等	1. 此类材料的降解与其化学成分和显微结构相关，能否安全应用于人体要根据材料特性及对人体的用途而定 2. 将生物体暴露在 $0 \sim 30\mu g/ml$ 的 14nm 粒径的纳米 SiO_2 中，代谢活性和细胞增殖结果表明，SiO_2 无毒。可溶性与细胞毒性有很大的关系，SiO_2 属不可溶材料

续表

分类	材料	应用条件
第三类：生物不相容-生物可降解	1. 外源性病毒、微生物等 2. 金属氧化物类纳米材料：二氧化钛、氧化铝、四氧化三铁、氧化铜等在机体中能由于电离出离子而降解	1. 外源性不相容性颗粒使机体出现异常状况时，可以通过正常通路和防御机制，将这些颗粒降解为分子，被代谢利用或排出体外，当降解时间可控且材料本身无毒时可以安全应用于人体 2. 当溶血率大于 5% 时，预示材料具有溶血作用。例如，当标准化金浓度从 1μg/ml 增大到 100μg/ml 时，$Au-Au_2S$ 纳米颗粒的溶血率从 0.22% 变为 2.03%。因此在标准化金浓度 < 100μg/ml 时，即 < 1.0mg 的纳米颗粒溶血率较低（< 5%），具有较好的血液相容性，可用于人体的肿瘤治疗等 3. 金属氧化物类纳米材料即使在 50 ~ 100μg/L 的低剂量下也能引起线粒体破坏、乳酸脱氢酶的漏出，以及细胞形态的异常
第四类：生物不相容-生物不可降解	1. 金属类纳米材料：纳米金、纳米银、纳米铜等 2. 人工碳纳米材料：碳纳米管、活性炭、富勒烯等	此类纳米材料在适当条件下也是可以缓慢降解的，但降解条件非常苛刻，应用于人体存在风险

第一类，具有生物相容性和生物可降解性的材料，一般而言，这类材料制成的纳米颗粒没有毒性或者毒性很低，是可以安全地应用于人体的，如以天然或合成卵磷脂、三酰甘油为载体，将药物包裹制备的固体胶粒给药体系；以聚乳酸、聚乙醇酸、聚乳酸 - 羟基乙酸共聚物及聚羟基丁酸等 α-羟基酸为原料制备的 α-羟基酸纳米粒；以聚丙交酯、聚 ε- 己内酯及聚丙烯酸烷基酯等制备的交联聚酯纳米粒；以及聚原酸酯纳米粒、聚酐和多肽类纳米粒等。具有生物相容性的粒子在进入人体后，机体不会产生免疫识别，也就不会产生免疫排斥反应，即使发生微量的排斥，由于这类物质是可降解的，产生的损害不会持续存在，机体可以通过自我调节功能而得以恢复。可降解的纳米颗粒进入人体后，若被细胞吞噬则将在细胞内降解、代谢，变成小分子后参与机体的代谢和排泄；若未被吞噬，亦可在体液中代谢降解或自身溶解分散后代谢排出体外，所以颗粒不会一直存在于体内，更不会造成持久的伤害。生物相容的材料在体内能被逐渐代谢降解，其与机体的相互作用也随之减小、消失，而机体的自我修复功能在一定程度上可以纠正微粒造成的损害，如基础研究中的很多柔性材料如壳聚糖、PCEP、聚乙烯亚胺（PEI）、多聚羧酸等制备的纳米颗粒，均在眼部给药中呈现无毒和极低毒性质。此外，利用磷脂、神经酰胺类等脂质材料制备的载药脂质体、微乳已被广泛运用于纳米制剂的制备，这些脂质材料是构成人体细胞或者类似人体细胞的主要成分，可在体内代谢，无毒性、无抗原性。白蛋白是人体血浆的重要组成成分，

参与血液中多种小分子物质的运输，对于血浆胶体渗透压的维持也有重要作用，临床输注给药可用于休克、烧伤、急性呼吸窘迫综合征（ARDS）、体外循环等。白蛋白载药制剂入血后，该外源性白蛋白可与人体自身白蛋白一同被代谢分解为氨基酸，参与体内物质循环，同样无毒和无抗原性。但是，这些在绿色区域内的纳米材料并不是完全没有毒性，少数材料可能产生完全没有预料到的副作用，显示出微量毒性，例如，它们可能与免疫系统相互作用对机体产生一定程度的损伤。因此，可以得出结论：具有生物相容性和生物可降解性的纳米材料在适当的条件下可以安全地应用于医药领域；我们可以有效利用这些材料，将这些材料进行一些加工，有效提高这些材料的生物活性，大大拓宽它们的用途，为医疗事业的发展做出贡献。只要使用得当，相信这一类纳米材料必将给医药领域甚至在人类的发展史上带来一场革命性的变化。

第二类，只具有生物相容性的不可降解纳米材料，对机体的危害要根据纳米颗粒进入体内的具体情况和应用而定：适当的粒径在入血后的毒性也不一样，分散完全的纳米颗粒更为安全，而纳米团聚物和微米颗粒将增加急性阻塞的风险；增加亲水基团可以使其更容易分散和减少蛋白质的吸附，包裹高分子或内源材料，减弱机体的免疫识别，从而达到提高生物相容性的目的。如利用仿生学，PEG修饰的粒子可以减缓被机体调理化的进程；硬而尖的粒子相较软而圆的粒子更易滞留和损伤接触到的生物结构。文献证明，表面带正电荷的纳米颗粒更易被血液清除，阳离子树状大分子会在磷脂膜表面造成孔洞，而带负电荷的颗粒具有较少的摄入和危害。纳米材料表面性质的改造是降低毒性的重要手段，尽管优良的生物相容性提升了颗粒的体内特性，但如果该颗粒具有极低的清除率甚至是不可降解的，或修饰基团经代谢的改变和颗粒性质的持续存在，就会使相容性高的纳米材料仍存在较高的体内损伤风险。所以，在使用这一类粒子时，要根据粒子所具有的物理特性具体考虑每一种使用情况，不能盲目地只考虑其所带来的利益，应充分结合颗粒的各种理化性质后再使用。例如，陶瓷类纳米材料的降解与其化学成分和显微结构相关。磷酸三钙相对降解较快，而羟基磷灰石相对较稳定；α-磷酸三钙虽然与β-磷酸三钙有相同的化学成分，但结构上存在差异，结果显示出α-磷酸三钙远较β-磷酸三钙降解得快。孔隙率对陶瓷的降解有着显著的影响，通常完全致密的陶瓷降解很慢，而有微孔的陶瓷易发生迅速降解，陶瓷在体内的降解率可以通过其在简单水溶液中的行为来预测。但是，这种预测和实际情况间存在一定偏差，尤其是降解率随着植入部位的不同而发生变化，这是由于人体不同部位体液的组成不尽相同。此外，这种偏差有可能是由细胞的活动或吞噬作用，或是由自由基的释放而引起的。

第三类，具有生物不相容性的可降解材料，在生命体中这种颗粒物并不鲜见，如处于纳米至微米的尺度之下的外源性生物大分子、亚细胞器、细胞，甚至微生物和病毒等，这些与生物体机体具有相同分子组成的颗粒在进入人体后，对于机体来说是外源性的，机体会对此类生物不相容物质产生免疫识别，进而产生免疫排斥反应，但这些"纳米颗粒"并未产生显著的"纳米毒性"。正是由于这些纳米级大分子在体内的结构形态、功能、位置受到机体精密控制，出现异状时，机体可以通过正常通路和防御机制，将上述"有机颗粒"降解分子化变为原材料，进而代谢或利用。如果外源性颗粒物进入机体时，其未经机体认证，将不易与机体相容，且当构成颗粒的材料呈惰性时，其被降解分子化的周期将被无限延长。一般而言，由外源性或内源性冲击引起的紊乱能够被平衡系统、代谢系统、免疫系统，以及其他的平衡和分解机制有效纠正和修复，使得机体重回稳态。但是外源性微粒，尤其是不能被生物降解的微粒则是完全不同的形式，人体对此类物质修复能力可能十分有限。通过对纳米颗粒的粒径、颗粒外形和表面状况进行调整，可以在一定程度上提高其生物相容性，从而改变颗粒在体内的作用方式，进而减弱纳米粒子可能对机体造成的损伤。例如，有关外源 DNA 在机体内的吸收与降解的研究受到持续关注。由于基因治疗与 DNA 疫苗的飞速发展，经常要通过一定的方式将外源的 DNA 导入体内，吸收后的外源 DNA 一部分在核酸酶的作用下发生降解，未发生降解的一部分则会多次反复地插入动物细胞基因组中，由此，将可能导致不可预见的后果。所以，一旦核酸酶未完全降解外源 DNA，外源 DNA 插入基因组后，细胞将会启动外源 DNA 甲基化这一最后的防卫系统，使外源 DNA 得到有效控制。作为磁共振成像的对照试剂，超顺磁性氧化铁（SPIO）纳米颗粒在生物医学上具有广泛的应用。SPIO 具有生物降解性能，在细胞内可以通过铁代谢途径被利用，实验发现经静脉注射之后血清中铁含量瞬时性升高。但是，铁离子有产生氧化应激的风险，因此在实际应用中应避免高剂量或短时间内重复注射，以避免铁代谢的超负荷。

第四类，具有较差生物相容性和生物可降解性的材料，这类材料最为危险。这些纳米颗粒进入机体后，由于不具有生物相容性而被机体识别为异物，机体会启动自身的生理调节功能对其产生免疫排斥反应。一旦这类纳米颗粒进入细胞，由于其自身较差的生物可降解性，机体细胞的"分子代谢工厂"没有合适的模具来代谢这些颗粒，使得这些颗粒长久滞留在细胞中，导致机体细胞功能失调甚至死亡，而死亡细胞中释放出的纳米颗粒或者黏附、聚集而阻碍组织微循环，或者进入下一个健康细胞中引出一系列后续毒性反应，最终导致机体炎症。这类材料的化学惰性和生物不相容性导致其对机体产生持续性伤害，而机体很难通过自身调节功能得以恢复，因而这类不具有生物相容性和生物可降解性的材料很难应用于医疗领域。

第 2 节　生物相容性

生物相容性是指材料与生物体之间相互作用后产生的生物、物理、化学等各种反应的一种概念，一般来讲，就是材料进入人体后与人体的相容程度，或者说是否会对人体组织造成毒害作用。普遍认为生物相容性包括两大原则：一是生物安全性原则，即消除生物材料对人体的破坏性；二是生物功能性原则（或称为机体功能的促进作用），指其在特殊应用中"能够激发宿主恰当地应答"的能力。

生物相容性是生物材料研究中始终贯穿的主题，按国际标准化组织（ISO）会议中的定义，生物相容性是指生命体组织对非活性材料产生反应的一种性能。它一般是指材料与宿主之间的相容性，包括组织相容性和血液相容性。近年来，生物相容性的概念发生了较大变化，其对象不仅包括非活性材料，还涉及活性材料（组织工程）。相容性是指两种或两种以上的体系共存时互相之间的影响。如果这些体系在共存时互不影响、互不损伤、互不破坏，就可以说这些体系间有完全的相容性。如果这些体系在共存时相互影响、相互破坏，导致不能长期共存，就可以说这些体系之间的相容性差或没有相容性。生物相容性可以指任何一种外源性物质，包括天然材料中用于治疗的外源性细胞、植入的器官，人工材料中的植入体或纳米粒子，为治疗目的植入或通过某种方式进入生物体，与生物组织共存时，对生物体和生物组织造成损伤，或引起生物体、生物组织发生反应的能力和性质，或生物体容许这种材料在体内存在及与这种材料的相互作用的能力和性质。

（一）生物相容性对纳米材料的安全性原则

生物安全性原则，即消除生物材料对人体器官的破坏性，如细胞毒性和致癌性。

生物学评价：生物材料对于宿主是异物，在体内必定会产生某种应答或出现排异现象。生物材料如果要成功地作为纳米载体，至少要使发生的反应可被宿主接受，不产生有害作用。因此对纳米材料进行生物相容性评价是其能否进入临床研究的关键环节。

1. **生物材料生物学评价标准**　从开展生物材料生物学评价标准化研究以来，经过多年国际协同研究，目前形成了从细胞水平到整体动物的较完整的评价框架，ISO 以 10993 编号发布了 17 个相关标准，表 6-3 列出了医疗器械和生物材料生物学评价试验指南（ISO10993-1）。同时，对生物学评价也进行了标准化：10993-3 为遗传毒性、致癌性和生殖毒性试验，10993-4 为血液相互作用试验，10993-5 为细胞毒性试验（体外），10993-6 为植入后局部反应试验，10993-10 为刺激和致敏试验，10993-10 为全身毒性试验。

表 6-3　医疗器械和生物材料生物学评价试验指南

接触部位	器械及生物材料分类	接触时间	基本评价的生物学试验								补充评价的生物学评价试验			
			细胞毒性	致敏性	刺激或皮内反应	全身急性毒性	亚急性亚急性毒性	慢性毒性	遗传毒性	植入	血液相容性	慢性毒性	致癌性	生殖与发育毒性	生物降解性
表面接触	皮肤	A	×	×	×										
		B	×	×	×										
		C	×	×	×										
	黏膜	A	×	×	×										
		B	×	×	×										
		C									×				
	损伤表面	A	×	×											
		B	×	×											
		C	×	×						×					

续表

接触部位	器械及生物材料分类	接触时间	基本评价的生物学试验								补充评价的生物学评价试验			
			细胞毒性	致敏性	刺激或皮内反应	全身急性毒性	亚急性亚慢性毒性	遗传毒性	植入	血液相容性	慢性毒性	致癌性	生殖与发育毒性	生物降解性
由体外与体内接触	血路间接	A	×	×		×				×				
		B	×	×		×				×				
		C	×	×		×	×	×		×			×	
	组织骨、牙	A	×	×										
		B	×	×				×	×					
		C	×	×				×	×				×	
	循环血液	A	×	×	×	×				×				
		B	×	×	×	×				×				
		C	×	×	×	×	×			×		×	×	
体内植入	组织骨	A	×	×										
		B	×	×					×	×				
		C	×	×					×	×		×	×	
	血液	A	×	×					×	×				
		B	×	×					×	×				
		C	×	×					×	×		×	×	

注：× 代表皮肤接触器械 24h 即产生细胞毒性。A，24h；B，24h 至 30 天；C，＞30 天。

2. 生物学评价方法

（1）细胞相容性评价：细胞相容性实验是研究材料对细胞的生长、附着、增殖及代谢功能的影响，以存活的有功能的细胞和（或）细胞生长增殖情况作为材料的生物相容性评价指标。检验方法有：MTT 法、DNA 合成检测方法、流式细胞术、细胞膜完整性测定、LDH 法。

（2）血液相容性评价：体外溶血实验是鉴定血液相容性最基本的方法之一，纳米颗粒的体外溶血程度可用来预测其在体内的行为。有文献报道，当溶血率大于 5% 时，预示材料具有溶血作用，它不仅可以评价样品的体外溶血性，还可以敏感地提示样品的毒性。Zhang 等通过体外溶血实验发现，Fe_3O_4 磁性纳米粒子的溶血率为 0.514%，远小于 5%，表明实验用 Fe_3O_4 磁性纳米粒子无溶血作用，符合医药材料的溶血实验要求。Zhang 等发现 Mg-Zn-Mn 合金的溶血率高达 65.75%，Li 研究发现单纯镁的溶血率是 59.3%，远大于 5%，表明 Mg-Zn-Mn 合金、镁极有可能在体内具有溶血作用，不符合医药材料的溶血实验要求。由此说明溶血实验在生物安全性评价中起着重要的作用。

（3）组织相容性评价：将所需应用的纳米材料进行病理检验，经过长达 14 天的观察，若各给药组的器官与对照组无显著差别，组织没有出现炎症或免疫反应，可说明此纳米颗粒具有较好的组织相容性，否则，说明此纳米颗粒不具有较好的组织相容性。

（二）生物相容性对纳米材料的功能性原则

生物功能性原则，即在生物材料特殊应用中"能够激发宿主恰当地应答"的能力。我们不仅要对生物材料的毒副作用进行评价，还要进一步评价生物材料对生物功能的影响。

1. 纳米材料对细胞功能的影响

（1）细胞黏附：如果不考虑生物材料的细胞毒性，那么细胞与生物材料间作用最重要的方面就是细胞黏附。对于人工骨或人工关节等需要与宿主组织融为一体的医疗器械，必须首先考虑到促进其细胞黏附功能（但这种黏附有时会造成严重的并发症，如堵塞导管和血液透析管）。纳米材料作为递送载体，可以装载药物，连接配体，定点有效地到达肿瘤部位，抑制肿瘤细胞的生长、黏附和转移。图6-2为纳米颗粒与细胞表面相接触的动态过程。鉴于多数肿瘤细胞MAPK信号通路激活程度高，Basu等在载有顺铂的PLGA纳米颗粒表面连接MAPK通路的特异性抑制剂，考察其对B16/F10肿瘤的抑制作用。

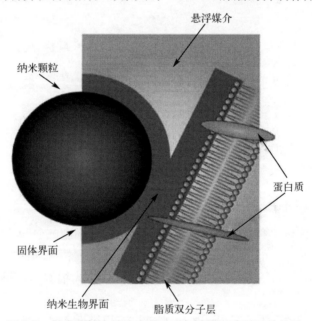

图6-2　纳米颗粒在细胞表面黏附与磷脂双分子层的作用

（2）细胞增殖：已被列为材料安全性评价的一个重要参数，同时也是与宿主组织融合为一体的材料研究的中心内容。同时对体外测试中应用的细胞类型也作了重点要求，例如，人类成骨细胞可用于研究陶瓷结构怎样影响细胞的生长。

（3）细胞凋亡与自噬：凋亡与自噬是细胞程序性死亡的两种方式。凋亡是细胞接收胞内外信号进行有序死亡，最终形成凋亡小体的过程。自噬是细胞内形成的自噬泡与溶酶体融合，降解胞内破损的大分子或细胞器的过程。正常程度的自噬是细胞自我保护的一种方式，过度的自噬则引起细胞死亡。纳米材料诱导细胞凋亡的主要原因是，纳米材料在线粒体内累积，诱导 ROS 的生成，产生氧化压力，启动凋亡信号。

（4）干细胞生长与分化：干细胞是一类具有自我更新能力的多潜能细胞，在一定条件下可以诱导分化成多种功能细胞，具有生物相容性的纳米材料可以模拟体内细胞生长环境，不仅为干细胞提供支持平台，而且参与调控干细胞的生长与定向分化。在神经诱导因子作用下，间充质干细胞（MSC）在直径 230nm 的 PLCL/Coll 纳米纤维状支架上与在直径 620nm 的 PLCL 支架上相比，细胞生长加快 80%，并且只有 230nm 的 PLCL/Coll 支架上出现神经样细胞，这说明纳米材料对细胞定向分化的影响具有一定的尺寸效应，纳米材料不仅能在特异诱导因子作用下影响 MSC 的分化，有些甚至可以自身作为诱导因子促使 MSC 定向分化。相关研究观察到，在无造骨诱导因子的情况下，TiO_2 纳米管可以调节人的 MSC 分化为造骨细胞，且也有一定的尺寸效应，直径 30nm 的 TiO_2 纳米管促进细胞黏附却不诱导分化；直径 70～100nm 的 TiO_2 纳米管降低了细胞的黏附性却诱导细胞延伸 10 倍，并且最终分化为造骨细胞。

（5）神经细胞信号转导：碳纳米管可以影响神经细胞的信号转导，Mazzatenta 等发现电刺激信号能够通过单层碳纳米管传递至神经细胞表面且加强细胞的应答。Cellot 等比较了碳纳米管表面与玻璃表面生长的神经细胞接收电流脉冲后产生的动作电位，发现前者的后去极化大大增强。关于碳纳米管促进神经细胞信号转导的机制目前有两种观点：一种观点认为碳纳米管通过改变胞体与突触的结构使其去极化增强；另一种则认为神经细胞与碳纳米管之间形成紧密接触，导致神经细胞电生理活性提高。

2. 对细胞功能影响的分子生物学评价

（1）细胞黏附分子（CAM）：生物材料植入机体之后，无论是在血管还是软组织、硬组织中，都会使所接触的细胞发生炎症反应，但我们仍然对其中的过程所知甚少。例如，CAM 家族是一类表达在细胞表面的分子，能够控制和促进细胞与其他细胞（如基质中的细胞）的相互作用。细胞生物功能最明确的标志是 CAM 的表达，所以，对于人工血管等植入装置，不仅要求材料能够促进内皮细胞生长，还要求内皮细胞具有完整的生物功能。

（2）细胞因子和生长因子：除黏附分子之外，第二个生物材料植入后影响生物功能的是细胞因子（CF）的合成。细胞因子是能够被多种细胞所分泌的、调节免疫反应和炎症反应的重要物质，其既能活化也能抑制某些生物过程，在宿主对植入材料的应答反应中起核心的控制作用。

（3）DNA 转录翻译与信号传导：基质金属蛋白酶（MMP）作为细胞外基质中的非胶原蛋白日益受到人们的高度重视，它是一类在正常组织分化和重塑过程中负责降解细胞外基质（如胶原和糖蛋白）的重要含锌酶，在组织重塑的各个阶段尤其是新组织合成之前，MMP 对细胞外基质的降解非常重要。

第 3 节　生物可降解性

生物可降解材料是指可在生物体的组织、细胞内，能在酶、化学及物理环境的作用下，在生物系统正常运转可接受的时间内发生降解，其化学结构发生变化并逐渐分解成低分子量的化合物或单体，降解产物能被排出体外或参加体内正常新陈代谢而消失的材料。生物可降解材料可广泛应用于医用缝合线、癌症治疗、人造皮肤及血管、骨固定及修复、药物控制释放、器官修补和组织工程等领域。

人体的生理环境极其复杂，存在着影响材料性能的各种因素，加之材料的种类不同，它们在体内的降解行为及降解机制也不尽相同。关于生物降解的定义主要有以下两种表述方式。

（1）生物材料学对生物降解的定义：1987年，《生物材料的定义》一书中把"生物降解"定义为在特定的生物活动中所引起的材料逐渐被破坏的过程。实际上材料在体内的降解过程往往是多种因素共同或交叉作用的结果。除了专门研究降解机制的文章外，通常把可降解与吸收材料广义地定义为在生物体内能逐渐被破坏，最后完全消失的材料。在生物材料有关的书籍及文献中表示降解材料的术语很多，通常有"可降解（degradable）材料""生物降解（biodegradable）材料""生物吸收（bioabsorbable，bioresorbable）材料""生物溶蚀（bioerodible）材料"等，它们均有不同的含义。

（2）国际标准ISO10993中对生物降解的定义：国际标准ISO10993是关于医疗器械生物学评价的标准，潜在降解产物的定性与定量总则（ISO10993-9，简称总则）是在ISO/TR10993-9（技术报告：与生物学试验有关的降解试验）的基础上制定的。它与ISO10993-13、ISO10993-14、ISO10993-15（聚合物、陶瓷、金属与合金降解产物的定性与定量）一起构成一个比较完整的鉴别、分析、计量材料在生物体内降解的试验标准。总则为具体材料的降解性能系统评价以及研究方案的设计提供一般指导原则。标准中分别对降解、生物降解、生物可吸收医药材料及降解产物作了定义。①降解：材料的裂解。②生物降解：由生物环境造成的降解。可用体外试验模拟生物降解。③生物可吸收医药材料：能够在体内生物环境中被降解与吸收的材料。④降解产物：因原材料的裂解而产生的所有化学成分。

由以上定义可见，在人体这样一个如此复杂的环境中，植入体内的材料长期处于物理、化学、生物、电、机械等因素的综合影响之下，材料不仅受到各种器官、组织不停运动的动态作用，也处于代谢、吸收、酶催化反应之中。同时，植入物的不同部件间常处在相对运动之中。在这种多因素的、长期的、综合作用之下，一些材料很难保持原有的化学、物理及机械特性，从而产生降解。一般生物材料学中所指的降解材料是指材料在体内能完全降解，降解产物能被机体吸收、代谢。而这里所指的降解是反映材料或器械在人体内的一种普遍的特性，并非针对某一类材料而言。这里所涉及的降解概念，既包括器械各部件间的机械磨损作用，也包括由于生命体与材料间的相互作用而导致的材料结构裂解或腐蚀，后者又称为生物降解。由此可见，降解产物既可能是机械磨损作用产生的颗粒状主体材料的碎屑及其裂解产物，也可能是由于生物降解而从材料表面释放出来的自由离子或与主体材料化学结构不尽相同的有机或无机化合物。

综上所述，降解、生物降解、生物可吸收是不同范围的概念。一种材料可能同时具有上述三种性能，也可能不同时具备上述三种性能。本章所述的"降解材料"泛指所有在生物体内可完全降解并完全被吸收代谢的材料。

（一）生物可降解材料的分类及其在体内的降解机制

生物可降解材料按其生物降解过程大致可分为两类。一类为完全生物降解材料，包括天然高分子纤维素、人工合成的聚己内酯、聚乙烯醇等。其分解作用主要来自：①微生物的迅速增长导致材料结构的物理性崩溃；②微生物的生化作用、酶催化或酸碱催化下的各种水解；③其他各种因素造成的自由基连锁式降解。自然界本身有分解吸收和代谢天然高分子纤维素的自净化能力。该类材料在用过废弃后能被自然界微生物的酶降解，降解产物能被微生物作为碳源吸收代谢。另一类为生物崩解性材料，如淀粉和聚乙烯的掺混物，其分解作用主要是由于添加剂被破坏并削弱了聚合物链，聚合物分子量降解到微生物能够消化的程度，最后分解为二氧化碳和水。

目前，根据引起降解的客观条件或机制，生物可降解材料一般可分为：生物降解材料、水解降解材料、热氧化降解材料、光降解材料、改性降解材料和可崩解材料等（图6-3）。按照合成材料又可以分为：高分子生物降解材料类、生物陶瓷类、生物衍生物类、生物活性物质与无生命的材料结合而成的杂化材料类等。

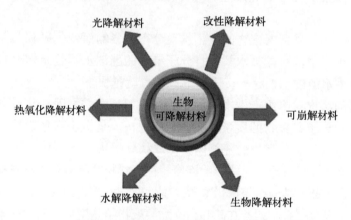

图6-3　生物可降解材料的大致分类

人的机体组织是由聚糖基质及庞大的纤维网状结构组成的，它浸泡在含有大量离子的体液之中，基质与纤维间依赖于细胞连接。由此可见，组织是一种具有生物活性的复合材料。组织的结构和性质取决于组成物的化学、物理性质及其各组分的相对含量。例如，神经组织几乎完全由细胞所组成；而骨骼却由胶原纤维和矿物质羟基磷酸钙组成，其中仅含少量细胞和基质。同样材料的种类亦很多，如聚合物、非金属、金属及其复合物等。材料在生物体内的降解行为，与材料在体内的使用目的、使用部位、使用时间以及材料的化学组成、高次结构和表面特性等因素有关。不同种类的材料表现的降解吸收机制不相同，因此调控降解速率的方法也不尽相同。

生物可降解材料目前已应用于医药领域，为临床上一些不可逆的脏器、组织的功能损伤性疾病创造了有效的治疗方法和手段，特别是纳米材料等技术与医药领域的结合为生命的有序健康发展注入了巨大的活力。生物可降解材料在医药领域的应用又可以分为：手术缝合线、骨钉、敷料等的植入体，以及药物传递的药物释放体系、组织再生材料等。其中，生物可降解材料的应用开创了人工设计组织和器官的新时代，使最终解决组织和器官的缺损问题成为可能。

（二）影响生物降解的因素

pH、温度、分子量、材料本身的结构等都会对可降解材料或多或少地产生影响。

（1）pH 的变化对材料的降解速率有很大的影响，但是降解的速率在生物体内的不同部位没有很大的差异，并且材料若为共聚物链，则降解可形成一个酸性微环境，促使共聚物进行自催化，从而导致其降解的加速。

（2）温度对材料降解的影响，一般在实验条件下很少能看出材料的降解与温度的关系，这是由于体外试验常是模拟体温进行的，而人体体温是恒定的，变化不大。在体外试验过程中，为了使用需要，可以适当升温以缩短实验周期，但是在加速降解过程中温度要适当，不可过高或过低，温度过高时会发生副反应，温度过低就达不到加速降解的目的，因此，为了避免温度和空气流动对可降解材料造成影响，在低温密闭环境中保存可降解材料是最恰当的。

（3）材料的降解速度受到共聚物的分子量及分布的影响而变化显著，主要是因为材料中若含有酯键，每个酯键都可能被水解，且分子链上的酯键水解是无规则的，聚合物分子链越长，其能够发生水解的部位越多，降解的速率也就越快。

（4）材料本身的结构对降解产生本质的影响，例如，聚酸酐因富含易水解的酯键而易于水解，同时，梳状分子共聚物的质量和分子量降低快，是由于其骨架具有极性，有利于酯键的断裂，所以梳状分子共聚物的降解速度比线状分子快。

（5）合成材料单体的组成比例也能影响降解特性，材料的降解行为与材料的理化性质有关，物质的极性、分子量及其分布等都影响着降解性能。一般认为共聚物的降解与共聚物的分子量、结晶度等有很大关系，如乙交酯和丙交酯共聚物结晶度低于两单体各自的均聚物的结晶度。乙醇酸比乳酸亲水性好，因此，含乙交酯多的 PGLA 共聚物亲水性较富含丙交酯多的 PGLA 共聚物要好，从而降解速率快。亲水性聚合物吸水量大，材料内部分子能够与水分子充分接触，降解速率快。反之，疏水性聚合物材料内部分子与水分子接触少，降解速率慢。

（6）酶解作用对降解性能的影响，在生物体内有很多反应会导致聚合物的降解，这些反应包括体液内的氧化作用、化学水解和酶促反应，在材料的早期玻璃态，酶难以参与降解作用，但酶解是影响处于橡胶态共聚物的主要因素。

（7）聚合物亲疏水性对高分子材料降解的影响，亲水性的聚合物可吸收大量水分，降解速率加快；疏水性聚合物吸水量少，降解速度慢。尤其是含有羟基、羧基的高分子比较容易降解。

（三）可降解纳米材料进入体内的过程

生物可降解高分子材料一般用于生物体内，作为非永久性的植入材料，要求其在发挥作用之后能被机体吸收或参与正常的代谢而被排出体外。同时，要对材料表面接触的细胞不影响细胞活性,其降解所生成的物质对生物体无毒性,而且相对于损伤部分的治愈情况,吸收材料必须具有相应的分解吸收速度。降解速度过快或过慢,都不适合作为医药材料。基于上述的证据,我们发现很多纳米材料的毒性,大多取决于其本身是否具有降解特性。当外源性的纳米材料通过一定途径进入机体后,它将与对应体积的组织、细胞和细胞器发生生化、物理等方面的相互作用,其毒性表现可基本分为两种情况。①可降解的纳米颗粒进入机体后,若被细胞吞噬则将在细胞内降解、代谢,变成小分子后参与机体的代谢和排泄;若未被吞噬,亦可在体液代谢降解或自身溶解分散后代谢排出体外,此类毒性相对较小。②不可降解材料的纳米颗粒进入机体后,虽然同样可以进入细胞,却因化学惰性难以在细胞中降解和分解,滞留在细胞内影响细胞功能,最终导致细胞功能障碍甚至死亡;未被吞噬的纳米材料或因聚集等情况阻碍组织微循环。当细胞死亡后这些颗粒仍会入侵下一个健康细胞,如此引发一系列后继反应,最终引起机体的炎症、毒性反应。虽然纳米颗粒在体内会被吞噬细胞吞噬中和,由于无法降解和排出该粒子,巨噬细胞的功能仅仅是成为一个"垃圾储存点"。同时,巨噬细胞的吞噬功能也会被削弱,且自身被损伤。氧化应激很有可能是细胞尝试"消化"纳米颗粒失败的表现。

生物可降解对于降低或消除纳米颗粒的毒理性质是最有效的手段,细微颗粒在体内以颗粒形态存在的时间越短,其毒性风险越低。降解性为纳米颗粒与机体代谢机制建立了分子化的通路,使颗粒高效参与机体处理、稳态平衡成为可能。同时,颗粒降解性使颗粒维度降低,上述因维度产生的复杂性也被简单化。纳米颗粒表面的修饰与电荷性质决定了其穿透生物屏障和细胞膜系统的能力,因此,纳米颗粒及其表面基团在体内代谢过程中发生的改变完全会影响其生物行为,造成二次暴露和最终状态的不可预测性。但是较高的生物降解能力会在一定程度上避免这种情况的发生。在体内能够自主消失的纳米材料表现出低毒性,相对地,不可降解材料就会呈现高的毒性危害。例如,可降解的纳米材料会刺激免疫系统,一段时间后纳米材料消失了,就可给免疫系统得以恢复的机会。不可降解材料则只能永久地停留在体内,一旦进入,巨噬细胞是不能将其排出的。对于这些纳米粒子来说,巨噬细胞就充当着一个"垃圾处理站"的作用。目前,对于纳米材料的毒性讨论最激烈的当属防晒霜中的二氧化钛纳米粒。大部分人认为在安全性分类中不应该把它们归为安全的一类,二氧化钛纳米粒虽然具有生物相容性,但它们仍能够渗透入皮肤刺激免疫系统,加上其不可生物降解性,使之一直停留在体内,免疫系统就难以通过自我调节恢复,久而久之就会造成身体上比较大的损伤,这恰如其分地证实了能否生物降解要作为纳米毒性安全分类的标准之一。

（四）可降解材料在医学上的应用

医药材料不仅需要有医学疗效,而且还要安全、无毒、无刺激性,与人体有良好的生物相容性。医药生物降解材料是指完成医疗功能后,可被生物体内的溶解酶分解而吸收的材料,生物降解塑料已被广泛用于手术缝合线、人造皮肤、矫形外科、体内药物缓释剂等领域。

1. 外科手术缝合线　理想的缝合线应在体内有良好的适应性,无毒、无刺激性,且在体内保持一定时间的强度后能被组织吸收,其缝合、打结性能及柔性等方面都应符合操作要求。以前使用的羊肠线易产生抗原抗体反应，在人体内的适应性不太理想，且保存不便。研究表明，甲壳素与壳聚糖制成的医用缝合线可被体内溶菌酶分解，生成的 CO_2 排出体外，生成的糖蛋白可被组织吸收，避免了手术后拆线，减轻了患者的痛苦。其在尿液、胆汁、胰液中能保持良好的强度，使用后自行吸收，不引起过敏，还能加速伤口愈合。

2. 人造皮肤　人的皮肤是一种再生能力很强的组织，但大面积的烧伤则不能单靠自身皮肤或自体移植皮肤来愈合，需要人造皮肤作为治疗过程中的一种暂时性的创面保护覆盖材料来帮助愈合。人造皮肤的作用是：防止水分与体液经创面蒸发与流失；防止感染；促进肉芽或上皮生长，促进治愈等。人造皮肤还要可以消毒和灭毒，防止细菌感染，且不能对人体有害。现在大量商业用的人造皮肤有胶原蛋白、甲壳素、聚 L- 亮氨酸等酶催化生物降解材料。

3. 药物缓释剂　药物口服后进入人体，在血液中的浓度必须达到一定的程度才可以起药理活性作用，当药物的血药浓度高过一定的限度时，会出现副作用，而当血液中的药物被机体代谢排出体外后，血药浓度下降，失去药效。用生物降解高分子材料设计的药物缓释剂，可使人体药物浓度在较长时间维持在有效治疗浓度范围内从而提高了疗效，对于癌症、心脏病、高血压等的长期治疗方便而有效。

除上述用途外，医药生物降解材料还可用于骨折固定材料、人工肾、医用抗黏剂等。随着医学和材料科学的发展，人们希望进入体内的材料只是起到暂时的药用作用，并随着进入体内目的的达到而逐渐降解吸收，以最大的限度减少材料对机体的长期影响。生物降解性材料容易在生物体内分解，其分解产物可以代谢，并最终排出体外，因而越来越受到人们的重视，现已广泛应用于医疗领域的各个方面。

纳米材料学作为生物医药和材料两大新世纪支柱的交叉学科，生物医药纳米材料将成为科研开发的主攻方向，可降解材料又必将以其绝对的优势更多地进入医疗领域，其良好的特性展现了广阔的应用前景，使其在生物医学上具有极大的发展潜力。随着其越来越广泛的应用，人们对生物医药材料的研究也越来越深入，使其在具有生物相容性这一基本要求上还要满足其他条件，需要人们进一步的研究。生物降解性能是生物医药材料的重要性质之一，它对生物医药材料在体内的应用具有重要的意义。因此，目前我们面临的主要问题是如何按照材料特有的性质设计出具有更加广泛用途的新材料，克服纳米材料现有的问题，明确纳米材料可能出现的毒性反应机制，由此我们相信生物医药纳米材料一定能得到更为迅速的发展。

第 4 节　生物医药领域常用纳米载体材料的分类

越来越多的生物可降解高分子材料在医学上的作用被挖掘，极大地激发了人们的研发兴趣。人们希望植入体内的材料只是起到暂时代替的作用，并随着组织或器官的再生而逐渐降解吸收，以最大限度地减少材料对机体的长期影响。由于生物降解性材料容易在生物体内分解，其分解产物可以代谢，并最终排出体外，因而越来越受到人们的重视。

（一）生物可降解材料

1. 天然可降解高分子材料　是指采用原始的高分子为原料，主要是一些生物体的提取物经过加工改造而得到的，一般具有很好的生物相容性，在生物体内的安全性很高，但也会引发炎症反应，不过因降解速率很快，所以在体内的停留时间短，不易造成由于长期存在而引发的副反应。这类材料的结构和性能都有很大的区别，不能用统一的标准来规定。大多数天然生物高分子在生物体内是酶降解的，如葡聚糖、白蛋白、卵磷脂、胆固醇、甲壳素及其衍生物等。下面将介绍几种主要的天然可降解医药高分子材料及其应用。

（1）胶原蛋白：是含量十分丰富的动物蛋白质，与人体蛋白质结构相似，是人体组织的重要组成部分，与人体的各个部分有着不可分割的密切关系，因此广泛应用于人体器官组织的修复与再生。胶原蛋白主要是经过浸煮水解等多道工序从动物骨骼和筋膜中提炼出来的，其含量丰富、性质优良，具有无抗原性、生物相容性良好、可参与组织愈合过程等优点，是一种具有温敏性的凝胶，即在室温（25℃）下呈液态，而在体温（37℃）下能形成一种聚合胶，可用于皮下植入，以纠正皮肤上的各种小缺陷。临床上特别是在整形及美容方面，最常用的就是注射性胶原蛋白液体，其植入后可产生一定的细胞应答，该材料可维持半年到一年的组织稳定性；还可以用于各种外科止血和创伤修复的制剂。由于胶原蛋白可制成多种形态，如粉末状、凝胶状、膜状等，因此，其在临床上的使用范围及方式也非常广泛。例如，利用胶原蛋白制品作某一组织修复或再生应用时，首先应配合胶原蛋白的人体吸收率及人体组织的再生率，使吸收与再生之间能得到适当的平衡以达到理想的治疗效果，这种平衡的吸收及再生的作用在应用于膝关节软骨的修补再生时尤为重要。

（2）几丁质：是一种碱性氨基多糖，是一种广泛存在于自然界虾类等外壳中的天然高分子化合物，其结构及某些性质与氨基多糖极相似。与羊肠线相比几丁质纤维的吸收周期较长，有利于伤口的愈合，但因为其分子间及分子内强烈的氢键相互作用，几丁质纤维呈紧密的晶态结构，所以只能溶于酸和酸性水溶液，其强度和韧性也明显不足，目前尚难以应用。几丁质还能抑制胆酸盐和其他脂类化合物的吸收并使其排出体外，从而降低体内胆固醇并降低血脂。研究证明，几丁质是一种无毒、无刺激性、无免疫原性，组织相容性良好，在体内可降解吸收的天然高分子化合物，具有广谱的抑菌作用以及促进上皮细胞生长、抑制成纤维细胞生长的生物特性。它在人工皮肤、骨修复材料、手术缝合线、抗凝血材料和人体肾脏用膜方面有着广泛应用，还具有很强的抑制肿瘤的作用，当其达到一定的浓度时可以增强淋巴细胞杀死癌细胞的能力。有医药公司将其制成人工皮肤，对外伤和烧伤的愈合有促进作用，临床上一般用于预防手术后各种组织粘连，防治退变性骨关节炎，治疗慢性骨髓炎及骨巨细胞瘤，以及眼科人工晶状体植入手术，均未见有局部及全身过敏或其他不良反应。

（3）明胶：为胶原蛋白的部分水解产物，一般有 A、B 两种类型，含有丰富的蛋白质，是很好的蛋白质来源，它的物理化学性能可随着某些官能团的存在而调整，是一种天然的高分子材料，其结构与生物体组织结构相似，因此具有良好的生物相容性，且无抗原性，是组织生物工程材料制备的一种理想成分。明胶作为一种天然的水溶性的生物可降解高分子材料，其最大优点是降解产物易于被吸收而不产生炎症反应，其最大应用是用于药物控释。在应用明胶的可降解性时，经常对其进行化学修饰，调节其降解速度以适应不同的需要。明胶用于生物医药材料制造具有三方面的特点。①物理方面：抗张强度高，延展性低，易干裂，具有类似真皮的形态结构，透水透气性好；②化学方面：可进行适度交联，可调节溶解性，可被组织吸收，可与药物相互作用；③生物学方面：生物相容性好，有生理活性，如有血凝作用。利用明胶制备的生物医药材料有生物医用膜材料、医用纤维及明胶海绵等，但是目前研究最多的是生物医用膜材料和医用纤维。明胶是用途最广的天然产品之一，是一种具有许多良好物理性能的物质，正是由于这些优异的性能，明胶在许多不同领域里都起着重要的作用。通过改变化学活性使明胶易于交联，又进一步扩大了明胶的使用范围。明胶可应用于创面修复材料、组织修复材料、止血材料、血液替代材料及缓控释材料等。

（4）透明质酸钠：是一种以葡萄糖醛酸为主的多糖类高分子，以钠盐形式存在，在溶液中的无规则卷曲状态和流体动力学特点赋予透明质酸钠某种重要的物理特性，因此其具有高度的黏弹性、可塑性、渗透性以及独特的流变学特性及良好的生物相容性，是一种用途广泛的生物可吸收材料。透明质酸钠在眼外科显微手术中，具有黏弹性衬垫功能、组织分离功能、黏性堵塞功能、黏性止血功能、黏弹性固定功能和其他功能等，主要起着提供手术空间、手术垫的作用；在外科手术中，主要作为外科手术后防止组织粘连的新型生物医药材料，透明质酸钠具有高分子纤维网络结构，涂布于组织表面起到阻隔作用，在腹膜修复期形成一种暂时的屏障，还能覆盖于创伤浆膜表面，维持充足的时间不发生降解代谢，使早期的创面修复组织规则而有序地生长，直至形成一连续的间皮细胞层覆盖于创伤表面，达到生理性修复；在治疗骨关节病方面，当固体组织腔或液体的正常黏弹性在病理情况下下降时，某些组织的正常功能及再生过程受损，由于透明质酸钠具有高黏弹性，此时可通过补充透明质酸钠以增强腔内的正常流变学状态，使其功能得以恢复，满足组织和血液相容，与血液中的细胞和蛋白质不发生作用，有适宜的流变学性质，与正常关节液一样的流变学性质。同时，其半衰期较长，可以保持长时间的保护作用，且比正常关节液中内源性透明质酸钠还要长。

（5）纤维蛋白：是一种血浆蛋白质，参与凝血过程，具有止血、促进组织愈合等功能，在生物医学领域有着重要的用途。另外，纤维蛋白本身作为天然细胞外基质成分，有较好的细胞间信号传导及相互作用的性能。在纤维蛋白凝胶和聚合材料构建的体外组织工程软骨模型中，纤维蛋白把软骨细胞交联起来，在组织成分上类似机体软骨。Sims 等首次报道了将纤维蛋白凝胶复合软骨细胞植入无胸腺小鼠皮下，12 周后新生软骨组织形成透明软骨，氨基葡萄糖与软骨湿重比接近正常软骨。纤维蛋白的降解包括酶降解和细胞吞噬两种过程，降解产物可完全吸收。

（6）聚羟基丁酸酯（PHB）：是一种天然高分子聚合物，由真氧产碱杆菌发酵产生。它不仅具有与化学合成高分子材料相似的性质，还具有生物相容性、生物可降解性等特殊性质；但生产效率低，使替代通用的高分子材料在成本上受到了限制。由 PHB 制成的单股缝合线在大鼠皮下埋植 180 天后观察发现，缝合线的外观和质量都几乎没有变化。提高 PHB 在体内的降解速率的方法是用 γ 射线进行辐照。

2. 人工合成可降解高分子材料　是指根据不同的需要控制条件，按照设计要求，通过化学合成获得的高分子材料。人工合成材料不但具有良好的物理机械性能，而且具有高度的加工可塑性，并可通过分子量及其分布的改变来调节降解的速度，比天然高分子材料有更多的优点。与天然材料相比，这类材料可有丰富的原料来源，且其结构、性能等可进行任意的修饰和调控。因此，人工合成高分子材料在生物医学中的应用更加广泛，研究得更深入。

（1）聚乳酸（PLA）：又称为聚丙交酯，体内降解生成乳酸，是糖的代谢产物，是目前最具应用价值、可生物降解吸收的聚合物之一。它的初始原料廉价易得，如玉米、小麦中的淀粉。PLA 的酯键易于水解，一般认为其水解属于非酶性水解。PLA 在自然条件下生物降解产生二氧化碳和水，不会产生任何环境问题。其降解的第一阶段一般是水解过程，生成溶于水的低聚物和乳酸，第二阶段在微生物的作用下分解成二氧化碳、水。因其降解产物乳酸无毒且具有良好的生物相容性，PLA 已被 FDA 批准进入临床，用作医用缝合线、暂时性支架和药物控释载体。在植入人体后，由于其较慢的降解速率，与人体发生的炎症反应不明显。如果需要较快的降解速率，可以对其进行改性，它是热塑性材料，可通过溶剂浇铸等各种技术加工成各种结构形状。PLA 不具有细胞可识别的特定信息，其疏水性影响了细胞在其表面的黏附而不具有良好的细胞亲和性。有研究表明，PLA 降解产物乳酸的累积导致 pH 下降产生各种并发症而影响了细胞的正常生长。

（2）原酸酯：是原酸与醇缩合生成的特殊醚型化合物，是具有非均相降解机制的高分子材料，特别适合作为药物缓释制剂材料。由于其主链上具有酸敏感的原酯键，通过加入酸性或碱性赋形剂就可以控制其药物释放行为。目前应用于医学领域的原酸酯主要有三类，第一类是利用二乙氧基四氢呋喃和乙二醇进行原酯化反应而得，主要作为药物控制释放载体，也可作为烧伤部位的处理材料。第二类是通过双烯酮与二元醇反应形成的缩醛型聚合物。第三类是通过 1, 2, 6- 己三醇与甲基原酸酯进行酯交换反应而得，产物为疏水型，呈半固态，主要作为缓释药物的制剂材料。原酸酯在体内降解的过程中都有酸生成，因此具有自催化性质，降解速度会自动加快。

（3）聚乙交酯（PGA）：降解的根本原因是酯键的水解，降解过程是一个复杂的物理化学过程，包括水的渗透、酯键的断裂、可溶性低聚物的扩散和碎片的溶解等现象。对 PGA 降解的研究主要集中在两个方面，一是降解机制，二是影响降解的因素。PGA 的降解半衰期约为 14 天，由于降解速度过快，而且其亲水性差，细胞吸附力较弱，在临床应用于支架时不能提供足够的支撑强度。

（4）聚乳酸 - 羟基乙酸共聚物（PLGA）：具有良好的生物相容性和生物可降解性且降解速度可控，在生物医学工程领域有广泛的用途。目前已被制作为人工导管、药物缓释载体、组织工程支架材料等。各种 PLGA 药物微球制备应用多见报道，其中 PLGA 微球作为蛋白质、酶类药物的载体是研究的热点。寻求一种成本低廉、工艺简单的生产无（低）生物毒性 PLGA 的工艺具有重大的意义。聚酯类材料的体内降解从本质上讲是由酯键的水解所致，主要机制有：由于机体组织不停地运动，材料长期处于动态的应力环境之中，由应力作用使材料发生机械降解，故而加速了 PLGA 材料的体内降解过程；体内的脂质或其他生物化合物可作为增塑剂促进聚合物对水分的吸收，从而增强了材料的亲水性，加速了酯键的水解；体液中的脂质成分被材料吸收后，使聚合物分子链的运动（迁移率）增加，从而有利于水分子在材料内的扩散，同样也加速了酯键的水解过程；体内降解过程中可观察到巨噬细胞对材料颗粒进行包裹和吞噬，由这些细胞产生的自由基、酸性产物或酶也可加速降解过程，自由基可使材料发生氧化降解；体内炎症反应使局部温度和 pH 发生变化，也可对材料降解过程产生影响。

（二）不可降解材料

由于不可降解纳米药物载体自身基本呈化学惰性，可认为其基本无化学毒性，它的毒性很大程度上可归结为由一种物理机械过程造成的。这种物理机械作用的大小与作用物体大小呈正相关，而不是传统纳米毒理学所认为的"尺寸越小作用越强"的负相关。例如，用手术刀可以将机体的某一组织切除，用普通注射针头可以将组织刺伤流血，而用注射微针注射则皮肤几无痕迹。即所谓降解是绝对的，不可降解是相对的，化学惰性材料只要条件适宜，在一定条件下也是可以降解的。

1. 金属纳米颗粒在体内的代谢过程　金属及其合金材料在体内的代谢是一个长期的、复杂的过程。如今血管金属内支架已广泛地用于治疗各种血管狭窄性病变，然而金属内支架作为一种永久性的异物在血管内长期存留可引起血管的慢性损伤。后期可造成血管中层的萎缩、动脉瘤形成及反应性的内膜增生。同理把金属及其合金制成纳米材料进入人体后，由于其生物不相容性和生物不可降解性，物理机械作用也会对机体产生损伤。然而人体环境中普遍含有钠、钾、钙、镁等阳离子和氯离子、碳酸氢根离子、磷酸根离子、硫酸根离子等阴离子以及有机酸，其浓度一般在 2 ~ 150mmol/L，还存在一些像蛋白质、酶和脂蛋白之类的有机分子，但它们的浓度变化范围很大。由于大量电解质的存在，金属纳米颗粒可以缓慢地变为离子状态，进而迁移到肝和肾进行代谢和排泄，所以即使不可生物降解的金属纳米颗粒在机体内也是会缓慢分解的，只是半衰期非常漫长而已。

2. 纳米陶瓷材料在体内的降解过程　陶瓷材料具有较好的抗降解性能。例如，植入人体的牙齿和骨骼等一般都是陶瓷类材料，具有良好的生物相容性但降解性能比较差，陶瓷如 Al_2O_3、TiO_2、SiO_2 和 TiN 等制成纳米颗粒是很稳定的。然而，许多陶瓷结构尽管在空气中稳定，却在水溶液环境中可能发生降解。基于化学结构确立陶瓷是否将在体内溶解或降解，从而制备可控降解结构的陶瓷产品是完全可能的。

生物陶瓷可以分为惰性生物陶瓷、表面活性生物陶瓷、可吸收生物陶瓷和生物陶瓷与其他材料组成的复合陶瓷。可降解吸收的可吸收生物陶瓷主要是指磷酸三钙陶瓷、磷酸钙骨水泥等在生物组织中可被逐渐降解吸收，并为新生组织所代替的陶瓷材料。

（1）磷酸三钙（TCP）：是一种具有良好生物亲和性的生物陶瓷材料，由与人体骨骼组织成分相似的矿物组成，并具有良好的生物相容性，安全、无毒副作用，作为植入材料可以引导新骨的生长。TCP 是生物降解和生物吸收型磷酸钙生物活性材料，具有良好的可生物降解性、生物相容性和生物无毒性，当其植入人体后，降解下来的钙、磷能以正常的方式被利用或病理性钙化。

（2）磷酸钙骨水泥（CPC）：传统的磷酸钙骨水泥（陶瓷型羟基磷灰石）是钙和磷酸盐混合物在 $800 \sim 1300℃$ 高温下烧结而成的结晶体，在体内不吸收。近年来研制的 CPC 是一种非陶瓷型的，由多种磷酸钙成分在体内直接结晶而成的，不需要加热，在体内可逐渐被降解吸收并被宿主骨所替代，以骨引导的方式完成骨缺损修复。临床应用研究主要涉及三大领域：药物缓释的载体、用于骨折治疗中的辅助加固作用、作为人工骨替代材料充填骨缺损。

3. 人工碳纳米材料的降解特性 从发现富勒烯（C_{60}）、碳纳米管（CNT）以来，人工碳纳米材料由于具有尺寸小、比表面积大等独特的性质而被广泛应用。但随着人工碳纳米材料的大量使用，它们将不可避免地被释放到环境中，增加生物与其接触的机会，由此所引起的潜在环境效应及生态风险日益受到广泛关注。

（1）富勒烯：由于其本身强烈的疏水性，在极性溶液中的溶解度非常低，难以在生理介质中直接被使用，因此改善富勒烯的水溶性自然就成为应用的关键所在。2009 年 Schreiner 等正式报道了白腐真菌对富勒醇 $C_{60}(OH)_{19 \sim 27}$ 的生物降解，32 周后培养液中褐色的 $C_{60}(OH)_{19 \sim 27}$ 颜色变浅。分析表明，富勒醇笼状结构被破坏，产生了乙酸、二氧化碳等降解产物，同时部分碳被用于合成微生物自身成分。但这项研究存在一定的不足：该研究中白腐真菌通过降解富勒醇合成自身脂类物质及产生的二氧化碳的量都很少（两者之和小于 2%），因而降解并不完全，并且对其他降解产物也缺乏定性定量的分析，缺乏对其降解机制的深入探讨。由此可见，富勒烯经过一定的衍生化也是可以缓慢降解的。

（2）碳纳米管：目前对于碳纳米管的生物降解性研究还处于起步阶段，研究发现模拟生理溶液或吞噬溶酶体溶液中的代谢环境，可以将碳纳米管降解。Osmond-Mcleod 等发现培养 3 周后 MWCNT 在模拟生理溶液中发生形貌变化，主要表现为长度明显变短，通过计算分析表明碳纳米管总质量损失了 30%。Russier 等模拟研究了碳纳米管由于细胞吞噬作用进入体内后在吞噬体溶液中（主要为邻苯二甲酸氢钾盐溶液）的降解转化，结果表明强酸氧化后的 SWCNT 由于结构缺陷易发生高度降解，碳纳米管粒径变小，碳骼结构消失。同时也发现两种酶：辣根过氧化物酶（HRP，植物酶）和人类中性粒细胞髓过氧化物酶（MPO，动物酶）对碳纳米管具有降解性能。Allen 等发现，在过氧化氢（H_2O_2）存在条件下，HRP 对 c-SWCNT 具有降解能力。随着培养时间的延长，碳纳米管溶液颜色逐渐变浅，8 周后碳纳米管平均长度显著减小，并出现碳质球状物质，12 周后碳纳米管基本消失，球状物质大量积累。Vlasova 等首次发现中性粒细胞 MPO 在体外能够降解 c-SWCNT。MPO 是主要的人类过氧化物酶，也是重要的非特异性免疫系统酶，具有合成次氯酸（HClO）的特殊功能，具有很强的氧化作用，可改变碳纳米管的孔径，在碳纳米管表面产生羧基、羟基等官能团。

由于人工碳纳米材料，包括富勒烯、石墨烯、碳纳米管及活性炭等的降解速度太缓慢，远不能在生物系统正常运行可接受的时间内完成，因而在生物系统内产生严重毒性。这类材料仍属于不可生物降解材料范畴。

第 5 节 结 语

纳米材料安全分类系统仅仅是一个科学工作者理解纳米材料安全性的简单分类向导。很多因素都在决定纳米材料的毒性方面扮演着重要角色，然而纳米材料安全分类系统并未将它们都考虑在内，科学工作者们在使用分类系统时必须要把其他因素都考虑到。毕竟，认识到纳米毒性的根源能够帮助我们在对抗各种疾病中设计出更加有效的纳米药物给药系统。总的来说，需要遵循以下几点关键原则。

（1）生物相容性与生物可降解性是制备纳米载体材料筛选的前提。如前所述，生物相容性及生物可降解材料具有体内分子代谢途径，是在体内可控的纳米颗粒，遵循暴露－分布－降解－代谢的基本路线，这是减轻和规避纳米损伤的最重要的设计手段和根本要求。纳米药物载体系统当中应用的 DNA、蛋白质、天然或人工合成的聚合物或者由以上材料形成的纳米级的结构（如微胶团、聚合微胶团、脂质体、纳米乳或药物本身）都是可降解的生物相容性载体，空白载体安全无毒。目前已批准的纳米制剂都由这些材料所制备。

（2）适当的粒径、颗粒外形和表面状况可以作为辅助手段对纳米颗粒进行调控，这样可以在一定程度上减少损伤的发生。适当的粒径指在入血这一途径，显然是分散完全的纳米颗粒更为安全，而微米颗粒本身就具有急性阻塞的风险。增加亲水基团可以使其更容易分散和提高相容性，如粒子的 PEG 修饰可以减缓被机体调理化的进程，但表面修饰不可降解材料的方法仍存在巨大的不确定性和损伤潜能，其不能根本改变颗粒的本质属性，即内核的不相容性，结合不相容颗粒的侧链残基代谢改变后反而会产生更多不确定性。例如，Yamago 等研究了经静脉注射或口腔（吸收的非常少）处理以乙醇/PEG/清蛋白载体标记的脂溶性同时也是水溶性的 C_{60}，发现经过处理后，只有 5% 的复合物排出（全代谢途径考察）。30h 后，大多数标记物停留在肝中。一些衍生物（与 C_{60} 相连的侧链发生改变）也储存在脾、肾中，更为重要的是，在脑中也存在。经典的碳纳米管经水溶性修饰，虽然在细胞水平上存在毒性降低的现象，但其修饰并不能回避其内核不相容性的本质，并且随着在体内时间的延长，修饰的基团会逐渐降解和离去，最终仍暴露原有颗粒。

（3）纳米颗粒在生物体内暴露途径的选择是规避物理损害的另一有效途径。不同暴露方式决定了纳米载体材料摄入、降解和清除效率的不同。暴露途径在一定程度上决定药物的生物利用度，纳米材料的不同暴露途径就能表现出不同的药用性质，相同的纳米颗粒可以被应用于不同的途径，同时给药途径也影响到纳米颗粒的潜在毒性，这是由于给药方式决定了颗粒在体内的生物利用度以及进入机体内不同的部位、器官及细胞的程度。根据纳米材料安全分类系统，生物相容性及生物可降解纳米材料如脂质体纳米粒，当之无愧地属于"绿灯区"，可以安全地使用。当它们运用于表皮时有很好的耐受性且是无毒的，然而当它们的侵入方式改变时毒性也就随之而改变，例如，静脉注射时毒性就增大，当它们被巨噬细胞摄取后可能刺激免疫系统，这就意味着纳米材料安全分类系统，并不能完全指引科学工作者去判定药事管理所规定的药物是否具有危害性。当然，为了使分类系统更加完善，药物的剂量也是要被考虑的，就像 NaCl 在低剂量时是人体正常生命功能所必需的，在高剂量时，特别是浓缩液静脉注射时就是致命的。用静脉注射纳米乳补充胃肠外营养时机体具有很好的耐受性,但是高剂量使用时就会被吞噬细胞大量吸收而损伤免疫系统。纳米材料安全分类系统作为一个简单的安全分类导向,并未将剂量考虑在内,所以与使用药物一样,在使用任何一种纳米材料时都要将剂量考虑在内。不同相容性材料,拥有对应的进入人体的安全途径。按照对应的风险等级排列为注射、黏膜、口服、经皮,不同相容性材料有其对应的安全限度。注射和黏膜途径只能使用有生物相容性的纳米载体,而口服和经皮或局部用药则可以根据纳米颗粒的性质进行一定筛选。即使是在局部应用或者细胞水平应用无毒的不相容(不能参与分子代谢)材料,其全身性注射给药仍会存在极大风险。例如,Regnstrom 等研究发现,聚乙烯亚胺(PEI)与 DNA 结合后的复合物经肺部途径给药会激活 p38 途径,引发应激反应、炎症反应、细胞周期改变和 DNA 修复损伤,产生毒性。而 PEI 作为载体包载 TGF-β2 寡脱氧核苷酸(ODN)可以提高青光眼手术的疗效。家兔结膜下给药后进行 PEI-ODN 水平评估,这种材料有持续释放能力,并在注射后达 7 天之久注射部位仍未检测到毒性。纳米药物载体系统是利用纳米颗粒在体内分布的特征和表面可修饰能力而制备的载体纳米粒,其暴露途径不同,对应的毒性亦不同,可以根据这一原则选择合适的给药途径来减轻或消除纳米药物载体的毒性。

在合理设计和安全递送的前提下,我们仍需考察人体对相容性纳米颗粒的耐受剂量和代谢能力,包括对不同载体、途径和用途所递送的颗粒在人体内入侵的后效应以及对颗粒炎症长期和短期反应的控制,这将是未来该领域的主要发展方向。相信对于纳米给药系统毒性的重新认识,能帮助我们认清其科学本质,正确指导纳米药物载体在药物递送系统中的应用与发展。

纳米材料安全分类系统对于考虑多数与纳米材料潜在毒性相关的因素来说是一个合理的途径,用交通方式的"红绿黄"三色来表示纳米材料的不同毒性程度是一个非常简单明了的分类方法,对于多数人来说清晰易懂,将对客观地评价纳米材料在生活各个方面的应用非常有利。纳米材料已经渗透到医药、食品、化妆品、农药等日常生活的各个方面。无论如何,这些分类方法要想成功而广泛地应用,一些标准化的工具和方法是有必要的,但目前评价纳米材料的潜在毒性,如生物利用度、药代动力学方式、半衰期、可降解性、细胞吸收率、细胞间的作用方式等标准化的工具很少或基本上没有建立,因此,一些标准化方法的建立在纳米技术领域是非常有必要的。同时,已经有大量的纳米产品出现在我们的日常生活中,并且以非正常的方式进入市场,目前最主要的任务是判断它们的潜在毒性,在如此多的产品中把它们鉴别出来,这是一项非常艰巨的任务。纳米材料安全分类系统将在辨别毒性方面起到很好的向导作用,并且为新的纳米技术的发展在毒性评估方面起到很好的指引作用。

参 考 文 献

陈永忻,陈秀娟,2003. 生物可降解高分子材料在医学领域的应用. 中国疗养医学, 12(6): 434-437.

范成相,陈亮,2004. 分子生物学在生物材料评价研究中的应用现状. 国际生物医学工程杂志, 27(6): 375-379.

付东伟,闫玉华,2005. 生物可降解医用材料的研究进展. 生物骨科材料与临床研究, 2(2): 39-42.

顾其胜,2002. 天然降解性生物材料在整形外科中的应用. 生物医学工程学进展, 23(2): 49-52.

顾其胜，侯春林，1999. 天然可降解性生物医学材料的研究进展. 生物医学工程学进展，(1): 51-55.

关林波，但卫华，曾睿，等，2006. 明胶及其在生物医学材料中的应用. 材料导报，20(f11): 380-383.

何惠明，毛勇，2000. 新型钛材专用烧瓷粉的溶血试验. 牙体牙髓牙周病学杂志，10 (1): 48.

刘静，张东生，2010. 肿瘤热疗用纳米磁性材料的生物相容性评价方法研究进展. 东南大学学报，29(5): 587-592.

马建标，李晨曦，2000. 功能高分子材料. 北京：化学工业出版社.

马世坤，周旋，路翰娜，等，2004. 甲壳素、甲壳胺及其衍生物的研究进展与存在问题. 天津医科大学学报，(s1):12-15.

奚廷斐，1999. 医疗器械生物学评价（二）. 中国医疗器械信息，5(4): 9-14.

夏启胜，刘轩，李红艳，等，2005. 热籽感应加温治疗肿瘤的实验与临床研究进展. 中华物理医学与康复杂志，27(6):380-382.

阳元娥，罗发兴，2002. 壳聚糖及其衍生物在医学中的应用. 中国医药工业杂志，33(8): 408-411.

杨晓芳，奚廷斐，2001. 生物材料生物相容性评价研究进展. 生物医学工程学杂志，18(1): 123-128.

翟建才，赵南明，张其清，1995. 生物材料与血液界面作用机制及相容性评价的研究技术. 国外医学生物医学工程分册，18(1):6.

张森林，孟昭业，寿柏泉，2003. 磷酸钙骨水泥的研究进展. 医学研究生学报，16(1): 62-63.

周超，闫玉华，2006. 聚乳酸-乙醇酸共聚物合成与降解. 生物骨科材料与临床研究，3(5): 50-53.

朱立新，李奇，林荔军，等，2003. BMP-2 改良纤维蛋白原支架修复软骨缺损的实验研究. 中国临床解剖学杂志，21(4):355-358.

Basu S, Harfouche R, Soni S, et al, 2009. Nanoparticle-mediated targeting of MAPK signaling predisposes tumor to chemotherapy. Proc Natl Acad Sci USA, 106(19): 7957-7961.

Black J, 1992. Biological Performance of Materials: Fundamentals of Biocompatibility. New York:Marcel Dekker Inc.

Cellot G, Cilia E, Cipollone S, et al, 2009. Carbon nanotubes might improve neuronal performance by favouring electrical shortcuts. Nat Nanotechnol, 4(2):126-133.

Chithrani BD, Ghazania A, Chan WCW, 2006. Determining the size and shape dependence of gold nanoparticle uptake into mamalian cells. Nano Letters, 6 (4): 662-668.

Chmidt J, Metselaar JM, Wauben MH, et al, 2003. Drug targeting by long circulating liposomal glucocorticosteroid increases therapeutic efficacy in a model of multiple sclerosis. Brain, 126 (8): 1895-1904.

Cornelia MK, Rainer HM, 2013. Nanotoxicological classification system(NCS)——A guide for the risk-benefit assessment of nanoparticulate drug delivery systems. European Journal of Pharmaceutics and Biopharmaceutics, 84: 445-448.

Derfus AM, Chan WCW, Bhatia SN, 2004. Probing the cytotoxicity of semiconductor quantum dots. Nano Letters, 4(1):11-18.

Du YQ, Zhang DS, Ni HY, 2006. The biocompatibility study of Fe_3O_4 magnetic nanoparticles used in tumor hyperthermia. Journal of Nanjing University, 42(3): 324-330.

Elzoghby AO, Samy WM, Elgindy NA, 2012. Albumin-based nanoparticles as potential controlled release drug delivery systems. Journal of Controlled Release, 157: 168-182.

Fulzele SV, Satturwar PM, Dorle AK, 2003. Study of the biodegradation and *in vivo* biocompatibility of novel biomaterials. Eur J Pharm Sci, 20(1): 53-61.

Gursel I, Korkusuz F, Hasrci V, 2001. *In vivo* application of biodegradable controlled antibiotic release systems for the treatment of implant-related osteomyelitis. Biamaterials, 22(1): 73-80.

Kramer KJ, Muthukrishnan S, 1997. Insect chitinases: molecular biology and potential use as biopesticides. Insect Biochem Mol Biol, 27(11) : 887-900.

Laurent TC, Fraser JR, 1992. Hyaluronan. FASEB J, 6: 2397.

Mazzatenta A, Giugliano M, Campidelli S, et al, 2007. Interfacing neurons with carbon nanotubes: electrical signal transfer and synaptic stimulation in cultured brain circuits. J Neurosci, 27(26): 6931-6936.

Mclean M, 2001. Encyclopedia of materials science and technology. Metallurgical Reviews, 31(1): 289-290.

Miller ND, Williams DF, 1987. On the biodegradation of poly-β hydroxybutyrate (PHB) homoploymer and poly-β-hydroxybutyrate-hydroxyvalerate copolymers. Bimaterials, 8(2): 129-137.

Muller J, Huaux F, Moreau N, et al, 2005. Respiratory toxicity of multi-wall carbon nanotubes. Toxicol Appl Pharmacol, 207(3): 221-231.

Möller W, Hofer T, Ziesenis A, et al, 2002. Ultrafine particles cause cytoskeletal dysfunctions in macrophages. Toxicology and Applied Pharmacology, 182(3): 197-207.

Oh S, Brammer KSL, Li YSL, et al, 2009. Stem cell fate dictated solely by altered nanotube dimension. Proc Natl Acad Sci USA, 106(7): 2130-2135.

Rab ST, King SB, Roubin GS, et al, 1991. Coronary aneurysms after stent placement:a suggestion of altered vessel wall healing in the presence of anti-inflammatory agents. J Am Coll Cardiol, 18: 1524.

Regnstrom K, Ragnarsson EG, Fryknas M, et al, 2006. Gene expression profiles in mouse lung tissue after administration of two cationic polymers used for nonviral gene delivery. Pharm Res, 23(3): 475-882.

Ruhaimi KAA, 2001. Closure of palatal defects without a surgical flap:an experimental study in rabbits. J Oral Maxillofac Surg, 59(11): 1319-1325.

Saad B, Suter UW, 2001. Biodegradable polymeric materials. Encyclopedia of Materials Science & Technology, 8(8):551-555.

Sims CD, Butler PE, Cao YL, 1998. Tissue engineered neocartilage using plasms derived polymer substrates and chondrocytes. Plastic & Reconstructive Surgery, 101(6): 1580-1585.

Uo M, Tamura K, Sato Y, et al, 2005. The cytotoxicity of metal encapsulating carbon nanocapsules. Small, (8-9): 816-819.

Wang TW, Wu HC, Wang WR, et al, 2007. The development of magnetic degradable DP-bioglass for hyperthermia cancer therapy. J Biomed Mater Res A, 83(3): 828-837.

Yamago S, Tokuyama H, NaRamura E, et al, 1995. *In vivo* biological behavior of a water-miscible fullerene: ^{14}C labeling, absorption, distribution, excretion and acute toxicity. Chem Biol, 12(6): 385-389.

Zhang E, Yin D S, Xu L, et al, 2009. Microstructure, mechanical and corrosion properties and biocompatibility of Mg-Zn-Mn alloys for biomedical application. Materials Science & Engineering C, 29(3): 987-993.

第 7 章

生物医药纳米载体安全性设计与应用

第 1 节　生物医药纳米载体安全性设计基本原则

　　经过论述，本书得出了"物理损伤是纳米毒性的根源"这一基本结论。经过大量文献的整理与分析，我们发现很多纳米颗粒的毒性，多数情况下取决于其本身是否具有降解特性，可以说，纳米颗粒的生物可降解性很大程度上反映了机体对该外源物的排斥程度以及最终的物理损伤程度。当可降解的外源性纳米颗粒通过一定途径进入机体后，它将与体内的组织、细胞和细胞器发生物理、生化等方面的相互作用，之后被吞噬细胞吞噬。由于其具备生物可降解特性，最终将被降解、代谢为小分子后参与机体的代谢和排泄。即使未被细胞吞噬，亦可在体液中降解或自身溶解分散后代谢排出体外。由于这些特性，一种生物可降解的纳米颗粒即便扰乱了人体的免疫系统，但在相对较短的时间内，这种扰乱造成的暂时的无序状态会很快恢复正常。因此，生物可降解性纳米颗粒毒性相对较小。而不可降解的纳米颗粒进入机体后，虽然同样可以进入细胞，却因化学惰性难以在细胞中降解和分解，从而滞留在细胞内，最终导致细胞功能障碍甚至死亡。未被吞噬的纳米颗粒或因聚集等情况严重阻碍组织微循环，当细胞死亡后这些颗粒仍会入侵下一个健康细胞，如此引发一系列后继反应，最终引起机体的炎症、毒性反应。虽然纳米颗粒在体内会被巨噬细胞吞噬，但由于不可降解纳米粒无法降解和排出，巨噬细胞的功能仅仅是成为一个"垃圾储存点"，同时巨噬细胞的吞噬功能也会被削弱，并且自身被损伤。氧化应激很有可能就是细胞尝试"消化"纳米颗粒失败的表现。由此可见，生物可降解性对于纳米颗粒安全性具有重要意义。纳米颗粒在体内以颗粒形态存在的时间越短，其毒性风险越低。生物可降解性为纳米颗粒参与机体代谢机制建立了分子化通路，使颗粒高效参与机体代谢成为可能，同时生物可降解性使颗粒维度降低，因维度产生的复杂性也被简单化。纳米药物载体系统当中应用的 DNA、蛋白质、天然或人工合成的聚合物或者由以上材料形成的纳米级别的结构都是可生物降解的生物相容性载体，对人体适用，同时降解后的产物不具有明显毒性。

　　生物可降解性是纳米载体给药系统进入体内发挥作用的先决条件，该前提避免了纳米颗粒在人体的长期滞留及其后续可能带来的长期或慢性损伤等不安定因素。然而，纳米颗粒暴露初期所具备的免疫原性对机体造成的刺激这一急性损伤也是不容忽视的，我们将此免疫应答反应定义为纳米颗粒的生物相容性。

　　一种十分通俗但概述性很强的定义是：生物相容性是不会对机体造成不必要的、负面效应的特性。Willams 这样定义生物相容性：在特定条件下，物质所具有的使机体产生适宜的、温和的反应机制的能力。

　　纳米载体具备生物相容性的目的在于使其与机体作用时不产生或几乎不产生免疫应答反应。正常情况下，造成免疫应答反应发生的"源头"是外源物质能够被体内蛋白质吸收，如调理素等，从而"中和"造成紊乱的免疫反应。但是，当造成该免疫反应的外源物质是生物不相容性纳米颗粒时，该物质不仅不能被调理素吸收，反而能使调理素等蛋白活性丧失。因此，生物相容性在纳米载体安全设计中是一个十分重要的因素。通过改变纳米载体的理化性质以影响机体对其的处置和相互作用、降低纳米颗粒对机体正常功能的干扰、减少纳米颗粒与生物大分子间的相互作用、提高清除效率等都是增加纳米颗粒生物相容性的重要方面。

　　在安全方面考虑，生物相容性可以忽略生物可降解性单独起到决策性作用吗？想象以下情况：公认的生物可降解性极差的纳米金，通过对其进行 PEG 修饰、Zeta-电位的改良等来增加其生物相容性后就能以一种惰性金属的形式长期存在于人体而不会引发人体机能的紊乱吗？

　　如前所述，人体所有生理反应的前提是物质分子层面的分子间相互转化。由于纳米金的物理与化学惰性，人体缺乏对其降解的能力，当其进入人体经过扩散、转移后到达人体的各个组织器官却不能以分子的形式被吸收或降解，因此能长期存在于人体造成卡嵌、黏附等特征性物理损伤。也就是说，当纳米颗粒的生物可降解性极差时，即便能够通过各种手段使纳米颗粒的生物相容性提升以减少其暴露初期对人体各组织器官的刺激，但该颗粒的存在就像一颗定时炸弹，随时都可能被引爆，从而对人体造成不可估量的损伤。从对于人体的意义来看，生物可降解性着眼于解决长期或慢性损伤，而生物相容性则侧重解决短期损伤或急性损伤。但具备生物可降解性的纳米颗粒也具备一定程度的生物相容性，生物相容性是对生物可降解性单因素决定毒性这一原有的片面观点的有力补充。我们认为，生物可降解性应该凌驾于生物相容性之上，成为生物医药纳米载体安全性设计的头等要素。

第 2 节　生物医药纳米载体安全性设计思路

　　生命系统的本质探索、物质间的相互作用与物理损伤等基本理论已在本书前面章节得到充分的阐释与说明，本节以这些理论为指导，发现并利用其中的规律，尝试设计安全无毒的生物医药纳米载体，不奢望能攻克当前日益加剧的纳米困境，但希望能对当今科学界面临的难题提供一些思路。

　　总的来说，设计包含两个方面：①核心问题——纳米颗粒的生物可降解性；②生物相容性的提高与改良。

　　我们认为，纳米颗粒的生物可降解性与生物相容性是解决目前技术难题的关键，生物可降解性强同时生物相容性好的纳米材料才具备成为生物医药纳米载体的资质。值得我们注意的是，生物可降解性是绝对的，而生物相容性却是相对的概念。相同的纳米颗粒在不同情况下，如不同给药途径，不同粒径、表面性质等参数都能使生物相容性这一属性产生表观上的差异，这时对纳米颗粒的给药方式与周边理化参数的调整也就非常必要。

从改善纳米载体生物相容性和生物可降解性的筛选方面出发，我们对纳米载体安全性设计的具体思路如图 7-1 所示。

图 7-1　纳米载体安全性设计具体思路

第3节　生物医药纳米载体的安全性设计

（一）源载体材料的选择（生物可降解性和一定程度的生物相容性的辩证统一）

目前，由于毒性评价机制的缺失与不足，纳米毒性仍然未得到充分的阐释，因此，寻找一种新的毒性表征手段就显得尤为急迫。笔者认为，把纳米毒性归结于源材料的生物可降解性、生物相容性与剂量共同作用的结果，可使原本复杂的问题简单明了，逻辑性更强，因为各种变量的改变都逃不出这两个范畴。源载体材料选择的目的在于在纷繁多样的纳米材料中筛选出生物可降解的符合在体安全应用的纳米材料，往往生物可降解的材料都具备一定程度的生物可相容性。因此，在纳米载体给药系统中，正确地选择源材料也就代表着已经成功了一半。

纳米颗粒既可以造福人类，也可能给环境和人体健康带来不同的影响。近年来，随着纳米科技的迅猛发展，人们已经逐渐掌握纳米颗粒的制备方法并实现了工业化及高度商业化。各种人造纳米颗粒已经广泛应用于医药、化妆品和电子产品等领域中。尽管纳米科技目前享受着全世界的赞誉并吸引着各界人士的目光，然而，纳米颗粒自身能否降解、能否有效代谢出体外、是否会在体内不断蓄积，甚至产生血管堵塞等安全性问题引起了科学界和各国政府的高度重视。因此，在毒理学和健康安全领域，建立一个可靠的、经得起讨论的、能对无所不在的纳米颗粒的暴露引发的毒害进行有效评价的评价体系已经尤为重要与急迫。尽管热切期盼毒理学评价的出现以缓解公众的恐慌，这一行为本身就反映了一种对纳米技术的恐慌，我们必须意识到，纳米颗粒带来的危害已经逐渐为人们所认知，悲观地对纳米颗粒、纳米药物抱有抵触情绪是没有任何帮助的。

目前，评价纳米颗粒可能带来的毒副作用的一个最大难题就是缺乏一种基于大量文献支撑的、合理的评价体系来评估并预测纳米材料的潜在危害。随着纳米技术的逐渐成熟及广泛应用，关于纳米安全性的文献和数据也在大量增多和积累，水平也不断攀升，很多作者已经能够通过大量离体数据意识到纳米颗粒的尺寸、粒径分布、形态、物质组成、比表面积，表面化学及颗粒活性等因素在进行安全性评价时必须被正确表征。这种观点是有充分的科学依据的。然而，这又给我们带来了另外一个问题，目前文献中基于以上理化因素的表征后得到的离体或在体安全性评价结果繁多，众说纷纭，很多时候甚至是相互矛盾的。这种现象的形成可能是基于以下几种原因。

（1）最近几年，大量已发表的关于纳米毒性的文章对纳米粒径或其他理化参数的表征方式与数据来源十分有限，有时甚至不正确，因而对纳米粒子属性的研究并无裨益，主要表现为：①来自生产商的数据，而作者本人缺乏实验验证；②使用电镜观测；③通过 Brunauer Emmett Teller 公式对表面积进行计算。

$$P/V(P_。 - P)=1/CV_m+(C - 1)P/CV_mP_。$$

式中，V 为单位质量样品表面氮气吸附量；V_m 为单位质量样品表面氮气的单分子层饱和吸附量；$P_。$ 为在液氮温度下氮气的饱和蒸气压；P 为氮气分压；C 为与材料吸附特性相关的常数。

（2）这些看似相互矛盾的研究结果来自于不同纳米颗粒如金属氧化物纳米粒、碳纳米管、富勒烯、介孔二氧化硅等非生物可降解、相容性极差的纳米粒对细胞或组织的毒性研究。这样的纳米粒本身就是不和谐的因素，由于机体对其的排斥反应，加之体内没有与之相对应的处理机制，它们在体内的作用机制很难被有规律地发现，甚至可以说，生物不可降解、生物不相容的纳米颗粒被引入人体这本身就是错误的开始，伤害上的差异可以部分归结于剂量问题或给药途径的不同，因而，其结果对安全评价并无指导意义。

笔者课题组通过对该领域的长期关注，查阅大量有关文献，经过多次严密的讨论和独立设计，完成了几组相关的、结果满意的实验佐证，并在此基础上，提出了对于纳米载体给药系统的观点：只有生物可降解且具备一定生物相容性的纳米材料才能够作为合适的药物载体在体内发挥作用，并且能将毒副作用降到最低，两者缺一不可。值得注意的是，一些理化参数如纳米颗粒的尺寸、形状、亲水性、表面电荷、给药方式、表面修饰、刚性等也在一定程度上影响纳米颗粒的生物相容性，进而影响该纳米颗粒在体内的行为与安全性。

对生物可降解、生物相容的纳米粒的研究与应用才是走出目前纳米毒理困境的途径。本书其他章节已经论述过，生物可降解、生物相容性良好的纳米粒与人体靶器官、靶细胞作用时由于存在相应的处理机制，它们引入机体时应该有可遵循的机制，甚至可预测的规律。因此，在纳米载体生物可降解、生物相容性良好这一首要前提下，根据物理损伤原则，某些理化因素的改变所造成的损伤和毒性的大小是有规律的，理解这些规律，应用这些规律，我们便可以大胆地进行纳米载体的安全设计。

（二）几种典型的生物可降解纳米颗粒在纳米载体给药系统的应用

目前，生物可降解纳米载体的研究主要集中于白蛋白纳米粒、脂质体、PLGA 纳米粒等方面，由于这些纳米载体良好的生物可降解性与在药物递送上的独特优势，已有多种基于这些生物可降解纳米载体的新型制剂上市或处于临床研究阶段。

1. 白蛋白纳米粒 近几十年来，由于纳米粒所具有的得天独厚的增溶、扩散促透、缓控释递药等优势，人们一直在寻找生物可降解的纳米粒溶媒作为载体搭载药物进行给药，自 1976 年 Birrenbach 等首先提出纳米粒和纳米囊的概念后，大量的科研资源开始转向这一研究领域，但由于生物安全性方面的原因，碳类、金属类、陶瓷类等材料作为药物载体一直没有取得实质性的突破，无论是口服制剂还是注射制剂都没有产品上市。而那些天然来源的大分子，如白蛋白、多糖等却被成功应用。

白蛋白为内源性物质，分子中含 17 个二硫键和 1 个游离巯基 (—SH)，不含糖组分，其平均半衰期为 19 天，并且是一种不具有调理作用的蛋白，具有无免疫原性、生物可降解性、生物相容性好等诸多优点。早期的研究发现，将其包覆于纳米粒或脂质体表面，可降低微粒对巨噬细胞的亲和力。2005 年白蛋白结合紫杉醇纳米粒注射混悬液 (paclitaxel, ABRAXANE®) 成功上市，成为制剂领域的一个重大突破。本品仅由白蛋白结合紫杉醇纳米粒组成，不含有毒溶媒，加上纳米粒技术的使用，可以在 30min 内采用普通静脉插管将高出 50% 剂量的紫杉醇释放至体内，而且输注时间长达 3h，其生物可降解性与生物相容性极佳，未见毒性报道。

2. 纳米脂质体 脂质体系统是一种人工制备的磷脂类生化物质，携有双层包膜的脂质小囊。它作为药物的人工膜和赋形剂，可将治疗药剂准确地命中病变部位、组织和细胞。脂质体包裹药物可用于肿瘤、免疫等方面的治疗。

从 1988 年美国第一个脂质体药物进入临床试验到目前为止，大量的脂质体药物已经实现工业化生产并最终上市销售，如阿霉素脂质体、柔红霉素脂质体、两性霉素脂质体、甲肝疫苗脂质体和乙肝疫苗脂质体等。经过近几十年的不断努力，脂质体递药技术也从最初的普通脂质体，发展为长效脂质体、靶向脂质体和智能脂质体等，所涉及的药物也从常规化学合成药，延伸到蛋白药、基因药、疫苗和中药等。

第一个上市的脂质体药物输送系统是两性霉素 B 制剂 (AmBisome®，美国 NeXstar 制药公司)，于 1990 年底首先在爱尔兰得到批准上市，随后在欧洲上市，该制剂为两性霉素 B 及氢化大豆磷脂酰胆碱、二硬脂酸磷脂酰甘油、胆固醇 (2∶0.8∶1) 组成的小单层脂质体。紧随其后，两性霉素 B 胶体分散体 (Amphocil®，美国 SEQUUS 制药公司) 于 1994 年在欧洲上市，其主要组成为两性霉素 B 和胆甾醇硫酸酯组成的圆板状胶体分散体。两性霉素 B 脂质复合物于 1995 年初在欧洲上市，其主要组成为两性霉素 B 和二肉豆蔻酸磷脂酰胆碱、二肉豆蔻酸磷脂酰甘油 (7∶3) 组成的带状两层膜结构的复合物，于 1995 年底第一个在美国得到批准上市的是 Abelcet® (美国脂质体公司)。所有这些制剂都可以有效地降低游离两性霉素 B 在治疗过程中对真菌感染患者引起的急性肾毒性。相对于游离的药物，脂质体和脂质复合物或脂分散体的粒子主要聚集于网状内皮系统，可以很大程度地降低肾脏的摄取，因此，肾毒性的降低使得医生可以提高给药剂量，这是此类药物制剂增加治疗指数的原因之一。

柔红霉素脂质体 DaunoXome® 由美国 NeXstar 制药公司率先研发，于 1996 年获 FDA 批准在美国上市，并随后在欧洲得到许可。柔红霉素为蒽环类抗生素，作用机制与阿霉素类似，用于人类免疫缺陷病毒（HIV）引起的卡波西肉瘤（KS）的治疗。DaunoXome® 采用主动载药法——pH 梯度法将柔红霉素包封于二硬脂酰卵磷脂和胆固醇组成的普通单层脂质体内，增加了药物在实体瘤部位的蓄积，提高了治疗指数的同时降低了对心脏的毒性。脂质体化的柔红霉素的循环半衰期比脂质体化的阿霉素小，对获得性免疫缺陷综合征（AIDS）相关的 KS 其抗癌效果的总体反应率为 55%。

Depocyt® 是 Skyepharma 公司利用 Depofoam 技术制成的阿糖胞苷脂质体，主要用于淋巴性脑膜炎的治疗，游离阿糖胞苷需每 2 天给药 1 次，而 Depocyt® 的给药周期延长为每 3 周 1 次，极大地改善了患者的顺应性。

紫杉醇脂质体（liposomal paclitaxel）。1983 年，美国国立癌症研究所（NCI）和迈阿密 - 施贵宝公司（BMS）共同开发了紫杉醇制剂并开始对其进行临床研究。1992 年 12 月 29 日，美国 FDA 批准紫杉醇上市，其商品名为泰素®（Taxol®），用于一线药物或序贯化疗失败后的转移性卵巢癌。与泰素® 相比，国产紫杉醇脂质体——力扑素® 不含聚氧乙烯蓖麻油和无水乙醇，预处理更方便，激素用量小于传统紫杉醇注射液，过敏反应及肌肉疼痛发生率更低，血液毒性、肝毒性及心脏毒性明显小于传统紫杉醇注射液，药代参数优于传统紫杉醇注射液，具有肿瘤靶向性和淋巴靶向性。

表 7-1 列出的是美国处于研发状态的抗肿瘤药物的脂质体制剂，包括已上市产品新适应证的临床研究状态。

表 7-1　美国处于研发状态的抗肿瘤脂质体制剂

药物名称	研发机构	适应证	研发状态
盐酸多柔比星脂质体注射液（楷莱®）	阿尔扎公司	乳腺癌	临床三期
		肝癌	临床二期
盐酸阿霉素脂质体注射液	奥多生物技术公司	间皮瘤	临床二期
		前列腺癌	临床二期
		肉瘤癌症	临床三期
阿霉素脂质体		乳腺癌	临床三期
多柔比星脂质体		非霍奇金淋巴瘤	临床二期
		卡波西肉瘤	临床
多柔比星脂质体	Elan 公司	非霍奇金淋巴瘤	临床二期
		卡波西肉瘤	临床
		乳腺癌	临床三期
心脏激活脂质体包封多柔比星	Celsion 公司	肝癌	临床三期
		乳腺癌	临床一期
安纳霉素脂质体	Callisto 制药	急性 / 淋巴细胞白血病	临床一期
硫酸长春新碱脂质体	韩亚生物科技	急性 / 淋巴细胞白血病	临床二期

药物名称	研发机构	适应证	研发状态
		非霍奇金淋巴瘤	临床二期
		恶性黑色素瘤	临床二期
长春新碱脂质体	英特克斯制药公司	恶性黑色素瘤	临床二期
		急性/淋巴细胞白血病	临床二期
长春瑞滨脂质体	英特克斯制药公司	非霍奇金淋巴瘤	临床一期
		实体瘤	临床一期
奥沙利铂脂质体	Mebiopharm 有限公司	原因不明的癌症	临床一期
	NeoPharm 有限公司	实体瘤	临床一期
脂质体包裹紫杉醇	乔治敦大学	乳腺癌	临床二期
BLP25 脂质体癌症疫苗	Oncothyreon 公司	非小细胞性肺癌	临床三期
T4N5 脂质体乳液	美国国际集团 Dermatics	皮肤癌	临床二期

3. PLGA 纳米粒　由两种单体——乳酸和羟基乙酸随机聚合而成，是一种可降解的功能高分子有机化合物，无毒性，具有良好的生物相容性及良好的成囊与成膜性，而且通过调整单体比，可以改变 PLGA 的降解时间，这种方法已广泛应用于生物医学领域中，如皮肤移植、伤口缝合、体内植入、微纳米粒等都可利用 PLGA 充当药物载体。市面上销售的治疗晚期前列腺癌的 Lupron Depot（醋酸亮丙瑞林微球）即为使用 PLGA 充当药物载体。PLGA 在美国已通过 FDA 认证，被正式作为药用辅料收录进美国药典。

PLGA 纳米粒以浓度依赖和时间依赖的胞饮方式主动进入细胞内，因此 PLGA 纳米粒可以转运大量的药物进入细胞。在细胞内纳米粒所转运的药物被直接释放到细胞质中发挥作用。当撤除细胞培养液中的纳米粒时，大部分纳米粒以胞吐的方式被排出细胞外，小部分纳米粒则仍留在核外细胞器中，持续释放所运载的药物至细胞质中发挥作用。PLGA 在体内可降解为乳酸和乙醇酸，再进一步代谢为二氧化碳和水，所以，PLGA 纳米粒是安全有效的载药工具，当应用在医药和生物材料中时不会有毒副作用，当然，乳糖缺陷者除外（口服才对其有影响）。

郑爱萍等采用 MTT 法评价 PLGA 原料、PLGA 纳米粒和生物黏附性 PLGA 纳米粒的细胞毒性。结果发现，与 PLGA 原料相比，纳米粒组的细胞存活率无显著性差异（$P > 0.05$），生物黏附性 PLGA 纳米粒及普通 PLGA 纳米粒的细胞存活率均在 75% 以上，表明 PLGA 在所考察的剂量范围内（≤ 25mg/ml）对细胞无特殊毒性，不影响细胞的正常生长（图 7-2）。

金石华等研究制备可转运紫杉醇的 PLGA 纳米粒，以聚乙烯醇（PVA）为表面稳定剂（PVA 纳米粒），并以转铁蛋白（Tf）表面修饰纳米粒（Tf 纳米粒），观察不同纳米粒对膀

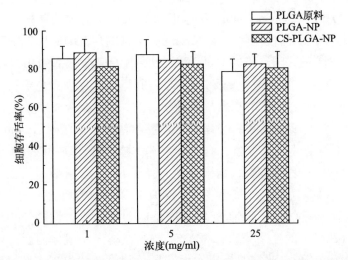

图 7-2　MTT 法评价 PLGA 原料、PLGA-NP 和 CS-PLGA-NP 的细胞毒性

PLGA-NP，PLGA 纳米粒；CS-PLGA-NP，生物黏附性 PLGA 纳米粒

胱癌细胞的体外杀伤作用。结果显示，$0.5 \sim 50.0\mu mol/L$ 的 PVA 空白纳米粒和 Tf 空白纳米粒对 J-82 细胞的存活率均无影响（图 7-3）。因此，可以证明，PLGA 无细胞毒性。

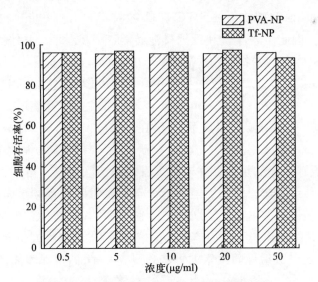

图 7-3　空白纳米粒对 J-82 细胞的毒性作用

（三）不可降解纳米颗粒的代谢障碍与蓄积毒性

生物不可降解纳米颗粒由于其不可降解的本质属性而不能在体内得到转化吸收甚至排泄，属于"进得去出不来"的一类惰性源材料，对该类材料的使用应该慎之又慎。在此，我们主要从碳纳米管和纳米氧化物进行讨论。

1. 碳纳米管　叶兵等采用尾静脉一次性注射 MWCNT-COOH[在磷酸盐缓冲液 (PBS)

中超声 10min 均匀分散，粒径为 10nm，终浓度为 0.5g/L]。病理结果显示，在暴露 1 天后，肺部切片中可见大量的黑色颗粒物，系 10nm 的 MWCNT-COOH 积累于肺部毛细血管的团聚物。随着暴露时间的延长，10nm 的 MWCNT-COOH 在肺部的积累逐渐减少，但可见棕黑色点状物的存在，在暴露 7 天及 28 天时，肝组织中发现黑色颗粒物的积累，说明 10nm 的 MWCNT-COOH 在肝中的积累是逐渐增多的，而且其合成酪氨酸 – 多壁碳纳米管，用 I-125 进行标记，对健康雌性 ICR 小鼠进行尾静脉注射，于注射后 10min、30min、1h、6h、12h、24h、48h 处死小鼠，取血、心、肝、脾、肺、肾、脑、肌肉、骨、胃、肠、皮肤和胸腺等进行 I-125 放射性检测。结果发现，肺的 I-125 含量最高，且 48h 内无明显降低（$P > 0.05$）；肝和脾有一定 I-125 含量累积效应，随时间的增加无持续降低趋势。

　　Singh 等和 Lacerda 等用 1、3- 偶极环加成反应功能化放射性的 SWCNT 和 MWCNT 来研究碳纳米管（CNT）的生物分布。将 CNT 静脉注射入小鼠体内后，他们观察到绝大部分（> 95%）CNT 在 3h 内随粪便排出，而在肝、脾等网状内皮系统（RES）组织中没有摄入。这种现象类似于小分子的体内活动，但是与预期的绝大部分尺寸大于肾小球滤过门槛的纳米颗粒不同。为解释这一结果，研究者假设尽管 CNT 的长度很长，但是其粒径很小，所以能很快随尿排出。考虑到其大小依赖蛋白的生物分布和分泌模式，以及使用量子点研究得出的不一样的结论，这一假说值得商榷。Choi 等研究发现，能够快速通过尿排泄的球形量子点的最大尺寸约 6nm，这一数值确实大于 SWCNT 的粒径 (1 ～ 2nm)，但是该量子点比前两项研究中使用的 SWCNT 束的粒径 (10 ～ 40nm) 和 MWCNT 的粒径 (20 ～ 30nm) 小很多。因此，CNT 的快速尿排泄尚需进一步考证。其他几个实验室也研究了放射性 CNT 在小鼠体内的生物分布。Wang 等在他们早期的研究中报道了 CNT 的慢速尿排泄和较低的 RES 摄入，在其后续的报道中，^{14}C 磺酸功能化的 CNT 静脉注射入小鼠体内后，明显持续在肝内积累。McDevitt 等的另外一项独立研究使用 1, 3- 偶极环加成反应将抗体结合到放射性 CNT 上，结果显示 CNT 在肝中被大量摄入，而尿排泄过程很缓慢，15 天后，仍有大量的 CNT 残留在体内。Dai 等研究发现，PEG 功能化的放射性 SWCNT 在肝和脾等 RES 组织有明显的摄入，并未发现有快速清除现象。虽然放射性标记是一种检测物质体内分布的传统方法，但是如果不能测定清除 CNT 样品中过量的放射性同位素，就可能会导致错误实验结果的出现。特别是在排泄过程中，在静脉注射后放射性同位素可能作为小分子随尿快速排泄出去。此外，体内环境中，CNT 的放射性同位素能够被缓慢释放，形成自由态。因此，通过放射性同位素的方法来研究 CNT 的排泄和体内半衰期不是一个理性的策略。

　　不用放射性同位素的情况下，研究者们开始利用 SWCNT 的固有性质来研究其体内活动。Cherukuri 等利用单个 SWCNT 的 NIR 荧光性质在兔子体内追踪 CNT 的踪迹。研究者在肝中观察到 SWCNT 的荧光信号，而在肾等其他组织中没有发现。Yang 等的另外一项研究中，使用了同位素比值质谱检测了 1 个多月内 ^{13}C 标记的未功能化的 SWCNT 的生物分布情况，结果显示纳米管在肺部、肝和肾都有明显的摄入，而且 28 天内没有明显的排泄现象。利用 SWCNT 的拉曼（Raman）散射光谱，Dai 等研究了小鼠体内 SWCNT 的半衰期，结果显示，静脉注射后 PEG 功能化的 SWCNT 在肝和肾大量积累，1 个月内通过胆道随粪便缓慢排泄。在小鼠的肾和膀胱内检测到微弱的 RAMAN 信号，这意味着有小部分的较短的 SWCNT 随尿排出。

2. 纳米氧化物 朱连勤等研究氧化铜纳米粒子对小白鼠的蓄积毒性，各剂量组连续 20 天灌胃后，继续观察 7 天，结果 0 和 1/20 LD_{50} 剂量组小白鼠全部存活，毛顺而有光泽，生长正常，停药后 7 天内无死亡，剖解观察无异常变化。1/10 LD_{50} 剂量组小白鼠在灌胃后第 10 天死亡 1 只雌鼠，第 19 天死亡 1 只雄鼠；1/5 LD_{50} 剂量组小白鼠在灌胃后第 7 天开始死亡，第 15 天停止死亡，结果存活 5 只，死亡 5 只，存活雌鼠 3 只、雄鼠 2 只；1/2 LD_{50} 剂量组小白鼠在灌胃后第 2 天开始死亡，第 12 天小白鼠全部死亡。依据判定标准，证明氧化铜纳米粒子对小白鼠有中等蓄积毒性作用。

氧化铁纳米粒子被细胞吸收后聚集于溶酶体中，在溶酶体低 pH 环境中，氧化铁被分解成为铁离子，可用于合成血红蛋白，因而氧化铁在体内具有低的毒性。氧化铁纳米粒子进入脑内后，也没有发现直接的毒性作用。然而，氧化铁纳米粒子会在脑内保留相当长的时间，如颅内直接注入的氧化铁纳米粒子会在脑实质中存在 3 个月以上，虽然未引起任何病理现象，但其长期清除的机制尚须进一步研究。

Drezek 等质疑目前对不同粒径的金属纳米粒、金属氧化物纳米粒、碳纳米粒和陶瓷纳米粒等材料大范围的研究。Keck 等认为与专门从事药物递送系统研究的药剂学工作者不同，许多来自其他领域的生物纳米材料开发者往往对外源物在生物体内的处置规律缺乏了解，以致将 CNT 等类材料应用于药物递送系统。大量研究表明，CNT 将会永远滞留在体内，并且没有相应治疗的手段，其将会产生类似石棉纤维的危害。

基于目前该领域研究所面临的难题，笔者认为应首先从源头下手，选择生物可降解性好且具备一定生物相容性的源载体如白蛋白、脂质体、PLGA 等，才能真正从根本上规避纳米颗粒的毒性效应。

第 4 节 纳米颗粒生物相容性的提升

纳米颗粒的生物相容性与其尺寸、形状、表面电荷和亲疏水性等理化参数及其表面修饰，甚至给药途径等息息相关，通过优化上述各参数，能够改善纳米颗粒的生物相容性。

（一）给药途径的选择

纳米颗粒进入人体后，可以迅速分布至各组织器官，不同的给药途径对纳米颗粒的体内分布规律有着很大的影响。另外，给药方式或暴露途径对药物在生物体内的传输有重要的影响，直接影响药物的释放行为。通过合适的给药方式，可使药物释放达到较为理想的效果。不同给药方式或暴露途径对降低纳米颗粒物理损伤也起到关键性的作用。不同的器官或组织在面对同一种外源性纳米粒时具有不同的处理能力，导致该相同纳米粒对机体的相容性各异，这种相容性大小能够决定机体将纳米颗粒作为异物进行抗原反应的激烈程度，甚至能够在一定程度上影响其摄取速率和清除率。Shvedova 等以两种不同暴露途径（吞咽和吸入）给予小鼠 SWCNT，比较肺毒性的差异。两种途径暴露后都引起小鼠急性毒性反应和肺部纤维化，但是吸入给予引起的局部炎症反应更为严重。又如，静脉注射内源性蛋白时对机体是无毒的，而肺部滴注却能够对人体造成一定的损伤。口服碳纳米颗粒无毒，但经静脉给药却能产生致命的效果。以碳纳米管为例，不同暴露部位所引起的疾病如图7-4所示。

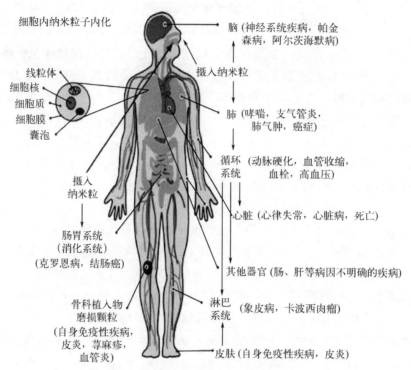

图7-4 碳纳米管对人体器官的影响

说明不可生物降解的碳纳米管可经不同的暴露途径分布于人体的不同组织部位，因而产生不同类型的损害与疾病

总的来说，纳米载体给药系统的暴露途径主要有4种，分别是口服给药、肺部给药、经皮给药、静脉给药。不同给药途径各有利弊，最终给药途径的选择很大程度上依赖于疾病所处的病程阶段，如图7-5所示。

口服给药是常见且最被人们广泛接受的给药途径。具体到纳米载体给药系统的应用上，口服给药具有刺激性小、过程简便的优势，但我们也不能忽略其可能面临的缺陷：①该方法首过效应明显，纳米颗粒的暴露存在潜在肝毒性；②服用药物能迁移到体内其他部位；③有效的摄取必须保证胃肠道黏膜系统的完整。

肺部吸入是常见的纳米颗粒环境暴露方式，科学界经过长期的研究，发现纳米颗粒经过肺部暴露具有巨大优势：刺激性小，肺部具有相对较大的表面积，保证了药物有效的摄取，避免了首过效应、局部作用，但该方法带来的肺毒性也不容忽视。另外，纳米颗粒在循环系统的迁移也不可避免。

经皮给药在保证较小的刺激性与局部作用的同时，较大的表面积也保证了吸收摄取的高效性。但纳米颗粒经过皮肤系统到达循环系统的其他部位，这一缺陷也同样不可避免，

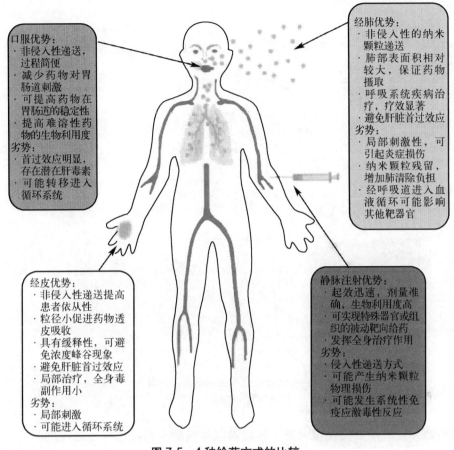

图 7-5 4 种给药方式的比较

该方法对皮肤系统的扰乱也需要纳入考虑的范围。

　　静脉给药在人体全身范围内作用效果明显、起效快等优势使其在与其他给药方式的比较上优势尽显，然而该方法仍然不能避免首过效应。同时，静脉给药可能带来的系统毒性也是我们对其持谨慎态度的原因。

　　为研究暴露途径对二氧化硅纳米颗粒（silica nanoparticle，SN）体内动力学的影响，研究人员将二氧化硅经口服、皮下、肌内和静脉注射等暴露途径进入小鼠体内研究其吸收、分布、排泄和毒性作用。结果表明，经皮下和肌内注射方式暴露后，SN 能穿过相应的生理屏障分布到肝，但是 SN 被机体吸收的速度较小和量较少，大部分滞留在注射位点，并引起皮下和肌内注射位点的炎症反应；口服途径暴露后，尽管大部分的 SN 通过消化道排出体外，但也有少量的 SN 能被肠道吸收，分布在肝；静脉途径暴露后，SN 主要分布在肝、脾和肺。研究还发现，SN 经不同方式暴露时不会对动物主要脏器造成损伤，并且均能通过粪便和尿液排出体外，这说明 SN 具有良好的生物安全性，不会在动物体内造成蓄积，为纳米颗粒的生物应用提供了重要的毒理学依据。同时，该研究首次以二氧化硅材料为模型系统评价了不同暴露途径对纳米颗粒体内动力学的影响，为该材料的生物临床应用选择合适的给药途径提供了重要参考。

　　图 7-6 总结了一些重要的纳米颗粒在生物医药领域的应用及其可能的给药途径。

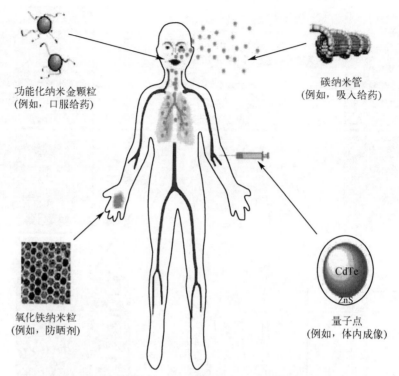

图 7-6　纳米材料在生物医药领域的应用及可能的给药途径

CdTe. 碲化镉

　　口服给药途径所经的消化道可对一些较难降解的纳米颗粒进行一定程度的吸收，是相对安全的给药途径，也是我们基于生物医药纳米载体安全设计所要首先考虑的。总的来说，不同给药途径造成的损伤程度顺序如下：静脉注射＞黏膜给药＞经皮给药＞口服给药。

（二）尺寸

　　长期以来科学界持有的一个观点是：纳米颗粒尺寸越小，在体内能够造成的毒性就越大——这就是著名的尺寸效应，事实果真如此吗？

　　尺寸效应在某种程度上也具有一定说服力，原因是纳米颗粒的尺寸决定了其比表面积的大小，相同质量的纳米颗粒以颗粒状态存在时具有更大的比表面积，而比表面积大的纳米粒决定了该纳米颗粒所具有的表面能更高，其所能吸附的杂质的数量也远非微米级别颗粒可比，而这些大量的杂质在某些情况下可能才是所谓毒性的来源。由于这些原因，其进入人体后对生物分子的氧化应激作用可能就越大，能够造成的损伤也就越大。

　　本书前面章节已经提出，物理损伤才是纳米毒性的根源。笔者认为，尺寸效应理论在一定的粒径范围是适用的，但这一范围可能并不是以粒径 100nm 这一特定尺寸来划分。当不同粒径的纳米颗粒进入人体时，只有小尺寸的纳米颗粒能够通过某些细胞的缝隙对机体造成后续的损伤，而大尺寸颗粒则根本不能通过，更谈不上造成毒性了。由于它们的生物不可降解、生物相容性差等本质属性的影响，小尺寸纳米颗粒毒性更大的这一表观假象就得到了错误表征。我们有理由认为，当大尺寸和小尺寸纳米颗粒能够同时进入细胞且排除其他因素的干扰时，基于物理损伤的三大机制，较大尺寸的纳米粒造成的损伤无疑会更大。相关研究如下：用纳米锌与微米锌同时进行口服灌喂，结果显示微米级的锌颗粒对肝造成的损伤更大；粒径为 0.9nm 和 1.3nm 的碳纳米管能够有效阻塞钾离子通道，而 0.72nm 的富勒烯却没有显示此种生物毒性。研究表明，纳米粒引发的毒性效应往往以氧化应激或炎症反应为表现，但目前并没有任何证据证明粒子的尺寸降低到 100nm，其毒性会发生质变。

　　结果显示，尺寸效应这一理论是站不住脚的，纳米尺寸并不是毒性的来源，更不是人们应该恐慌的理由，明确了这一点，生理尺寸和纳米颗粒尺寸才能得到良好的关联。最近有研究发现，不同尺寸的纳米颗粒与机体作用时存在着不同水平或规模的相互作用，如尺寸较大的颗粒与机体的相互作用是属于组织水平范畴，中等尺寸的则是细胞水平，而尺寸较小的颗粒则是基于亚细胞水平，每种不同水平的相互作用具有完全不同的机制。部分纳米颗粒尺寸与生理尺寸的相互关系如表 7-2 所示。

表 7-2　纳米颗粒尺寸与生理尺寸的相互关系

生理结构	生理尺寸	生理功能	纳米颗粒尺寸
皮肤屏障	皮肤由表皮、真皮、皮下层三层组织结构组成。最外层是覆盖整个身体的角质层，人体有 200 万～400 万汗腺及毛囊，直径约为 20μm	皮肤是防止毒物侵入的第一道屏障，汗腺中的大多数都是向外排盐和尿素的外分泌腺	角质层细胞的脂质层可形成约 1μm 的孔径，TiO_2 纳米粒可渗透至角质层甚至毛囊深处，这种穿透作用依赖于颗粒的尺寸和形状，粒径小的圆形的以及比较大的椭圆形的颗粒有更强的穿透力 20～50nm 的 TiO_2 纳米粒可渗透到角质层再进入真皮层 45～150nm 长、17～35nm 宽的针状 TiO_2 纳米粒主要沉积在最外层角质层，无法渗透到真皮层
血脑屏障	猜想：纳米颗粒可使细胞间紧密连接部分开放，从而使纳米粒快速入脑	有特殊的选择性，使脑组织减少受血液中有害物质的损害	WKY（Wistar-Kyato）大鼠吸入暴露于 15nm 的铁纳米颗粒，发现其可从肺组织进入脑组织 ICR 小鼠吸入暴露于 50nm 荧光磁性纳米颗粒，发现其可透过血脑屏障进入脑组织 SD 大鼠支气管灌注 22nm 的 Fe_2O_3 纳米颗粒，其可进入脑组织
胃肠道吸收屏障	纳米颗粒能够通过含有 M 细胞（特殊的肠上皮吞噬细胞）集合的肠淋巴组织（PP）摄入并发生胞内转运	维持内环境的稳态	粒子的大小和密度是影响胃肠道吸收的关键因素 粒径小于 500nm 的 TiO_2 纳米粒可以被淋巴组织和 PP 的 M 细胞参与的摄入过程捕集到，从肠道进入血液

生理结构	生理尺寸	生理功能	纳米颗粒尺寸
间隙连接	连接处相邻内皮细胞膜之间有 2～4nm 的缝隙，结缔组织间隙较大，最大直径可达 0.3μm	毛细管壁内皮细胞之间并列排列，物质直接通过这种间隙从一个细胞流向另一个细胞，故有细胞通信作用	允许最大 1.4kDa 的分子通过，以及 < 13nm 的粒子通过
细胞膜窗孔	肝脾窦壁内皮细胞直径为 50～150nm 胰脏、小肠和肾毛细血管床内皮窗孔直径为 50～70nm 外分泌腺管壁内皮窗孔直径为 60nm 骨髓内皮的窗孔直径约为 100nm 肾脏毛细血管覆盖肾小球膜的内皮窗孔直径为 50～70nm	一些细胞有许多窗孔存在，窗孔无隔膜，且内皮也无基底膜存在。这种开放式结构有利于细胞与血浆成分的自由交换	尺寸较小粒子可以通过窗孔进入细胞，但与窗孔内径相当或略大于窗孔内经的纳米颗粒在组织中有较强的蓄积倾向
细胞核核孔	直径为 50～80nm 的圆形孔	核膜孔为圆柱形通道，RNA 与蛋白质等大分子可经核孔出入细胞核，使细胞质与核质能直接相通进行信息传递和物质交换	用钝化金粒子进行试验进一步表明，核膜孔足以使大至 23～26nm 进入胞质的纳米颗粒进入细胞核
细胞吞噬	巨噬细胞 25～30μm 中性粒细胞 8～10μm 单核细胞 12～15μm	对颗粒物质进行清除	纳米尺度粒子均可被吞噬
器官捕获	生物体内血管系统的结构特征使具有不同粒径的纳米颗粒具有不同的器官捕获截留作用	刚性粒子通过小于其粒径的血管产生堵塞	> 5μm 的粒子被肺的毛细血管床捕获 20～50nm 的粒子被单核巨噬细胞系统捕获 < 150nm 的纳米颗粒聚集于骨髓 > 250nm 的纳米颗粒聚集于脾组织

有了这些依据，我们便能根据要到达的目标部位所要穿越的"屏障"的尺寸选择并优化纳米载体的尺寸大小，使目标药物避开机体其他屏障与孔隙的截留，并最终能够顺利到达靶部位。

（三）形状

在毒性评价方面，颗粒物的几何形状和结构这些表面参数长期以来一直被认为是影响毒性的一个重要因素。由于石棉网进入人体后引发肺癌和肺纤维化，在历史上曾经造成了一阵世界范围内的恐慌，纤维状颗粒物的长径比这一理化参数第一次为世人所知。纤维致病性规范（FPP）对纤维状外形结构与人体健康之间的关系也阐释得很详尽，如图 7-7 所示。

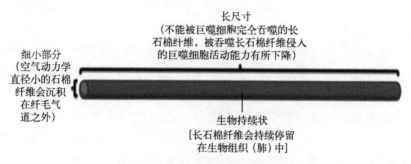

图 7-7　纤维状外形结构长宽比较

沉降在气道的纤维状纳米颗粒会通过肺泡巨噬细胞得到清除，而要得到彻底的清除并且无残留，就必须要依靠完整的吞噬过程。然而，较长的纤维状颗粒却不能被巨噬细胞完全吞噬，这时候就会造成挫败的吞噬作用，严重时会导致巨噬细胞膜的刺破损伤（图 7-8），也就形成了物理损伤。

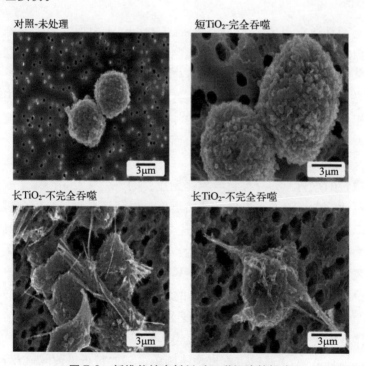

图 7-8　纤维状纳米材料对巨噬细胞的损伤

值得注意的是，挫败的吞噬作用的形成会导致炎症反应，这也与我们的观点相切合。这种长条状的外形导致纳米颗粒在巨噬细胞中成为流通性的障碍，造成气管道下游长条状纤维纳米颗粒的累积，促炎性介素的分泌，最终导致氧化应激的产生。

长径比大的纳米颗粒由于其特定的理化参数造成的滞留效应较明显，其物理损伤也更为严重；而长径比小的较圆润的纳米颗粒在排出机制上的优势更为明显。相关研究结果如下。

Huang 等通过改变模极剂溴化十六烷基三甲铵（CTAB）的量，设计了长棒和短棒状（长径比分别为 5 和 1.5）两种介孔二氧化硅（MSN），并首次比较了形貌对 MSN 生物相容性的影响。研究显示，两者在小鼠肝、脾和肺的分布规律有差异，且形貌也影响了它们经尿液和粪便的排泄速度。其中，短棒 MSN 主要集聚在肝，而长棒 MSN 主要分布在脾，且短棒 MSN 更易从体内排出。Poland 等报道腹腔注射较长的多壁碳纳米管 (MWCNT) 能引起腹腔炎症，而较短的 MWCNT 由于被巨噬细胞快速摄取和清除，没有引起腹腔炎症。Schinwald 等发现，胸膜壁层像个筛子一样，截留下长纤维状的纳米粒，从而引发病原反应。Champion 等发现球形纳米颗粒比杆状和纤维状纳米颗粒更易被细胞内吞。

综上所述，通过对纳米材料形状的筛选或工业设计，使其达到短的或球形的理想状态，有助于改善纳米颗粒在体内的迁移、清除的能力，消除或减轻其对机体物理损伤的程度。这一方法辅以生物可降解／生物相容性这一约束性框架的引入，对纳米载体的体内安全应用助力巨大。

（四）表面电荷

微粒的表面电荷，通常用 Zeta- 电位进行描述，常常作为毒性评价的一种指标与毒性联系在一起。石棉网就因其表面电荷导致的细胞毒性被广泛报道，其他一些纳米颗粒如聚合物纳米粒及二氧化硅纳米粒也被证明存在着与表面电荷相关的毒性。

1. **电荷密度的差异** 以纯硅纳米颗粒、磷酸化硅纳米颗粒、氨基化硅纳米颗粒这三种体系为例，在相同实验条件下，三种颗粒的作用对细胞吞噬效率、细胞增殖及细胞周期的影响会依次增大。这种差别来自纳米颗粒表面修饰的不同基团导致表面所带电荷密度的差异。

2. **表面电荷属性的差异** 如今被科学界普遍接受的一个观点是阳离子表面的纳米粒比阴离子表面的有更大的毒性，进入血液循环之后更易引起溶血和血小板沉积。在生物屏障的穿透性方面，Kohli 等发现，表面带正电荷的 50nm 和 500nm 的纳米粒能够渗透进皮肤，而同样尺寸的表面带负电荷和中性电荷的纳米粒均不能渗透进皮肤。一般认为，这是由于纳米粒的阳离子表面更易与细胞膜的带负电荷磷脂头部结合。但事物不是绝对的，在纳米载体的设计与应用领域更是如此，带不同电荷的纳米颗粒作用各不相同，毒性也更有差异。在具体应用中，正是因为纳米颗粒的阳离子表面更容易与细胞膜或 DNA 结合，这一优势使得这种纳米载体具备更强的靶向性。文献报道，将单甲氧基聚乙二醇 - 聚乳酸 (MePEG-PLA) 和壳聚糖 (chitosan, CS) 通过透析过滤法制备得到的带正电荷 MePEG-PLA-CS 纳米粒作为基因转运载体，其能与带有负电荷的 DNA 磷酸盐骨架相互作用，促进 DNA 浓缩，并将其包裹，同样能被表面带有负电荷的细胞膜所吸附。负电荷表面也并不是绝对无毒的，Saxena 等报道羧基修饰的 SWCNT 相比于未修饰 SWCNT，对 CD1 小鼠表现出更大的体内毒性，这种毒性可能归因于修饰的 SWCNT 具有更好的分散性和表面负电荷。Pietroiusti 等用孕鼠模型研究 SWCNT 的生殖毒性，发现羧基修饰的 SWCNT 也比未修饰 SWCNT 更易导致小鼠胎儿畸形。

尽管纳米颗粒的表面电荷对机体的利害关系并没有十分明确的结论，但这一参数的引入，对纳米载体的稳定性具有十分重要的指导作用，在防止颗粒间相互集聚、减少生物分子相互作用等研究领域有着巨大的潜力。

（五）亲疏水性

纳米颗粒的亲疏水性也是纳米载体设计中所需考虑的重要因素，总的来说表现为以下几个方面。

1. 对纳米颗粒自组装行为的影响　一些纳米结构的自组装过程就是在颗粒的亲疏水性驱动下完成的。对于载药系统设计，可以通过改变颗粒表面的亲疏水性改变颗粒的不同装载位置。疏水颗粒嵌入载药双层膜泡的疏水内部，亲水颗粒吸附在载体双层膜泡的亲水表面或内腔；不同亲水程度的修饰可能会影响纳米颗粒与磷脂膜最终形成的组装体的性质，如黏弹性等。亲疏水作用也是推动细胞诸多分子活动正常进行的重要因素，脂质分子组装成膜、蛋白质折叠、蛋白质与脂质分子的相互作用等活动都有亲疏水作用的参与。

2. 纳米颗粒与细胞膜的相互作用　已有许多研究结果表明，疏水纳米颗粒与细胞作用时，能够嵌入细胞膜的疏水内部。纳米颗粒的嵌入也可能会引起膜脂质分子的疏水匹配行为，颗粒的尺寸决定了脂质分子疏水匹配的方式。嵌入颗粒尺寸大于细胞膜尺寸，会导致正疏水匹配，膜相应部分变厚；嵌入颗粒尺寸小于细胞膜尺寸，会导致负疏水匹配，膜相应部分变薄。对于双层膜而言，疏水匹配可能导致膜双层的不对称，从而造成磷脂膜不同程度的弯曲。疏水纳米颗粒的嵌入还可能直接导致细胞膜性质的变化，例如，纳米颗粒的嵌入会影响细胞膜表面张力，进而可能影响那些受到膜张力控制的通道蛋白的功能。当疏水颗粒经过表面的亲水化修饰之后，颗粒与膜的作用方式则由嵌入变成了吸附。除了上述考虑材料整体的表面情况之外，在制备中也可以对材料表面进行区域性的亲疏水修饰。Balazs 等模拟了表面区域化亲疏水纳米颗粒对细胞膜的作用情况。模拟中发现，颗粒的疏水部分会嵌入细胞膜内，而亲水部分暴露在膜外的水相中。当多个颗粒发生聚集时，颗粒的作用可能会在膜上形成一个亲水孔，从而导致膜表面发生破裂。上述现象表明，可以通过颗粒表面的亲水化修饰，达到调节纳米颗粒与细胞膜作用方式的目的。原因是良好的亲水性能增加纳米颗粒与机体接触时的亲密度，保证其在体内能得到更广泛的分布，还能减弱蛋白的吸附作用，延长药物的体内半衰期，保证药效。同时，良好的亲水性在降低物理损伤方面也有贡献，能有效降低卡嵌能力。增加纳米颗粒亲水性的方法通常是在其表面添加相应的亲水性基团如聚乳酸（PLA）、聚乙二醇（PEG）、葡聚糖和壳聚糖等。其中，PEG 是最常用的亲水性修饰材料，其免疫原性和抗原性极低，且为通过 FDA 认可的作为人体内使用的聚合物，已被广泛研究和使用。

（六）官能团的修饰

研究发现，对纳米颗粒进行官能团的修饰能够改变材料对机体的损伤程度。近年来，在这一领域取得的成果很多。Zhang 等研究 SWCNT 对小鼠神经元 PC12 细胞在生物化学方面、细胞水平和基因表达能力上的差异，发现 PEG 修饰的 SWCNT 较未修饰的 SWCNT 造成的细胞毒性要小得多。Li 等在细胞水平研究通过不同表面官能团修饰的 MWCNT 对 BEAS-2B 和 THP-1 细胞在促炎症效应和促纤维效应方面对肺部纤维化的影响。研究发现，与未修饰的 MWCNT 相比，羧基（—COOH）和 PEG 修饰的 MWCNT 能够显著降低促纤维化细胞毒素和生长因子（IL-1β、TGF-β1 和 PDGF-AA）等的释放，而氨基（—NH$_2$）修饰的碳纳米管与原始碳纳米管相比没有显著的变化，经 PEI 修饰的碳纳米管则能明显引发更严重的肺纤维化。Liu 等以人 HeLa 细胞和正常小鼠胚胎成纤维细胞 NIH 3T3 为模型，研究羧基和氨基表面修饰的聚苯乙烯（PS）纳米颗粒对细胞周期的影响，发现 50nm 的氨基化 PS 引起细胞周期 G1 期延迟和降低细胞周期蛋白 D、E 的表达。同时，氨基化 PS 表现出更高的细胞毒性，能够破坏细胞膜完整性。

官能团修饰带来的毒性差异很可能归结于修饰行为对纳米颗粒理化性质的改变，最终影响材料在体内的清除率。

（1）提高体内清除率：Lacerda 等将二亚乙基三胺五乙酸修饰的 MWCNT 通过尾静脉注射到小鼠体内，能够达到很高的清除效率。

（2）降低体内清除率：Yang 等用 PEG 修饰 SWCNT，可以显著改善其药物动力学性质，延长其血液半衰期。这种官能团的添加能够在纳米颗粒周围起到一种"护栏"的作用，能有效帮助减少颗粒本身之间的静电作用和疏水性作用，也能有效减少机体蛋白和单核细胞对纳米颗粒的清除作用。

纳米颗粒的表面修饰除了能够影响或改变粒子的物理化学性质（如本章纳米颗粒的亲疏水和表面电荷等性质，都可以通过表面修饰的方法实现）之外，也带给纳米颗粒新的功能，如透膜性、靶向性、智能响应性和体内长效循环等。

（1）透膜性：一些研究者发现，通过改变表面修饰的方法，能控制纳米颗粒的跨膜行为。

应用举例：以彼此间隔的形式在金纳米颗粒表面涂上负电荷配合基和疏水配合基，可以使纳米颗粒直接穿入细胞而不会在细胞上留下洞穴，从而不会引起细胞的死亡。

（2）靶向性：细胞膜上有许多膜蛋白，可以通过在颗粒表面修饰特定分子，来增强纳米颗粒与细胞膜作用的靶向特性。

应用举例：表面修饰了 HIV TAT 多肽的金纳米颗粒可能通过脂筏介导的巨胞饮途径进入 HeLa 和 HepG2 细胞，而修饰了 SAP（sweet arrow peptide）的硬脂球颗粒，可能会通过细胞膜上的陷窝蛋白或网格蛋白介导的内吞方式，进入人视网膜上皮细胞（ARPE-19）。化学偶联单克隆抗体可以增强纳米颗粒对细胞表面抗原的主动靶向性。采用颗粒表面引接具有生物活性的专一性抗体的方法制备免疫纳米颗粒，可用于快速有效地进行细胞分离或免疫分析等研究。

（3）智能响应性：利用颗粒与细胞作用环境的某些因素，针对细胞膜内吞辅助蛋白对外界刺激的响应机制，可以通过对纳米颗粒的多层次修饰，达到制备"智能性"载药体系的目的。

应用举例：Liu 等利用脂质体包裹带正电或负电介孔二氧化硅的方法制备了一种纳米载药体系。在制备过程中，可以通过调整脂质体的组成与体系的电荷数，以及控制制备过程的融合工艺等手段，达到调整载体负载量的目的。该材料在被细胞内化后，可以根据周围环境的 pH 释放载体的内涵物，有利于提高释放药物的作用效率。

（4）体内长效循环：纳米颗粒与细胞膜作用的前提是颗粒吸附在膜表面。而开发某些纳米载药体系，往往需要降低纳米颗粒在细胞膜表面吸附的概率，避免载药颗粒被巨噬细胞吞噬，从而达到药物长效缓释的作用，可以通过颗粒表面修饰的方式达到这个目的。

应用举例：非离子性表面活性剂是一种常用的长循环修饰材料，其作用原理可能是表面活性剂的使用可以减少颗粒与溶液中蛋白的吸附，从而降低了颗粒被巨噬细胞吞噬的概率。而双亲性的壳聚糖、环糊精等多糖材料的表面包裹，除了可以保证纳米颗粒在体内的长效循环外，还可以起到提高药物包封率和载药量的效果。

值得关注的是，通过对纳米颗粒表面添加 PEG 官能团增加其体内生物效应的方法已经在世界范围内取得了相当广泛的应用。PEG 是美国 FDA 批准的生物相容性聚合物，被用于多种纳米颗粒的表面修饰，以提高纳米颗粒在血液中的循环时间，减少系统清除。该方法在很多情况下是有效的，但并不是万能的。基于惰性物质的表面修饰属于规避核心问题而试图通过周边手段解决问题，在某种程度上来说仍然治标不治本。笔者课题组认为，虽然 PEG 本身的生物可降解性、生物相容性良好，但在嫁接到纳米粒表面时，并不能改变核心纳米粒的生物可降解和生物相容性，当 PEG 等修饰基团在体内流通的过程中被降解时，核心纳米粒便会再度暴露出来，其本身若是惰性的，则依然会对机体造成物理损伤。

通常来说，未被修饰的纳米粒在体内能够更快地被清除，若作为纳米载体，会极大地削弱其到达指定靶点的能力。PEG 修饰的方法被广泛使用，原因是其能在纳米粒表面形成像"护栏"一样的膜，减少了颗粒间的相互作用，降低了血浆蛋白的非特异吸收，也就在很大程度上降低了单核巨噬细胞系统（MPS）对其的吞噬，延长纳米粒在血循环中的半衰期，最终影响了药物在人体的药物代谢动力学参数。这种对蛋白质调理作用的抵抗能力通常与修饰的 PEG 的覆盖浓度成正相关（图 7-9）。

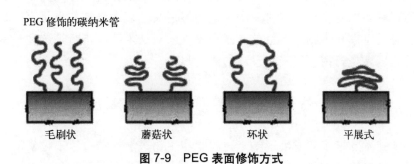

图 7-9　PEG 表面修饰方式

纳米载体的低摄取率一方面延长了其在体内的半衰期，但另一方面却在一定程度上减小了药物对靶器官或细胞的作用强度——这就是所谓的 PEG 困境。如何在这两个极端之间达到平衡一直困扰着科学界，迄今并没有就 PEG 修饰的最适覆盖浓度这一问题达成统一的共识。

最近又有证据指出，PEG 官能团修饰纳米粒的大量暴露能够导致其在体内越来越高的清除率。这种现象的机制目前还不完全明确，可能的机制是 PEG 修饰纳米粒时充当"护栏"的角色越来越少，更多的时候像是一张"渔网"，这张渔网能够根据 PEG 的浓度调整网筛的大小（图 7-10），如此便能决定捕获血清中的蛋白质量的多少和形成蛋白冠的倾向，进而决定纳米颗粒整体被吞噬细胞吞噬的程度。当修饰基团 PEG 浓度较低时，纳米颗粒整体被吞噬的机会剧增，浓度大时则相反。

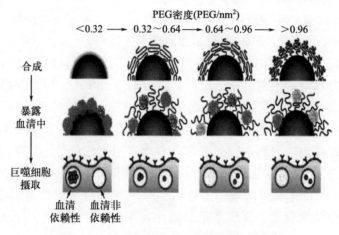

图 7-10　纳米粒表面 PEG 修饰密度示意图

经过以上论证可以得知，并没有一个统一的能站得住脚的结论来解释 PEG 修饰的安全性问题。笔者课题组认为，通过在纳米粒表面添加如 PEG 等官能团的做法来减少纳米粒对机体造成损伤的做法并不是万能且一劳永逸的。表面修饰能够在一定程度上增加纳米粒的生物相容性，但并没有解决其生物可降解的问题。还是那句话，生物可降解性和生物可相容性，两者缺一不可。

无论如何，这些在某些程度上具有预测性作用的安全性研究，无论是对监管部门政策制定还是对研究者的安全性设计都有很大的借鉴意义。表面修饰并不是万能钥匙，只有抓住纳米粒生物可降解和生物相容性这一本质属性，对纳米载体进行筛选和改良，辅以官能团的表面修饰，才是药物顶层安全设计的最终归宿。

第 5 节　生物医药纳米载体的应用

随着科学技术的进步和发展，纳米材料学和生物医学的结合越来越紧密，纳米材料在生物医学领域的应用已取得了很大进展，并展现出良好的发展势头和巨大的发展潜力。当然，纳米生物学和纳米医学发展都还处于起步阶段，纳米材料在生物医学中的应用尚不完善，还有待进一步研究。

目前来看，纳米材料在生物医药领域的应用主要集中在药物载体、肿瘤治疗、抗菌材料、生物传感器、口腔医学等方面。

（一）药物载体

纳米材料药物载体已成为目前医药研究领域的一项重要课题。作为药物输送载体，纳米材料具有以下作用：缓释药物，延长药物作用时间；增强药物效应，减轻毒副反应；提高药物的稳定性；保护核酸类药物，防止其被核酸酶降解；帮助核苷酸分子高效转染细胞，并起到靶向定位作用；建立一些新的给药途径。目前，用于研究药物载体的材料有金属纳米材料、生物降解性高分子纳米材料及生物活性纳米材料等。

张阳德等开展了高性能磁性纳米粒子脱氧核糖核酸阿霉素治疗肝癌的研究，研究结果表明磁性阿霉素白蛋白纳米粒具有高效磁靶向性，在大鼠移植肝肿瘤中的聚集明显增加，而且对移植性肝肿瘤有很好的疗效。

（二）肿瘤治疗

1. 肿瘤基因治疗 在肿瘤治疗方面，基因治疗的关键是基因导入系统、基因表达的可控性以及更多更好的治疗基因。常规使用的病毒载体常伴随着对宿主产生免疫、炎症反应和引起疾病等负面影响。采用纳米材料作为基因传递系统具有显著优势，如聚乳酸 - 羟基乙酸共聚物（PGLA）、聚乳酸（PLA）、聚乙二醇（PEG），由于其具有良好的生物安全性，可方便有效地实现基因靶向性及高效表达和缓释，因而此类纳米材料成为制备高效、靶向基因治疗载体系统的良好介质。具有热塑性及可溶性的生物可降解高分子材料如 PLA、聚乙醇酸，尤其是 PLGA，因其良好的生物兼容性、生物可降解性及机械强度而得到了很大的发展。PLGA 已被 FDA 批准用于药物输送系统，它不仅安全性高，而且可以大大改进肿瘤药物输送方法，延长药物释放时间，实现药物的可控释放。用 PLGA 包裹携带小分子干扰核糖核酸（iRNA）治疗患有尤文肉瘤的实验鼠，能够抑制肿瘤生长基因，从而控制癌细胞的扩散。

2. EPR 效应 Torchilin 曾指出，癌症治疗最大的突破是 EPR 效应的发现。究竟何谓 EPR 效应？

EPR 效应，即实体瘤的增强的通透性和滞留效应（enhanced permeability and retention effect），指的是相对于正常组织，血液中的药物分子或颗粒更易于扩散进入肿瘤组织并形成滞留的性质。正常组织中的微血管内皮间隙致密、结构完整，药物分子和脂质颗粒不易扩散透过血管壁，而实体瘤组织中血管丰富、血管壁间隙较宽、结构完整性差，淋巴回流缺失，致使血液中的药物分子和脂质颗粒对肿瘤组织具有更高的扩散通透性和滞留性，这种现象被称为增强的通透性和滞留效应，简称 EPR 效应。

由于肿瘤新生血管内皮细胞的不连续性，其间隙从空间尺寸上看，似能允许粒径小于 200nm 的粒子通过血管壁进入组织间隙，因而推测其可能增加对肿瘤组织的靶向递送，并把纳米载体给药系统与肿瘤治疗紧密地联系起来，其一直受到研究者的广泛关注，很多实验室研究将抗癌药物包载于纳米粒中试图将药物富集到肿瘤内。目前广泛研究和使用的纳米给药系统有脂质体、纳米粒、亚微乳等。虽然目前有数以万计的文章研究主动靶向纳米载体给药系统，但关于提升肿瘤组织靶向效率的数据却很少（即使一些文章表明了载体靶向给药的有效性，其在肿瘤部位的靶向效率也没有显著的增加）。纳米载体表面的靶头修饰，仅是个装饰，并不能有效提高药物靶向效率，其根本原因正如本书第4章所述，肿瘤血管内与肿瘤组织的静水压相当，二者之间并无液体流动。分布于肿瘤血管中的药物分子或纳米载体主要是以扩散形式通过血管缝隙到达肿瘤组织，这个过程取决于两个条件：浓度梯度与扩散能力。然而，分子和纳米粒子在水介质的行为是不同的，分子具有扩散能力，而大部分纳米粒子基本没有扩散能力或扩散能力非常小。有人认为肿瘤组织具有EPR效应，只要小于肿瘤细胞缝隙的纳米载体（＜380nm）均能够在肿瘤间隙实现蓄积，然而，这只是主观推测，实际上，不具有扩散动力的纳米载体是难以基于EPR效应渗透进入肿瘤组织间隙的。这也与我们关于纳米载体给药系统的实验结果相符。

对于纳米载体药物递送系统来说，主动靶向策略存在一定缺陷，而基于生命运动的客观规律，依靠环境特异性的靶向释放、提高纳米载体扩散能力、利用巨噬细胞固有的吞噬作用捕获纳米粒子实现靶向药物递送等递送策略，都是更具有可行性的新策略。

（三）抗菌材料

抗菌材料是指具有抗菌或杀菌功能的材料。抗菌材料的抗菌机制主要为干扰细胞壁的合成、损伤细胞膜、抑制蛋白质的合成和干扰核酸的合成等。

目前，抗菌材料使用的方法主要是通过添加抗菌剂或化学改性的方法使材料具有抗菌的效果。Son等在抗菌实验中研究发现，含硝酸银（$AgNO_3$）或二氧化钛（TiO_2）的复合纳米纤维对金黄色葡萄球菌和大肠杆菌的抗菌效果明显高于聚乙烯醇（PVA）/壳聚糖复合纤维。在$AgNO_3$浓度达到最大值（质量分数为0.04%）时，复合纳米纤维对金黄色葡萄球菌和大肠杆菌的抗菌效率分别为99%和98%；在TiO_2浓度达到最大值（质量分数为0.03%）时，复合纳米纤维对金黄色葡萄球菌和大肠杆菌的抗菌效率分别为90%和85%。在紫外光照射条件下，含TiO_2的复合纳米纤维对2种细菌具有更好的抗菌作用。

研究表明，用聚氨酯、偏氟乙烯-六氟丙烯共聚物、聚乳酸溶液电纺制得纳米纤维膜，对其进行等离子体处理。引入活性反应点后，由紫外光引发纳米纤维表面接枝聚合4-乙烯基吡啶并季铵化，得到表面含季铵盐阳离子的聚合物纳米纤维。采用平板涂布法评价纳米纤维膜对革兰氏阳性金黄色葡萄球菌和革兰氏阴性大肠杆菌的抗菌效果。结果表明，表面改性后的纳米纤维膜对这2种细菌均显示出优异的抗菌效果，4h的抑菌率超过99.999%。特别是在溶液浓度为10%的改性聚乳酸纤维中，观察到破裂的革兰氏阴性大肠杆菌细胞碎片，验证了季铵盐型阳离子抗菌剂的"接触死亡"和"溶菌"机制。在不影响纤维膜本体力学性能的前提下，通过表面化学改性方法，抗菌剂能够可控地接枝到纳米纤维的表面。此外，纳米纤维巨大的比表面被具有高密度抗菌基团的聚合物链覆盖，并稳定、牢固地以共价键结合，这不仅大大提高了抗菌效率，使小剂量即可产生强的抗菌作用，而且还具有长效及重复使用的优势，可以有效避免抗菌剂污染等问题。

（四）生物传感器

生物传感器是信息科学、生物技术和生物控制论等多学科交叉融合而形成的新兴高科技领域。随着微电子机械系统技术、纳米技术不断整合入传感器技术领域，生物传感器越来越趋向于微型化。在纳米技术中，纳米器件的研究水平和应用程度标志着一个国家纳米科技的总体水平，而纳米传感器又是纳米器件研究中的一个最重要的方向。

由中国科学院理化技术研究所唐芳琼研究员带领的纳米材料可控制备与应用研究组，在纳米增强的酶生物传感器研究方面取得了重要进展。其研究成果是采用四氧化三铁纳米材料构建高灵敏度葡萄糖生物传感器。研究表明，该生物传感器具有良好的抗干扰性，在实际血清的检测中表现出很好的检测效果，与现有临床方法检测结果相比，标准偏差均在3% 以内，具有很强的实用性。Nam 和 Thaxton 等报道了一种基于磁性纳米粒子的生物条码（传感器）方法，用于检验 DNA。Liu 用电沉积法直接在金电极上制备纳米材料，采用循环伏安法表征了 DNA 的固定与杂交，发现 DNA 的固定与杂交量大大提高，灵敏度显著改善。Lu 等采用光电化学方法，利用纳米材料修饰以 TiO_2 为衬底的 DNA 探针，实现了 DNA 杂交的定量检测和非互补碱基对的识别。

（五）口腔医学

目前，在口腔医学领域应用较广泛的纳米材料主要是纳米羟基磷灰石 (nanoscale-particle of hydroxyapatite，nHA)。nHA 微晶在形态、晶体结构、合成和晶度上与生物骨、牙组织的磷灰石相似，具有更好的生物活性。nHA 的植入物会无创伤地沉积在创伤组织内修复组织，与正常骨结合紧密，不会干扰细胞环境和机体功能。因此，nHA 微晶为国内外许多学者所关注，研究者对其物理化学、生物学特征进行了大量的研究。Fukuchi 等的细胞实验显示，巨噬细胞大量地吞噬 nHA 微晶，消化后排出细胞外，细胞的增殖率未受到影响。无机 – 有机纳米复合材料正在成为口腔医学中一个新兴的极富生命力的研究领域，吸引着众多研究者。Luo 等将纳米多孔二氧化硅凝胶加入树脂中形成独特的纳米结构材料，提高了树脂的耐磨性。与传统复合树脂不同，这种材料依靠的是纳米机械结合来提高其耐磨性。

参 考 文 献

柴之芳，赵宇亮，2010. 纳米毒理学 . 北京：科学出版社 .

郭大军，侯仰龙，梁兴杰，等，2013. 国际纳米药物领域专利势态分析 . 科学观察，8(3): 58-63.

Anna M, Martin D, Simone L, 2013. Polymeric nanoparticles of different sizes overcome the cell membrane barrier. European Journal of Pharmaceutics and Biopharmaceutics, 84(2): 265-274.

Benincasa M, Pacor S, Wu W, 2011. Antifungal activity of amphotericin B conjugated to carbon nanotubes. ACS Nano, 5(1): 199-208.

Chang SK, Duncan B, Creran B, et al, 2013. Triggered nanoparticles as therapeutics. Nano Today, 8(4): 439-447.

Chithrani BD, Ghazani AA, Chan WC, 2006. Determining the size and shape dependence of gold nanoparticle uptake into mammalian cells. Nano Letters, 6 (4): 662-668.

Cornelia MK, Rainer HM, 2013. Nanotoxicological classification system (NCS)—A guide for the risk-benefit assessment of nanoparticulate drug delivery systems. European Journal of Pharmaceutics and Biopharmaceutics, 84(3): 445-448.

Dawson GF, Halbert GW, 2000. The *in vitro* cell association of invasion coated polylactide-co-glycolide nanoparticles. Pharmaceutical Research, 17(11): 1420-1425.

Derfus AM, Chan WCW, Bhatia SN, 2004. Probing the cytotoxicity of semiconductor quantum dots. Nano Letters, 4(1): 11-18.

Donaldson K, Aitken R, Tran L, et al, 2006. Carbon nanotubes: a review of their properties in relation to pulmonary toxicology and workplace safety. Toxicol Sci, 92(1): 5-22.

Elder A, Gelein R, Silva V, et al, 2006. Translocation of inhaled ultrafine manganese oxide particles to the central nervous. J Environment Health Perspectives, 114 (8): 1172-1178.

Elzoghby AO, Samy WM, Elgindy NA, 2012. Albumin-based nanoparticles as potential controlled release drug delivery systems. Journal of Controlled Release, 157: 168-182.

Eniola AO, Rodgers SD, Hammer DA, 2002. Characterization of biodegradable drug delivery vehicles with the adhesive properties of leukocytes. Biomaterials, 23(10): 2167-2177.

Fenoglio I, Tomatis M, Lison D, et al, 2006. Reactivity of carbon nanotubes: free radical generation or scavenging activity? Free Radic Biol Med, 40: 1227-1233.

Fernández-Cruz ML, Lammel T, Connolly M, et al, 2013. Comparative cytotoxicity induced by bulk and nanoparticulated ZnO in the fish and human hepatoma cell lings PLHC-1 and HepG2. Nanotoxicology, 7(5): 935-952.

FryKnas M, Regnstrom K, Ragnarrson EG, et al, 2006. Gene expression profiles in mouse lung tissue after administration of two cationic polymers used for nonviral gene delivery. Pharmaceutical Research, 23(3): 475-482.

Fubini B, Fenoglio I, Martra G, et al, 2006. An overview on the toxicity of inhaled nanoparticles. Journal of Investigative Dermatology, 9(2): 241-252.

Gomes A L, Bochot A, Dolye A, et al, 2006. Sustained release of nanosized complex of polyethylenimine and anti-TGF-beta2 oligonucleotide improves the outcome of glaucoma surgery. J Control Release, 112: 369-381.

Gou NA, Onnis-Hayden A, Gu AZ, 2010. Mechanistic toxicity assessment of nanomaterials by whole-cell-array stress genes expression analysis. Environ Sci Tech, 44: 5964-5970.

Haniu H, Matsuda Y, Takeuchi K, et al, 2010. Proteomics-based safety evaluation of multi-walled carbon nanotubes. Toxicol Appl Pharmacol, 242: 256-262.

Huang X, Li L, Liu T, et al, 2011. The shape effect of mesoporous silica nanoparticles on biodistribution, clearance, and biocompatibility *in vivo*. ACS Nano, 5(7): 5390-5399.

Hubbs AF, Mercer RR, Benkovic SA, et al, 2011. Nanotoxicology—a pathologist's perspective. Toxicol Patho, 139(2): 301-324.

Hurt R H, Monthioux M, Kane A, 2006. Toxicology of carbon nanomaterials: status, trends and perspectives on the special issue. Carbon, 44(6): 1028-1033.

Inman AO, Monteiro-Riviere NA, Zhang LW, 2009. Limitations and relative utility of screening assays to assess engineered nanoparticle toxicity in a human cell line. Toxicol Appl Pharm, 234(2): 222-235.

Jani P, Halbert GW, Langridge J, et al, 1989. The uptake and translocation of latex nanospheres and microspheres after oral administration to rats. Journal of Pharmacy & Pharmacology, 41(12): 809.

Jaurand MCF, Renier A, Daubriac J, 2009. Mesothelioma:do asbestos and carbon nanotubes pose the same health risk? Part Fibre Toxicol, 6(1): 16.

Ji YP, Raynor PC, Maynard AD, et al, 2009. Comparison of two estimation methods for surface area concentration using number concentration and mass concentration of combustion-related ultrafine particles. Atmospheric Environment, 43(3): 502-509.

Jia G, Wang H, Yan L, et al, 2005. Cytotoxicity of carbon nanomaterials:single-wall nanotube, muliti-wall nanotube, and fullberene. Environment Science & Technology, 39(5): 1378-1383.

Kim JS, Lee K, Lee YH, et al, 2011. Aspect ratio has no effect on genotoxicity of multi-wall carbon nanotubes. Arch Toxicol, 85(7): 775-786.

Kirchner C, Liedl T, Kudera S, et al, 2005. Cytotoxicity of colloidal CdSe and CdSe/ ZnS nanoparticles. Nano letters, 2005, 5: 331-338.

Laaksonen T, Santos H, Vihola H, et al, 2007. Failure of MTT as a toxicity testing agent for mesoporous silicon microparticles. Chemical Research in Toxicology, 20(12): 1913-1918.

Lai D Y, 2009. Toxicity Testing and Evaluation of Nanoparticles: Challenges in Risk Assessment. In: Sahu S C, Casciano D A. Nanotoxicology:From *In Vivo* and *In Vitro* Models to Health Risks. New York:Wiley.

Lewinski N, Colvin V, Drezek R, 2008. Cytotoxicity of nanoparticles. Small, 4(1): 26-49.

Lison D, Lardot C, Huaux F, et al, 1997. Influence of particle surface area on the toxicity of insoluble manganese dioxide dusts. Arch Toxicol, 71: 725-729.

Lynch I, Dawson KA, Lines S, 2006. Detecting cryptic epitopes created by nanoparticles. Sci Stke, 327: 14.

Maynard AD, Aitken RJ, Butz T, et al, 2006. Safe handling of nanotechnologies. Nature, 444: 267-269.

Möller W, Brown DM, Kreyling WG, et al, 2005. Ultrafine particles cause cytoskeletal dysfunctions in macrophages: role of intracellular calcium. Toxicology & Applied Pharmacology, 2(1): 7.

Oberdorster G, Ferin J, Gelein R, 1992. Role of the alveolar macrophage in lung injury:studies with ultrafine particles. Environment Health Perspectives, 97: 193-199.

Oberdörster G, Oberdörster E, Oberdörster J, 2005.Nanotoxicology: an emerging discipline evolving from studies of ultrafine particles. Environ Health Perspect, 13: 823-840.

Park KH, Chhowalla M, Iqbal Z, et al, 2003. Single walled carbon nanotubes are a new class of ion channel blockers. J Biol Chem, 278: 50212-50226.

Poland CA, Duffin R, Kinloch I, et al, 2008. Carbon nanotubes introduced into the abdominal cavity of mice show asbestos-like pathogenicity in a pilot study. Nature Nanotech, 3(7): 423-428.

Saad B, Merton F, Bernhard I, et al, 2001. Biodegradable polymeric materials. in:Buschow K H J, Encyclopedia of Materials: Science and Technology. Oxford: Elsevier.

Schmidt J, Metselaar JM, Wauben MH, et al, 2003. Drug targeting by long circulating liposomal glucocorticosteroid increases therapeutic efficacy in a model of multiple sclerosis. Brain, 126 (8): 1895-1904.

Schroeder A, Heller DA, Winslow WM, et al, 2011. Treating metastatic cancer with nanotechnology. Nat Rev Cancer, 12(1): 39-50.

Shukla RK, Sharma V, Pandey AK, et al, 2011. ROS-mediated genotoxicity induced by titanium dioxide nanoparticles in human epidermal cells. Toxicology in Vitro, 25(1): 231-241.

Stern ST, McNeil SE, 2008. Nanotechnology safety concerns revisited. Toxicol Sci, 101(1): 4-21.

Stone V, Donaldson K, 2006. Nanotoxicology: signs of stress. Nature Nanotechnology, 1(1): 23.

Szentkuti L, 1997. Light microscopical observations on luminally administered dyes, dextrans, nanospheres and microspheres in the pre-epithelial mucus gel layer of the rat distal colon. Journal of Controlled Release, 46(3): 233-242.

Takhar P, Mahant S, 2011. In vitro methods for nanotoxicity assessment: advantages and applications. Archives of Applied Science Research, 3(2): 389-403.

Tetard L, Passian A, Venmar KT, et al, 2008. Imaging nanoparticles in cells by nanomechanical holography. Nature Nanotechnology. 3 (8): 501.

Touitou E, Bergelson LGB, Eliaz M, et al, 2000. Ethosomes-novel vesicular carriers for enhanced delivery: characterization and skin penetration properties. J Control Release, 65(3): 403-418.

Varkouhi AK, Foillard S, Lammers T, et al, 2011. SiRNA delivery with functionalized carbon nanotubes. Int J Pharm, 416: 419-425.

Verma A, Uzun O, Hu Y, et al, 2008. Surface-structure-regulated cell-membrane penetration by monolayer-protected nanoparticles. Nature Mater, 7: 588-595.

Wang B, Feng WY, Wang TC, 2006. Acute toxicity of nano-and micro-scale zinc powder in healthy adult mice. Toxicology Letters, 161(2): 115-123.

Warheit DB, Webb TR, Sayes CM, et al, 2006. Pulmonary instillation studies with nanoscale TiO_2 rods and dots in rats: toxicity is not dependent upon particle size and surface area. Toxicol Sci, 91: 227-236.

William A. Heitbrink, Douglas E. Evans, Bon Ki Ku, et al, 2009. Relationships among particle number, surface area, and respirable mass concentrations in automotive engine manufacturing. Journal of Occupational & Environmental Hygiene, 6(1):19-31.

Xu YY, Lin XY, 2013. Key factors influencing the toxicity of nanomaterials. Chin Sci Bull (Chin Ver), 58(24): 2466-2478.

Yang K, Gong H, Shi X, et al, 2013. *In vivo* biodistribution and toxicology of functionalized nano-graphene oxide in mice after oral and intraperitoneal administration. Biomaterials, 34(11): 2787-2795.

Zhang Q, Kusaka Y, Donaldson K, 2000. Comparative injurious and proinflammatory effects of three ultrafine metals in macrophages from young and old rats. Inhalation Toxicology, 12 (sup3): 267.

Zhao XA, Striolo A, Cummings PT, 2005. C_{60} binds to and deforms nucleotides. Biophys J, 89: 3856-3862.

第 8 章

生物医药纳米材料质量控制
与安全评价基础

纳米材料在人体内的应用是纳米技术发展的重要方向，作为体内应用的特殊外源物，不论是普通药物还是新型纳米制剂、传感器等，都应该遵循生物体运行的法则。只有符合安全、有效、可控特点的纳米材料才具有临床应用的可能。根据生物体运行的规律和纳米粒子与生物体相互作用的特点不难发现，纳米材料的某些性质是潜在决定纳米材料安全性的关键。根据已有的实验结果并结合纳米粒子的物理损伤原理可以发现，很多纳米材料的毒性都来自于它们的组成材料、物理参数和物理状态，而这些参数在一定程度上是可以控制和选择的，因此我们希望根据这些证据提出安全设计、评价和质量控制的基本理念，为将来不断扩展对该领域的深入研究和质量标准的制定做一些"抛砖引玉"的工作。

第 1 节　生物医药纳米材料的质量控制

生物医药纳米材料的质量控制是安全性保障的重要环节，而针对体外设计的参数则一定程度上可以预测和控制体内行为。一些质量参数一致的粒子，在生物学上的行为和相近程度也应该是一致的。与经典分子质量控制相比，纳米材料有相似之处，也有很大的不同。传统分子药物注重的是浓度、纯度、给药途径、稳定性、均匀程度，而纳米材料则需要对颗粒本身的状态进行更多的考察，因为很多状态直接影响其自身在体内的生物学效应。下面我们针对目前已有的几大质量控制参数进行一些探讨，希望从中挖掘更多的安全性参数和线索。

（一）材料种类的质量控制

纳米材料的构成既决定了它的特殊理化性质，也决定了其安全性的高低。纳米材料的很多特殊功能都源自制备它们的材料。经实验证实很多纳米材料随着其体积的不断减小会产生比原物质更大的毒性，但这一现象也具有材料依赖性。一些金属材料和过渡金属材料在不断减小的体积下产生更多的表面原子，并且出现断裂和悬空键，因此与周围的物质产生化学反应的能力增强，这一性质是材料本身的性质决定的。一些相对的"软材"就不会产生类似的毒性，如蛋白质、磷脂、脂类等，因为这些材料的原子排列和稳定键与金属材质并不相同，因此在减小体积的同时产生的活性也不相同。同时，一些材料在水中会因表面的基团同水分子产生不同的极化作用，同时表面的化学基团所能发生的化学反应也不相同，从生物基质材料来看，这些材料在体内容易被体内系统降解，变为极性较大的物质被代谢出体外。构成材料对于纳米粒子来说不仅决定其特有的物理、化学性质，而其中主要决定的是构成粒子的"键"的"结实"程度。从机体自净系统和稳态系统可以得出，机体当中针对外源物代谢并不存在很多高级而特异性的降解方式，对于颗粒可能更为有限。以"坚固"的共价键黏合的粒子可能就难以通过个别酶系统进行氧化和降解。而表面被代谢的基团发生改变，又会进一步影响其行为（如带有新的电荷）。通过改变 pH 就可以得到迅速降解的酯键，不需要特异性的途径就可以实现广泛的降解，这类材料构成的纳米颗粒在原理上就相对安全。很多医药纳米材料本身在体内主要起载体作用，而真正发挥作用的是其包载的药物。因此，这一载体材料的构成既要有一定的稳定性，不与包载物发生作用，又要在体内有相容性和降解性。材料本身具有毒性的候选物，在纳米化后风险则叠加，或构成材料本身毒性不高，但大量蓄积于某个组织，或某颗粒自身降解也会对局部造成过高的浓度从而造成毒性。因此，在选择材料时材料本身的毒性也是一个重要的方面。

（二）纳米颗粒表面状态的质量控制

纳米颗粒的表面状态是影响其体内行为和安全性的重要指标，同时也是改造纳米材料的首要位置。因为纳米材料的表面性质决定了其与体内物质互动的物理接触状态。例如，表面材料具有亲水性，则不易吸附疏水类物质；表面带有电荷则使得其存在广泛的悬浮性和与不同电荷分子作用的可能；而特异性修饰则使得纳米颗粒可以靶向性地作用于某些特定的组织和细胞。机体中的任何物质与纳米材料的接触都是通过其表面实现的，以脂质体为例，阳离子脂质体与肿瘤细胞表面和肿瘤微血管组织中糖蛋白、蛋白聚糖等阴离子分子的天然静电吸引，使得阳离子脂质体成为抗肿瘤药物的优良靶向载体。有文献报道，在荷瘤小鼠模型中，静脉注射 3h 后，阴离子脂质体即从肿瘤组织中清除，而阳离子脂质体在肿瘤微血管中保留时间长达 6h，且在分离的肿瘤组织灌流系统中，阳离子脂质体也比中性脂质体有较多的保留。近年来利用阳离子与肿瘤细胞的结合优势，在阳离子脂质体表面进行一系列的配体修饰以达到对肿瘤的主动靶向。采用阳离子脂质体与带负电荷的 siRNA 通过静电结合制备成复合物，再在脂质体表面连接特定的配体如叶酸、抗体和多肽等，可以增加对肿瘤细胞的选择性。

Abraham 等以卵磷脂和胆固醇为原料，分别添加负电荷组分鞘髓磷脂（DCP）和正电荷组分硬脂酰胺（SA），制备了包含有庆大霉素的脂质体，脂质体表面电荷分别为中性、负电荷和正电荷。对小鼠腹膜注射后，分别在 1h、2h、4h、6h 和 8h 测定庆大霉素在大鼠的脑、肺、肾和肝中的分布。结果表明，与未经脂质体包载的庆大霉素相比，脂质体形式的庆大霉素在脑和肝中有较高的浓度，肾中有较低的浓度。与中性和负电荷的脂质体相比，正电荷的脂质体在脑和肝中的分布浓度最高。而肾和肺中的药物浓度不受脂质体的表面电荷的影响。脂质体膜中阳离子的磷脂组分可以激活与脂质体相结合的补体组分，补体组分中的受体会识别阳离子脂质体，而这些补体组分的受体在肝组织中较多，因此使得阳离子脂质体在肝中积累较多。Christian 等报道，与中性的聚合物脂质体相比，负电荷的聚合物脂质体在小鼠肝脏中有较高的积聚量，这是由于肝中所特有的粒性白细胞优先结合负电荷脂质体。

细胞吞噬 (phagocytosis) 主要发生在特定的细胞类型中，包括巨噬细胞、单核细胞、中性粒细胞和树突细胞，在其他类型细胞如成纤维细胞、上皮组织和上皮细胞中发生的概率较小。细胞对纳米粒子的吞噬作用过程可分为两步，首先是目标物被血液中的调理素作用蛋白识别，然后是巨噬细胞对受调理素作用的粒子的吸附及吸收。一般认为，细胞膜表面带负电荷，可以很好地结合表面带正电荷的脂质体，并很快内吞正电荷脂质体。有文献报道，阳离子聚合物（壳聚糖）脂质体（表面 Zeta-电位为 $15 \sim 30 mV$）可通过吸附内吞作用 (CME途径)与 Caco-2 细胞高效结合。Behren 等研究了 MTX-E12 细胞分泌的黏液对聚苯乙烯(PSt)纳米粒和阳离子脂质体的吸收情况。结果表明，MTX-E12 细胞中黏液的存在虽构成了对疏水的 PSt 纳米粒的吸收障碍，但其对阳离子的壳聚糖脂质体有较高的吸收。也有文献报道，带负电荷的脂质体也可以被细胞有效内吞，尤其连接靶向配体后可增加其特异性吸收，减少非特异性摄取，这也将一定程度上提高纳米材料的归属而增加其安全性。

粒子的表面状态变化是另一个需要关注的重点。既然纳米粒子的表面性质会影响到它的生物行为，那么纳米粒子在体内的表面变化就是需要考察的另一个项目。例如，很多纳米粒子经过表面修饰后具有亲水性，增加了其在水中的稳定性。但由于在体内经过代谢或酶作用，会发生一些改变或可脱去修饰基团，产生新的基团。那么粒子就从根本上发生了改变，其可能丧失亲水性或者具有透过别的生物屏障的能力，或产生新的界面而与某些生物大分子发生相互作用。例如，有的材料降解缓慢，但降解的同时又不断地产生更细小的粒子，这样的粒子表面又会是一个什么样的状态，会不会产生新的毒性？这些问题也需要系统地进行追踪性研究。

（三）聚集状态的质量控制

聚集状态一般被称为纳米材料的"第二形态"，因为很多材料在不断减小体积后会产生较高的表面能，包括一些疏水材料在液体环境中也会发生自然聚集，甚至在气体状态下也会聚集。这些不稳定的纳米材料总要寻找一种稳定态。而这些聚集物本身是否仍保持真正纳米级或本来的粒径就是另一种情况。聚集物在体内应用是很危险的，可以想象如果静脉给药的纳米粒子发生聚集，则会造成血管的阻塞，实验对象会立即死亡。这些聚集物在体内如果是自发形成，其将丧失纳米材料原有的纳米尺寸，也会影响炎症产生。聚集状态并非纳米材料本身的尺寸，因此给表征纳米材料造成了一定的困难。例如，使用光子相关光谱 (photon correlation spectroscopy, PCS) 测定粒径，该方法是利用分散在介质中的粒子受到溶剂分子的不断碰撞产生的随机布朗运动测量液体分散介质中颗粒的散射光强度来测量其粒径，并且该方法是建立在假定粒子为原型的基础上。如果分散介质中粒子出现相互黏附，其光散射强度就会发生变化。因此，根据其自相关得到的拟合曲线认定的结果是这些聚集态粒子的"球形"粒径。所以，真实的结果往往需要其他的几种方法进行相互验证。

纳米材料应用于静脉给药或肺部给药时尤其需注意其自身的聚集状态。因为这些体内形成的聚集态会引起机械性阻塞或应激性反应等，导致急性死亡。由于很多纳米材料表面的疏水性和电荷作用，这些聚集态在体内会吸附更多的体内物质，造成对微循环的干扰。

纳米材料在体内也会因为循环和最终分布而沉降在某一部位，这一部位的纳米颗粒一旦在体内产生聚集态则会造成一些安全问题。聚集态影响纳米材料释放所含药物或自身降解代谢。由于聚集态内部的空间较小，不能使材料与外环境有效接触，外部的颗粒对于内部相当于一个屏障，可降低媒介循环效率，使溶媒更难接触内部的物质。这一聚集物一旦被诸如巨噬细胞吞噬，可能会因其内部所含物质浓度过高，对细胞造成巨大伤害，即便是可降解材料，这一巨大体积也会严重干扰细胞自身功能。

粒子之间存在一定的相互作用力，或特定的热力学条件使其保持独立状态。分子溶解在溶剂中，其实也是依靠水分子将其包围并极化，将其剥离出原来的物质聚集体，这样分子就完全分散在水中实现溶解。纳米粒子的悬浮和保持均匀分散主要依靠的是电荷相互排斥和周围分子的撞击保持悬浮运动，粒子表面携带的电荷越多，其同种电荷的粒子之间产生的斥力越大，则越不易聚集。同时，周围分子对粒子的撞击产生的合力大于重力对它的影响程度，则粒子就会在溶液中稳定、均匀地分布，而不会沉降。周围分子运动的剧烈程度与温度相关，一般温度越高，运动越剧烈。但人体所能适应的温度基本恒定，所以对纳米粒子抗聚集的研究可以集中在其表面性质上，或从人体自身血浆、体液中悬浮的生物颗粒寻找答案。

聚集态对纳米材料在体内应用的另一难题就是对聚集态的纳米材料进行定量研究。经典分子毒理学中，进入人体的毒物药物均为分子态，是一种均匀的分布状态。而纳米材料或药物的聚集态则可能造成某一脏器或组织局部的沉积量过高。虽然从整体层面来看某一剂量是可以耐受的，但在局部可能已经造成不可逆的损伤。这样不理想的分布状态和非均匀性正是纳米毒理评价中最令人困扰的难题之一，也是对安全限量确定的难点。因此，较好的分散状态及对分散状态的维持是纳米材料医药应用的一个重要环节。同时，在设计纳米药物时，对其在体内外形成聚集体的可能性要进行评估，防止在给药环节因突然的外环境变化（pH、黏度、离子强度、浓度、血液稀释及体内物质吸附等）而造成聚集体的形成，包括在分散液中随时间推移逐步产生的聚集和对稳定性的监测都是需要考量到评价和质量控制环节。

第2节　生物医药纳米材料的安全评价

根据"安全制造"原则"设计安全性纳米材料的方法"是纳米毒理学研究的五大挑战之一，经过近10年的发展和研究，纳米材料体内应用的安全设计也初步形成一些理论和实验基础。针对纳米材料的表面性质、体积、尺寸、刚性、溶解性及给药途径等的毒性研究也纷纷开展。虽然毒理评价与纳米药物安全设计是两个不同的思维模式，一个强调机制解释和量效关系，一个强调顶层设计与整体规划，但其间原理都可彼此借鉴。如今人们对于纳米材料的安全设计原则的需求日益显现，因为安全性问题已经导致决策机构对纳米药物的审批和生产持负面态度。设计安全有效、质量可控的纳米材料不仅仅是产品内在需求，广泛的安全性设计原则更具有向公众和决策者阐述和解释纳米材料的设计思路的意义，帮助他们鉴别哪些材料适合体内使用，而哪些则应避免引入人体，因此，深入地探讨安全设计原则对纳米技术的发展具有推动作用。得到公众、投资者和决策者的支持，开展更深入的安全性研究才是积极的循环模式。安全设计纳米体内材料需要总结诸如材料学、生物学、制剂学、生物工程等诸多学科的知识和经验。这一有利于纳米技术发展的方式，需要更多学科科技工作者的大量工作来推动及引导。笔者认为，纳米材料的安全性评价是指综合运用安全纳米材料工程学的理论方法，对医药纳米材料存在的危险性进行定量和定性分析，评价医药纳米材料发生危险的可能性及其严重程度，提出必要的控制措施，以寻求最高的安全效益。医药纳米材料的安全性评价的起点应该始于纳米材料的设计之初，而不是成形后的产品。为什么要将纳米材料安全评价的"起始线"前移到最初的设计？正如在本书第1 章中所介绍的，安全问题已经成为纳米材料发展的"生命线"，大量的资金投入和极小的产出比，以及越来越多的安全问题正在束缚着纳米技术，尤其是医药领域应用的步伐。而纳米材料的设计和质量参数则极大地影响着后期的安全评价结果，因此，安全评价不应该只局限于传统的后期打分，而是将整体前移到初始设计。这样慎重的决策更有助于医药纳米材料的自身发展和保障后期开发的成功率。

医药纳米材料的安全性评价原则：在深入探讨纳米材料在生物医药领域应用和安全评价之前我们可以回顾一下管理者对传统药品的要求，即安全性、有效性和质量可控。纳米材料的生物医药应用，也必须能够契合这些要求。有效性决定该材料是否能被运用到满足预防、治疗、诊断目的的药品当中，质量可控则是纳米材料稳定发挥疗效的保障，安全性则需要保证在给定剂量下纳米材料不会产生不可预计和控制的毒性，保障其收益大于损害。纳米材料不同于传统的药用辅料，由于纳米材料是颗粒物质，其存在更多的变量和参数，如材料选择、降解性、降解前后毒性、粒径、粒径分布、刚性、表面性质、电荷及给药方式等。这些性质都极大地影响着纳米材料在体内的行为，这些行为既决定纳米材料的有效性，也决定其安全性。通过调节这些决定纳米材料的性质变量，可以在一定程度上改变纳米材料的体内行为，从而调控安全性与有效性的平衡。医药纳米材料的开发与纳米材料毒理学评价所采取的思维方式并不相同，体内应用需要从顶层设计开始就思考纳米材料可能造成的损伤来源。根据物理损伤原理思考医药纳米材料的毒性机制，从纳米材料本身的降解性、相容性的特性到形成纳米颗粒之后的各项参数和特征（如粒径、表面状态、形态等）出发，在设计中尽量多地考虑到材料与机体可能产生的相互作用，或不断发现新的规避毒性的方法和机制。

（1）有效性：纳米材料在生物医药领域应用的创新点多来自于其有效性，即突破传统材料和药物不能满足的特殊性质或改进不足，如提高生物利用度、减低药物毒性、提高患者顺应性、创新治疗手段等。纳米材料在体内外试验中产生的良好生物效应，可以认为其具有较好的有效性。但有效性转化为真正的纳米药物、纳米生物医药材料，往往还需要经历一个复杂的工程技术过程。因此，对有效性的判断，也需要考虑到后期的可行性。可以这样理解，杀死一个癌细胞有很多种方法，甚至可以简单而粗暴，但真正成为临床可用的方法并不仅仅是这样就能实现。如碳纳米管有细胞毒性，可作为潜在的抗癌药，但其不可降解性、较高的刚性、对细胞的损伤无选择性、不易排出体外等性质导致决策的天秤更倾向于弱化它的抗癌能力。

（2）可控性：纳米材料的可控性主要分为两大方面。一方面是指纳米材料的质量可控，即该纳米产品和纳米材料的各个参数均得到有效控制，就像传统药物的含量、均一性等。但就生物医药领域的纳米材料来说，要保证其产品按照严格的质量标准进行并不是一件容易的事情。另一方面是指纳米材料在体内的行为可知、可控。药物分子在特定的受试对象所体现的生物体内行为参数相差不大，如体内分布和代谢率等。对于纳米材料而言，其某一品种体内的行为并不具有广泛的适用性，而纳米材料产品的质量也同样值得考虑。纳米材料在体内的药代动力学模型仍未建立起来，且不能通过已有的药物模型外推到纳米材料。正如前几章所述，纳米颗粒以粒子形态在体内运动本身就需要一个全新的模型。

（3）安全性：对于纳米材料的生物医药应用来说，安全性往往具有"一票否决权"。纳米材料一旦显示出较高的生物毒性，负面影响超过其最初的有效性设计，往往就意味着设计的失败。当今，决策者对纳米材料的运用更加慎重。纳米材料生物医药应用必须要保证这一标准，正如消费者不会购买不安全的药品，高昂的研发费用也会使很多公司终止开发一样。纳米材料的安全性风险主要源于其体内毒性机制不明确，以及公众对纳米材料毒性认识的片面性，当然也不乏很多设计存在极大的缺陷。纳米材料在体内的行为只能在一定程度上受到设计者的左右，而绝大部分的纳米材料的体内行为最终决定于人体自身的稳态处理系统。但纳米材料能否最终顺利被机体无害化处理，更多的是由该材料的性质决定的。人体处理不同类型的外源物质的能力必然存在不同，处理越快则表示受到纳米材料影响的可能性越小，这样的纳米材料的安全性在一定程度上可被认为更好。

（一）纳米材料的物理学评价方法

药品作为一种特殊的商品，其安全性是极其严肃而严谨的问题。作为医用的纳米材料更需要秉承这一态度，因此，在现有的安全性评价体系之上，基于现有的证据建立新的评价方法和标准并完善评价体系，对于纳米材料在生物医药领域的应用十分重要。现有的安全评价主要包括临床前评价和临床评价。对于纳米材料临床前评价是第一步，决定其能否应用于人体，也是关键的一步，同时由于纳米材料的特殊性质，针对药物非临床研究管理规范（GLP）的传统评价体系会存在不同和特殊性，一些新增加的评价项目和需要注意的方面将是重点讨论的方向。纳米材料在体内应用需要对其各质量参数进行系统的控制和考察，现有的种类如脂质体、纳米粒、纳米球和纳米囊等已经有针对诸如粒径、分布、含量、包封率和释放等几项质量控制的研究。在此我们仍需要继续对纳米材料体内所需的质控条件和标准进行深入的探讨。因为纳米材料的质量标准不仅影响到其品质，更关键是一些质控性质会影响到其安全性。我们所知的纳米材料在不经过表面特异性修饰的情况下，多以自身的非特异性理化性质在机体中产生作用，如静电作用、疏水作用、氢键作用、空间效应、二键堆积等。这些非特异性物理作用是纳米颗粒的活性及毒性来源，控制好这些非特异性物理参数将极大地提升纳米颗粒的安全性和可控性。目前在国家层面如《中国药典》（2015 版）虽然也涉及一些标准，但没有系统的展开方法和质量研究标准的说明。在此我们要着重讨论的是那些对安全性有影响的标准，包括一些没有列入常规考量的参数和质量标准，完善的表征将更加明确粒子的真实状态。借助这些参数，我们将探寻纳米粒子在分子作用机制的人体当中应该如何寻找到合适自己的安全行为规律。

纳米材料与机体的相互作用很有可能是其物理作用之后，产生了类似于分子识别的信号，或机体将其无差别地识别为外来细菌和入侵物种，从而产生了广泛的炎症效应。所以氧化应激水平作为评价标准的方法也被主流学科认为是评价纳米材料普遍毒性的标准。然而这一标准缺乏针对性，而且在体内应用方面缺乏实际的借鉴性，因为往往在评价时给予的剂量都是很大的。根据物理损伤的原理，机体对于粒子的处理能力是有上限的，并且不同的器官也会有不同。因此对于不同粒子，相同材料制备的不同参数的粒子、不同的给药剂量和间隔都需要加以控制。纳米材料的安全评价除传统的几项经典评价项目以外，应该增加侧重于其物理状态影响的评价系统，结合质量控制对造成的毒性进行评价。这些评价不仅要求更多的评价项目，也对评价人员对纳米粒子的物理状态的理解及其操作水平提出了更高的要求。很多实例都表明，很多实验人员在配制样品时仅仅关注到供试品的粒径或样品本身，而对样品自身的聚集变化、引入的杂质、给药的途径和部位、前处理方式等都没有明确的说明和规范。但这些步骤和关注点恰恰是影响颗粒在溶液或机体内行为的一些重要因素。

粒径是纳米材料的首要性质，很多特性绝大部分是由于粒径的不断减小而产生。在体内应用时粒径决定纳米材料的活性、进入体内某生理位置的能力、纳米药物的溶解速率等，甚至影响到与哪些级别的生物组织发生作用。不同的粒径相对于器官、组织、细胞、亚细胞器的接触程度和作用关系完全不同。当纳米粒子粒径越小时（相对于微米级的细胞来说体积更小），该纳米体积对于进入细胞与细胞接触更为有利。一个比细胞大的颗粒，细胞是无法将其吞食到内部的。放大到组织水平，人体实际是一个筛选结构，是由许多腔室组成的，因此纳米粒子进入和流出这些腔室的途径和难易程度就决定于粒子的分布。与传统的分子分布不同，决定这些粒子进入这些腔室的是一些物理筛选因素，对粒径的合适选择将是十分重要的，因此，将粒径制备得过大或过小都将使其在体内失去屏障选择性，而造成广泛的扩散。

传统的分子分布，分子主要是溶解在体液环境中，随着扩散作用经血液进行全身循环，经被动扩散、主动转运、通道介导的转运等使分子进入某一器官、组织或细胞中。一般血流量大、血管丰富的部位（心、肝、肾）分子浓度高，某些药物因脂溶性或与特定器官亲和力不同而出现选择性的分布。而不溶解在溶剂（一般指水）环境中的颗粒物或溶解在溶剂中的纳米粒子在体内分布则受到生理屏障、免疫调理作用和细胞相互作用的影响。

目前，粒子在体内的转运没有已知的特异性途径。虽然纳米材料会被吞噬而进入细胞并被携带至身体其他部位，或经表面修饰之后被特定细胞群体摄取。但由于颗粒的粒径决定其可以进入某一组织和细胞的能力，同时不断减小的粒径不仅增加粒子可以通过因缝隙大小决定的屏障种类，也决定了进入不同细胞的能力。粒子越小，可以进入的细胞种类相对越多，较大的粒子可以更快地被巨噬细胞所吞噬。因此，就单纯的粒径而言，粒径越小对生理屏障的选择性越低，安全性越差。如果对纳米粒子进行改造或表面修饰，改变其被特定组织和细胞摄取的效率可以实现选择性的改变。

以脂质体为例，其在肿瘤中的聚集就是其在血管间隙和肿瘤组织之间的流入和流出的结果。脂质体在肿瘤组织聚集的最佳粒径为 90 ～ 200nm，而粒径在 100nm 以下的脂质体更适合在血管和肿瘤组织之间转移。脂质体通过内皮细胞之间的空隙 (50nm) 从肿瘤组织向血管间隙外渗，且需要一定的推动力。在肿瘤组织中，血细胞可以帮助粒径小于 100nm 的脂质体通过内皮细胞之间的间隙。研究表明，粒径 100nm 的脂质体更适合被肿瘤组织保留，这可能是因为：①肿瘤毛细血管的渗透性不足以使得 100nm 的脂质体从肿瘤组织间隙流出到血管间隙中；②由胶原和弹性纤维网络组成的肿瘤间质更容易捕获 100nm 的脂质体。Takara 对荷肿瘤小鼠静脉注射粒径分别为 100nm 和 300nm 的 PEG 修饰的长循环脂质体，脂质体在小鼠肿瘤部位的聚集程度显示，300nm 的脂质体大部分分布在靠近肿瘤血管的地方，而 100nm 的脂质体主要分布在肿瘤组织中。

同时，粒径的不同影响到粒子在脏器中的分布情况。Yu 等认为大粒径 (1.31μm) 的脂质体比小粒径 (0.25μm) 的脂质体有明显的趋肝性，他们认为这可能和肝巨噬细胞的吞噬有关。粒径减小，脂质体在肝和脾的分布也随之减少，增加了其在血浆和肾脏中的浓度。He 等制备了罗丹明 B 标记的壳聚糖羧酸盐纳米粒子，研究纳米粒子尺寸对蛋白质药物的口服吸收机制，以荧光标记的牛血清白蛋白 (BSA) 作为模拟蛋白质，制备了表面电荷为 - 35mV，粒径分别为 300nm、600nm 和 1000nm 的粒子。结果显示，粒径的增加减少了纳米载体在肝、脾、肺、肾和肠中的分布。与模拟蛋白质溶液相比，300nm 的载体可以使 BSA 在绝大多数的器官和血浆中的分布提高几乎 10 倍，600nm 和 1000nm 的纳米粒子在肝、脾、肺、肾和肠等组织中的分布较低。赵志英等以大豆卵磷脂和胆固醇为原料，制备了平均粒径为 (180.5±4.5) nm，Zeta-电位为 (- 32.1±1.3) mV 的羟喜树碱脂质体，对大鼠尾静脉注射。给药后 5min，羟喜树碱脂质体在脾中的富集作用最强；给药后 1h，其主要的分布靶器官为肝、脾、肾；给药后 3h，其主要分布在肝、脾、肠。脂质体粒径的减小延长了其在血液中的循环时间，增加了脂质体与体内各组织脏器的接触时间。

（二）纳米材料的化学评价方法

传统的安全评价系统主要包括：一般毒性试验（单次给药毒性试验、重复给药毒性试验）、局部毒性试验（致敏、局部刺激、局部毒性）、特殊毒性实验（致突变、生殖毒性、致癌）、药物依赖性试验等。纳米药物和纳米载体在体内的行为不同于传统分子行为，其以整体粒子的行为与机体互动以及同时释放本身所载的药物分子。单就材料而言，其与细胞各层面的相互作用不同于传统的分子。因此，传统的基于分子水平的安全评价试验不能完整展示纳米材料的毒性行为和毒性特质。从原理上讲，如分子想要停留在某一组织或透过血脑屏障等，需要有特定的亲和力或亲脂性。而纳米粒子则更有可能是较小的粒径和所带的电荷，促使其从一些内皮缺陷和旁路渗漏或直接透过细胞膜。如前几章所述，分子和粒子在溶液环境中的表现和作用规律是完全不一样的。然而纳米材料造成的损伤机制和后效应之间的机制链条仍未完全打通，但通过对纳米粒子物理状态的理解，我们可以推断出其物理状态与对机体可能的损伤效应之间存在的关联。

（三）纳米材料的生物学评价方法

1. 细胞水平　纳米颗粒体内外生物学评价方法与常规粒子的评价方法基本一致，但由于其特定的理化性质及分布和代谢过程，因此在评价过程中应当给予充分的考虑。纳米粒子的体外评价快速、简便、耗费小，多为研究者的首选，通过粒径、比表面积及晶型等理化性质的测定建立与细胞摄取相关的系列模型可以预测纳米粒子在体内的处置规律。直观地进行细胞摄取过程的观察显然不易，所以应用透射电子显微技术 (trans mission electron microscope，TEM) 则成为研究细胞摄取纳米粒子的首选方法。除了探测粒子在细胞内的准确定位，它还可以提供纳米粒与细胞间相互作用的细节，由于其高分辨率，还可以清晰地看到细胞器、细胞的内陷及囊泡的形成，从而可以深入地研究细胞摄取过程，而这一过程正是了解纳米粒子表面特征对生物体影响的关键。另外，背散射电子成像技术 (back scattered electron imaging，BSE) 目前也越来越广泛地应用到纳米粒子的生物学评价中。背散射电子成像技术是依托扫描电镜的一种电子成像技术。当高能电子束轰击样品时，从距样品表面 $0.1 \sim 1.0\mu m$ 深度范围内散射回来入射电子，由于电子与物质间的相互作用是一个复杂的过程，故从样品中可激发出各种有用的信息，背散射电子能够着重反映出样品的表面形貌和原子序数分布，因此可以使金属纳米粒子在较为黑暗的细胞背景中很清晰地被辨别出来。

表 8-1 显示了一些已有的相关的病理学和毒性效应的相关推测。

表 8-1　纳米材料生物效应与可能的病理学结果

纳米材料生物效应	可能的病理学结果
产生 ROS	蛋白质、膜系统、DNA 的损伤导致氧化应激
氧化应激	线粒体紊乱、脂质代谢、炎症
炎症	细胞组织浸润、纤维化、肉芽肿、动脉粥样硬化
网状内皮系统摄取	肝、脾、淋巴的截留和储存，造成器官功能紊乱
代谢系统截留	肝、肾、胃肠道物理屏障截留，造成器官功能紊乱、炎症
蛋白质变性	酶活性丧失、变性产生抗原性
神经系统摄取	神经系统损伤
吞噬细胞功能紊乱	慢性炎症、吞噬处理功能下降
粒子处理超载	体内粒子饱和超出处理机制效率，造成慢性炎症，干扰物质清除
内皮机能障碍、凝血	血栓、栓塞、造成梗阻
DNA 结合损伤	遗传物质改变
抗原免疫反应	自身免疫，免疫反应
核内摄取	DNA 损伤、核内蛋白变性

2. 分子水平 通过获得相关的药代动力学信息，掌握纳米颗粒体内的一般处置规律，从而进行其安全性评价。为了获得纳米颗粒直观的动态过程，荧光标记法和同位素示踪法均可用来检测纳米粒子的转移和排泄。量子点是在把导带电子、价带空穴及激子在三个空间方向上束缚住的半导体纳米结晶。其宽为 2 ～ 10nm，由 10 ～ 50 个原子构成，由于其具有宏观原料所不具备的电子或理化特性，因而被广泛应用于医疗、电信等诸多领域。为尽量减少硒化镉或碲化镉量子点在体内由于镉暴露而引起的强烈毒性，可以在物料表面涂覆硫化锌涂料，但是在其完全排出体外前该涂层是否会提前脱落，则需要应用同位素示踪法。以锌或硒、碲、镉等同位素为示踪剂进行观察，从而有效掌控涂层的体内变化。也可应用荧光标记法，通过检测荧光强度来确定纳米粒子在生物系统的位置和转运过程。但应当注意，无论是同位素标记抑或荧光标记，待测物在体内的动态过程中均存在与示踪剂脱落的隐患，因此，选择合适的示踪剂或生物染料是不容忽视的问题。也可以通过特定的基团进行化学键合，从而稳定整体待测体系。而用于最终生物样品检测的方法则与常规样品分析的方法较为一致，但很难由单一的分析技术检测和量化，常用的分析方法是基于对色谱、质谱和磁共振的联合应用。电感耦合等离子体法 (inductively coupled plasma mass spectrometry，ICP-MS) 则是用于定量测定纳米粒子浓度的另一种方法。

第 3 节　纳米材料的安全性和质量控制

纳米材料自身的物理化学特性是其不遵循生物体内 ADMET（药物的吸收、分配、代谢、排泄和毒性）规则的主要原因，也就是说，其在体内产生的代谢与毒性缺乏规律性的一大根源就是因为其分布的随机性。这些分布的随机性是如何产生的呢？正是由于其广泛的物理性质。与高度均一性的化学分子相比较，颗粒的性质与形态特征都是多样性的，且无特定规律的，如不规则的表面、性状和电荷。虽然颗粒也是由分子组成的，却有无数种组合方式，因此宏观上只能显现出共有的一般物理性质。其与生物分子间的相互作用也同样是基于一些基本的、低选择性的物理化学作用。纳米粒子与细胞或组织的接触存在极大的随机性，即使在其表面进行特定分子或特异性基团修饰也不能完全控制粒子实现定向运动，而产生选择性相互作用。这些粒子仍会随着血液循环随机地与组织或细胞结合。理论上提高纳米材料在体内的选择性，降低与不必要的组织、细胞相互作用的概率将极大地提高纳米材料的安全性，然而这往往难以实现。颗粒毒性风险的另一原因是不能够有效地参与机体的自净系统，人体内每时每刻都会产生很多的分子，这些分子千变万化各式各样。但它们都有一些基本的性质，要么分子量很小，要么极性大，要么与机体某些通道受体有特异的转运途径，这样它们就可以被统一在某一器官集中处理。这种高速的大范围的清除不需要的"废弃物"的行为极大地降低了这些物质在体内存在的时间，减少它们造成毒性的风险。

而纳米材料的质量控制则更加体现其性质的集中程度，在一定程度上决定了其安全性和有效性。纳米粒子的质量问题主要是因为它是颗粒物质，根据前几章的论述，颗粒是在三维上的分子堆砌，二维的分子在溶解状态下是单一的，因此它具有集中的性质体现。而颗粒的物理状态众多，很多参数仅是该颗粒集中的一个宏观体现，而具体到个别粒子其性质和状态可能又有差别。因此，制备性质单一、参数稳定的纳米颗粒也有利于集中体现其体内的行为和毒性。正如在聚集状态中的讨论，如果粒子容易聚集，那么在注射给药时推注的时间和力度也会对其分布和毒性造成影响。这是因为速度越快聚集物越不容易形成，反而促进了它们的分散。但现有的质量控制理论并没有体现这一参数性质。正是这些多样的参数变化使得很多纳米材料在评价时无法准确控制其真正的物理状态，导致很多评价结果出现相矛盾的结论。

第 4 节　结　语

纳米材料尤其是医药纳米材料发展至今，众多科技工作者更加注重于制备和发明新的纳米产品。然而，这些具有新奇功能的纳米材料都多多少少面临着体内应用安全性的问题。因此，我们更加关注问题的关键，纳米材料的发展不仅仅是不断地创造而是最终落实到在人体应用是否真正具有可行性。如果对于其新颖性的关注远远超越其产生的安全性问题，这样就偏离设计这些纳米材料的初衷。目前，纳米材料毒性产生的根源和机制仍缺乏足够的关注和深入的理解，基于毒性机制的纳米材料体内安全设计原则和评价方法亟待总结。纳米材料的安全性评价和质量控制研究目前才刚刚起步，基于诸多纳米材料的质量标准和技术参数的确定，需要系统的研究与评价。在安全性评价过程中，我们需要从中找出合理的参数控制方法与标准和安全范围，不断扩充现有对于安全性和质量控制的数据库，为开展更大范围的应用设计和质量控制标准提供安全性依据。同时，顶层安全设计和质量控制的理念也应该逐步得到科研群体的认知。

参 考 文 献

高广宇,陈美玲,李明媛,等,2015.纳米技术转化医学发展现状及前景展望.药学学报,(8):919-924.

赵志英,谢俊,刘文一,等,2011.羟喜树碱脂质体的制备及其大鼠体内组织分布的研究.中国中药杂志,(4):450-454.

Abraham AM, Walubo A, 2005. The effect of surface charge on the disposition of liposome-encapsulated gentamicin to the rat liver, brain, lungs and kidneys after intraperitoneal administration. Int J Antimicrob Agents, 25(5): 392-397.

Adams LK, Lyon DY, Alvarez PJ, 2006. Comparative eco-toxicity of nanoscale TiO_2, SiO_2, and ZnO water suspensions. Water Res, 40(19): 3527-3532.

Ahsan F, Rivas IP, Khan MA, et al, 2002. Targeting to macrophages: role of physicochemical properties of particulate carriers—liposomes and microspheres—on the phagocytosis by macrophages. J Control Release, 79(1-3): 29-40.

Behrens I, Pena AI, Alonso MJ, et al, 2002. Comparative uptake studies of bioadhesive and non-bioadhesive nanoparticles in human intestinal cell lines and rats: the effect of mucus on particle adsorption and transport. Pharm Res, 19(8): 1185-1193.

Champion JA, Mitragotri S, 2006. Role of target geometry in phagocytosis. Proc Natl Acad Sci U S A, 103(13): 4930-4934.

Chen T, Wang RT, Wang Z, et al, 2010. Construction and evaluation of non-specific targeting cationic polymer lipid liposomes. Yao Xue Xue Bao, 45(3): 359-364.

Florence AT, 1997. The oral absorption of micro-and nanoparticulates: neither exceptional nor unusual. Pharm Res, 14: 259-266.

Franklin NM, Rogers NJ, Apte SC, et al, 2007. Comparative toxicity of nanoparticulate ZnO, bulk ZnO, and $ZnCl_2$ to a freshwater microalga (Pseudokirchneriella subcapitata): the importance of particle solubility. Environ Sci Technol, 41(24): 8484-8490.

Gao GY, Chen ML, Li MY, et al, 2015. Current status and prospect of translational medicine in nanotechnology. Acta Pharmaceutica Sinica, 50(8): 919.

Gomes dos Santos AL, Bochot A, Doyle A, et al, 2006. Sustained release of nanosized complexes of polyethylenimine and anti-TGF-beta 2 oligonucleotide improves the outcome of glaucoma surgery. J Control Release, 112(3): 369-381.

Groves E, Dart AE, Covarelli V, et al, 2008. Molecular mechanisms of phagocytic uptake in mammalian cells. Cell Mol Life Sci, 65(13): 1957-1976.

He C, Yin L, Tang C, et al, 2012. Size-dependent absorption mechanism of polymeric nanoparticles for oral delivery of protein drugs. Biomaterials, 33(33): 8569-8578.

Higuchi Y, Nishikawa M, Kawakami S, et al, 2004. Uptake characteristics of mannosylated and fucosylated bovine serum albumin in primary cultured rat sinusoidal endothelial cells and Kupffer cells. Int J Pharm, 287(1-2): 147-154.

Hodges GM, Carr EA, Hazzard RA, et al, 1995. Uptake and translocation of microparticles in small intestine. Morphology and quantification of particle distribution. Dig Dis Sci, 40: 967-975.

Hubbs AF, Mercer RR, Benkovic SA, et al, 2011. Nanotoxicology—a pathologist's perspective. Toxicol Pathol, 39(2): 301-324.

Hussain N, Jaitley V, Florence AT, 2001. Recent advances in the understanding of uptake of microparticulates across the gastrointestinal lymphatics. Adv Drug Deliv Rev, 50: 107-142.

Lila ASA, Matsumoto H, Doi Y, et al, 2012. Tumor-type-dependent vascular permeability constitutes a potential impediment to the therapeutic efficacy of liposomal oxaliplatin. Eur J Pharm Biopharm, 81(3): 524-531.

Mao S, Germershaus O, Fischer D, et al, 2005. Uptake and transport of PEG-graft-trimethyl-chitosan copolymer-insulin nanocomplexes by epithelial cells. Pharm Res, 22(12): 2058-2068.

Melgert BN, Weert B, Schellekens H, et al, 2003. The pharmacokinetic and biological activity profile of dexamethasone targeted to sinusoidal endothelial and Kupffer cells. Drug Target, 11(1): 1-10.

Mercer RR, Scabilloni J, Wang L, et al, 2008. Alteration of deposition pattern and pulmonary response as a result of improved dispersion of aspirated single-walled carbon nanotubes in a mouse model. Am J Physiol Lung Cell Mol Physiol, 294(1): L87-97.

Möller W, Hofer T, Ziesenis A, et al, 2002. Ultrafine particles cause cytoskeletal dysfunctions in macrophages. Toxicol Appl Pharmacol, 182(3): 197-207.

Oberdörster G, Oberdörster E, Oberdörster J, 2005. Nanotoxicology:an emerging discipline evolving from studies of ultrafine particles. Environ Health Perspect, 113(7): 823-839.

Regnström K, Ragnarsson EG, Fryknäs M, et al, 2006. Gene expression profiles in mouse lung tissue after administration of two cationic polymers used for nonviral gene delivery. Pharm Res, 23(3): 475-482.

Simberg D, Weisman S, Talmon Y, et al, 2003. The role of organ vascularization and lipoplex-serum initial contact in intravenous murine lipofection. Biol Chem, 278(41): 39858-39865.

Singh R, Pantarotto D,Lacerda L, et al, 2006. Tissue biodistribution and blood clearance rates of intravenously administered carbon nanotube radiotracers. Proc Natl Acad Sci USA, 103(9): 3357-3362.

Takara K, Hatakeyama H, Kibria G, et al, 2012. Size-controlled, dual-ligand modified liposomes that target the tumor vasculature show promise for use in drug-resistant cancer therapy. J Control Release, 162(1): 225-232.

Yu HY, Liu RF, 1994. Hepatic uptake and tissue distribution of liposomes: influence of vesicle size. Drug Development Communications, 20(4): 557-574.